高等学校图书情报与档案管理系列教材

信息处理与信息检索

主　编　吴树芳　朱　杰　杨国庆
副主编　吴利明　刘　炜　刘　畅

科学出版社

北　京

内 容 简 介

本书共 11 章，系统地讲述信息处理与信息检索的相关知识。涉及的内容可分为四部分：第一部分为第 1 章和第 11 章，属于导论和结束语部分。第二部分为本书的第一个核心模块，重点介绍信息处理知识，涉及第 2 章、第 3 章和第 4 章。第三部分为本书的第二个核心模块，重点介绍信息检索知识，涉及章节为第 5 章~第 8 章。第四部分为信息处理与信息检索技术的实现与应用，涉及章节为第 9 章、第 10 章。本书内容组织合理、讲究实用性、选材得当，讲解深入浅出。从教学的角度而言，希望初学者通过本书的学习可以系统地掌握信息处理与信息检索的相关知识，了解其在现实中的应用；从科研的角度而言，希望初学者可以在学习基本理论的基础上，掌握信息检索的新发展，从中发现创新点，以提高信息检索系统的综合性能。

本书适用范围较广，适合作为计算机类、信息类、图书馆类、情报类等专业的本科生、研究生教材，同时也适合作为有关人员自学的参考书。

图书在版编目（CIP）数据

信息处理与信息检索 / 吴树芳，朱杰，杨国庆主编. —北京：科学出版社，2020.9

高等学校图书情报与档案管理系列教材

ISBN 978-7-03-059786-1

Ⅰ. ①信…　Ⅱ. ①吴…　②朱…　③杨…　Ⅲ. ①信息处理-高等学校-教材　②信息检索-高等学校-教材　Ⅳ. ①TP391　②G254.9

中国版本图书馆 CIP 数据核字（2018）第 269974 号

责任编辑：方小丽 / 责任校对：严　娜
责任印制：吴兆东 / 封面设计：蓝正设计

斜 学 出 版 社 出版
北京东黄城根北街 16 号
邮政编码：100717
http://www.sciencep.com
固安县铭成印刷有限公司印刷

科学出版社发行　各地新华书店经销
*
2020 年 9 月第　一　版　　开本：787×1092　1/16
2024 年 8 月第三次印刷　　印张：16
字数：380 000
定价：**68.00 元**
（如有印装质量问题，我社负责调换）

作者简介

　　吴树芳，女，籍贯河北邯郸，现任河北大学管理学院教授，主要研究方向为信息处理、信息系统、舆情监测。至今出版教材 2 部，专著 1 部；主持国家社会科学基金项目 1 项，主持中国博士后科学基金项目 1 项，主持省级、市厅级项目 4 项，参与国家级、省级项目多项；在国内外期刊发表信息检索相关学术论文 30 余篇；于 2016 年 5 月至 2019 年 9 月在天津大学管理与经济学部进行博士后学习，于 2017 年 1 月至 2017 年 6 月在美国宾夕法尼亚州印第安纳大学做访问学者。电子邮箱：shufang_44@126.com。

前　言

德国柏林图书馆门前有这样一段话："这里是知识的宝库，你若掌握了它的钥匙，这里的全部知识都是属于你的。"这里所说的"钥匙"即信息检索的方法。信息检索就是把想得到的信息通过某种途径获得，信息检索的广义定义是将信息按照一定的方式组织存储起来，根据用户的需求返回相关信息的技术。信息检索起源于图书馆中的文献检索，随着信息处理技术、计算机技术、数据库技术的发展，信息检索也得到了长远的发展，已经渗透到人们生活的方方面面。在现代社会，随着各种网络平台的出现，信息出现了爆炸式增长，面对如此海量的信息，我们经常感到无所适从，如何找到符合自己要求的信息呢？当然是信息检索。学习信息检索的相关知识，掌握如何利用信息检索的手段搜索需要的信息，有利于培养学生利用信息、创造信息的习惯，有利于提高专业知识的学习能力，提高学生的文化素养。

笔者自 2004 年研究生学习阶段起，就开始从事信息检索的相关研究，直至后来的博士研究方向、博士后研究方向均和信息检索有关。多年来，一直想写一本普适性较强的信息处理、信息检索相关的教材，满足本科生基础知识以及研究生专业知识的学习。以此为出发点，我们经过多次探讨，确定了本书的目录，基于深入浅出、内容扩充的思想组织了本书。希望本书能为读者提供不同的学习感受：基础知识的学习条理清楚，易于学习；扩展知识的学习和科研接轨，便于相关方向的科学研究；应用知识的学习，实现基础知识形象化，加深对理论知识的掌握。

本书有以下几个显著特点。

（1）层次清楚、结构合理。全书分为四个模块：介绍性模块（导论和结束语部分），通过这部分的学习，让学生对信息处理和信息检索有一个全貌认识，对全书有一个总体了解；核心模块一，即信息处理模块，从待检索信息处理、查询处理、信息存储三个角度介绍如何将初始信息处理为数据库中存储的信息；核心模块二，即信息检索部分，详细介绍经典的信息检索模型、常用的信息检索、信息处理与信息检索的新发展以及信息检索的评价，这部分内容的讲解突破了纯教学的范畴，很好地实现了和科学研究的接轨；理论应用模块，在上述两个核心模块的基础上，介绍国内外重要的信息检索系统和搜索引擎，信息检索系统主要是为了支持科学研究，搜索引擎是信息检索技术和互联网结合的产物，在技术上和传统信息检索系统有所不同。

（2）合理引入案例和例题。考虑到理论知识的枯燥性，为了激发学生的学习兴趣，让学生喜欢上信息处理与信息检索这门课，本书从两个方面做出努力：一是案例的引入，在部分理论知识讲解过程中，结合案例展开知识的讲解，采用逐层深入的方法组织内容；二是在算法讲解的过程中，为了便于学生理解算法，本书多结合例题讲解算法，避免学生陷入一头雾水的学习状态。

（3）实现教学和科研的接轨。多数高校教师都面临这样一个问题：如何协调好教学和科研？类似的，本科毕业生的去向除了就业就是继续学习深造。那么，作为一个本科类教材如何实现教学和科研的接轨也显得尤为重要。本书在编写的过程中，除介绍基本的理论知识外，还参考国内外相关的学术研究，将其融入教材的书写中，开拓学生的视野，尽量实现教学和科研的无缝对接。

本书涉及的知识点多，为了便于学生学习，每章都附有本章导读和本章小结。通过本章导读，学生可以了解每章的总体脉络，明白不同章节之间的逻辑关系；通过本章小结，学生可以清楚地了解本章的重点、难点，哪部分知识需要掌握，哪部分知识需要了解。章节末尾还附加了一定量的课后思考题，用于评估学生对章节知识的学习情况。

那么如何学习好信息处理与信息检索这门课呢？首先应该按照本书内容组织，掌握信息处理与信息检索相关概念，并在此基础上掌握本书的两个核心模块知识：信息处理、信息检索，明白如何实现信息处理，信息处理的实现过程及核心技术是什么。类似的，明白如何实现信息检索，信息检索的实现过程及核心技术是什么。对于本书介绍的算法及对应例题，要反复看，最终达到掌握算法的总体思想及精髓的目的。为了实现抽象知识具体化，建议学生在学习过程中结合自己的实际检索经历展开相关知识的学习。

本书能顺利出版，首先感谢河北大学管理学院的大力支持，感谢河北大学金胜勇老师、宛玲老师、杨秀丹老师的帮助，没有他们的帮助就没有本书的面世。中央司法警官学院朱杰老师、河北大学杨国庆老师均参与了本书的撰写，河北大学吴利明老师、石家庄铁道大学刘炜老师、河北大学刘畅老师也对本书的出版做出了一定的贡献，在此表示感谢。

谢谢大家的支持和厚爱，愿诸位一切安好！

吴树芳

2020 年 6 月于河北大学

目　　录

第1章 导　　论

【本章导读】

　　本章属于全书的相关知识介绍章节，内容多、涉及面广。信息论是信息检索的基础理论之一，本章在阐述信息论的相关概念及发展史的基础上，较为详细地介绍信息处理和信息检索，包括二者的定义、目的、分类、实现过程及二者的区别。人们生活的方方面面都离不开信息处理，信息处理充斥在世界的任何角落，其目的是将从初始信息源获得的信息进行加工、处理，提取出有价值、有意义的信息。广义上讲，信息检索可理解为信息处理在计算机领域的应用，二者既有区别也有联系。本章末尾简述信息检索的相关理论基础，包括信息学、计算机技术、数学、人工智能、知识图谱、语言学、认知科学等。

1.1　信息论

　　信息是客观事务状态及其运动的一种普遍形式，它是确保客观世界或系统具有一定内部结构和功能的基础。客观世界存在各种消息，而信息则是这些消息包含的新知识或者新内容，可用于增强人们对客观事物的认识程度，减少认识的不确定性。信息论最初由香农为解决数据通信中的问题而提出。随着信息和信息科学的不断发展，人们对信息论的意义及价值的认识不断加深。目前，信息论被普遍认为是关于信息的理论，它运用概率理论和数理统计方法，从数量的角度出发研究信息的度量、获取、传递和处理等问题，以更好地解决通信系统、数据传输、密码学和数据压缩等问题，目前已广泛应用于多个领域。

　　数据通信模型一般包括信源、信宿、信道三要素，如图 1-1 所示。数据通信前，接收端不能确定发送端发送的信息或者信道可能带来的噪声情况，因为这种不确定性存在于通信之前，所以将其称为先验不确定性。随着通信过程的继续，接收端不停地收到发送端发出的信息，使先验的不确定性不断降低，但是由于噪声的存在，先验不确定性不可能完全消除，这就意味着即使通信过程全部结束，接收端对发送端状态的掌握情况也存在着一定的不确定性，这种不确定性称为后验不确定性。

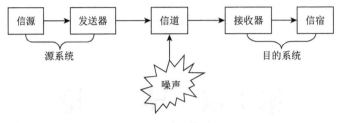

图 1-1　通信模型

信息论的研究范围极为广阔，一般将信息论分成以下三种不同的类型。

（1）狭义的信息论：是一门应用数理统计方法来研究信息处理和信息传递的科学，研究通信和控制系统中普遍存在的信息传递的共同规律，以及如何有效提高各信息传输系统的有效性和可靠性的通信理论。

（2）一般的信息论：主要研究通信问题，还包括噪声理论、信号滤波与预测、调制与信号处理等问题。

（3）广义的信息论：研究范围比较广，不仅包括狭义的信息论和一般的信息论的问题，而且包括所有与信息有关的领域，如心理学、语言学、语义学等。

信息科学是在信息论的基础上，融合电子学、计算机科学、人工智能、系统工程学、自动化等学科发展起来的一门新兴学科。它的任务是研究信息的性质，实现操作自动化，以便尽可能地把人脑从自然力的束缚下解放出来，提高人类认识世界和改变世界的能力，信息检索属于信息科学的范畴。

1.1.1　发展简史

信息论是 20 世纪 40 年代后期从长期通信实践中总结出来的一门科学，是一门研究信息的有效处理和可靠传输的一般科学。信息论的发展主要经历了以下三个阶段。

第一阶段：1948 年贝尔研究所的 Shannon 在其论文 *A mathematical theory of communication* 一文中，系统地提出了关于信息的论述，创立了初始的信息论。

第二阶段：20 世纪 50 年代，信息论向各门学科发起冲击，到 60 年代，信息论进入一个消化、理解的时期，此时的研究重点是信息和信源的编码问题。

第三阶段：到 20 世纪 70 年代，由于数字计算机的广泛应用，通信系统的能力也有了很大的提高，如何更有效地处理和利用信息，成为亟须解决的问题。人们越来越认识到信息的重要性，认识到信息可以作为与材料、能源一样的资源而加以利用、共享。此阶段信息的概念和方法已经渗透到各个学科，迫切需要突破初始信息论的狭隘范围，以使其成为人类各种活动中遇到的信息问题的基本理论，从而推动了许多新兴学科的进一步发展。

信息论经过几十年的发展，目前已经远远突破了香农信息论的范围，正如意大利学者 Longo 在其研究 *Information Theory: New Trends and Open Problems* 中指出"曾被 Shannon 在他的贡献中所审慎排除的东西，现在又被包含进来了"。

1.1.2 信息

信息是客观事物运动状态和运动特征的一种普遍形式，客观世界中存在着以各种各样形式表示出来的信息。信息是现实世界的客观事物在人脑中的反映，是以各种方式传播的关于某一事物的消息、情报、知识。信息是抽象的，为了表达现实世界的各种信息，需要将这些信息用符号来描述，例如，对于"信息检索"这门课程，我们可以采用如下的形式描述这条信息：（信息检索，54，3，必修课，考试）。信息具有以下性质。

（1）普遍性与客观性。在自然界和人类社会中，事物都是在不断发展和变化的。事物所表达出来的信息也无所不在。因此，信息也是普遍存在的。事物的发展和变化是不以人的主观意识为转移的，所以信息也是客观的。

（2）依附性。信息不是具体的事物，也不是某种物质，而是客观事物的一种属性。信息必须依附于某个客观事物（媒体）而存在。同一个信息可以借助不同的信息媒体表现出来，如文字、图形、图像、声音、影视和动画等。

（3）共享性。信息也是一种资源，具有使用价值。信息传播的面积越广，使用信息的人越多，信息的价值和作用会越大。信息在复制、传递、共享的过程中，可以不断地重复产生副本。但是，信息本身并不会减少，也不会被消耗掉，信息具备共享性。

（4）时效性。随着事物的发展与变化，信息的可利用价值也会相应地发生变化。信息随着时间的推移，可能会失去其使用价值，变为无效的信息。这就要求人们必须及时获取信息、利用信息，这样才能体现信息的价值。

（5）传递性。信息通过传输媒体的传播，可以实现在空间上的传递。例如，我国载人航天飞船"神舟九号"与"天宫一号"空间交会对接的现场直播，向世界各地的人们介绍我国航天事业的发展进程，缩短了对接现场和电视观众之间的距离，实现了信息在空间上的传递。通过存储媒体的保存，可以实现信息在时间上的传递。例如，没能看到"神舟九号"与"天宫一号"空间交会对接的现场直播的人，可以采用回放或重播的方式来收看。这就是利用了信息存储媒体的牢固性，实现了信息在时间上的传递。

另一个和信息具有密切关系的术语为"数据"，数据是描述客观事物的符号记录，数据和信息既有区别也有联系。数据是具体的，信息是抽象的，数据是信息的载体，载负信息的物理符号，是信息的具体表现形式，信息依靠数据来表达，是数据包含的意义。很多时候，数据和信息可以混用，例如，我们有的时候会把"信息处理"称为"数据处理"，把"信息资源"称为"数据资源"。

1.1.3 熵

信息论涉及的另一个重要概念是信息含量，通常表示为所包含的数据不确定的程度，为了量化这种不确定的程度，信息论中给出了几个重要的概念：熵、信息熵、条件熵、联合熵。

熵的概念最早起源于统计热力学，表示系统混乱、杂乱的程度，熵值越高表明系统的混乱程度越高，反之，熵值越低则表明系统的混乱程度越低。信息论中，熵也称作信息熵或者香农熵，其采用数值的形式表示随机变量的不确定程度。计算方法如下：

$$H(X) = -\int P(x)\lg P(x)\mathrm{d}x = -E(\lg P(x)) \qquad (1\text{-}1)$$

式中，X 是随机变量；$P(x)$ 是随机变量 X 取值为 x 的概率。信息熵 $H(X)$ 的大小与 X 的取值无关，仅与 X 的概率分布有关，X 的概率分布越大则其信息熵越大。以上是连续性变量 X 的信息熵计算方法。如果 X 为离散变量，则它的信息熵可采用式（1-2）计算：

$$H(X) = -\sum_{i=1}^{n} P(x_i)\lg P(x_i) \qquad (1\text{-}2)$$

联合熵用于计算多个变量间共同拥有的信息量，假设有两个随机变量 X 和 Y，(X,Y) 为二者对应的联合随机变量，其对应的概率分布为 $P(x,y)$，则 X 和 Y 的联合熵为

$$H(X,Y) = -\int_y \int_x P(x,y)\lg P(x,y)\mathrm{d}x\mathrm{d}y \qquad (1\text{-}3)$$

类似地，如果 X 和 Y 均为离散型随机变量，则式（1-3）可表示为

$$H(X,Y) = -\sum_{i=1}^{m}\sum_{j=1}^{n} P(x_i,y_j)\lg P(x_i,y_j) \qquad (1\text{-}4)$$

可以将式（1-3）推广到计算多个随机变量 $X_1, X_2, \cdots, X_n$ 组成的联合变量的联合熵，其计算方法为

$$H(X_1,X_2,\cdots,X_n) = -\int_{x_1}\cdots\int_{x_n} P(x_1,x_2,\cdots,x_n)\lg P(x_1,x_2,\cdots,x_n)\mathrm{d}x_1\cdots\mathrm{d}x_n \qquad (1\text{-}5)$$

条件熵表示一个变量对另一个变量的依赖程度，在随机变量 Y 已知的情况下，变量 X 对其依赖的程度即条件熵，其计算方法如下：

$$H(X|Y) = \int_y P(y)H(X|y)\mathrm{d}y = -\int_y \int_x P(x,y)\lg P(x|y)\mathrm{d}x\mathrm{d}y \qquad (1\text{-}6)$$

式中，$P(x,y)$ 是变量 X 和 Y 的联合概率分布；$P(x|y)$ 是已知 Y 的情况下 X 的概率分布，即条件概率，由式（1-6）知，如果 X 完全依赖于 Y，则条件熵的值为 0，表示 Y 包含 X 的所有消息。如果 X 和 Y 均为离散型随机变量，则二者的条件熵采用式（1-7）计算：

$$H(X|Y) = \sum_{i=1}^{m}\sum_{j=1}^{n} P(x_i,y_j)\lg P(x_i|y_j) \qquad (1\text{-}7)$$

1.1.4　信息论的应用

本书在前面已经指出，广义信息论的应用范围比较广，下面从数据压缩、密码学、统计、信号处理四个领域简述信息论的应用。

1）信息论在数据压缩中的应用

在数据通信中，数据压缩的主要目的是利用较少的数据来表示信源发出的信号，使信号占用的存储空间尽可能小，以提高信息传输的速度。在信息检索领域，可认为数据压缩是采用较少的特征来描述对象，提高信息检索的速度。数据压缩在近代信息处理问题中有大量的应用，通过数据压缩不仅可以大大节省资源利用的成本，而且可以将一些没有实用意义的技术转化成具有实际应用价值的技术。

数据压缩技术的不断完善依靠信息论这门学科的成长，信息能否被压缩以及能在多

大程度上被压缩与信息的不确定性有直接的关系，人工智能技术将会对数据压缩的未来产生举足轻重的影响。

2）信息论在密码学中的应用

密码学是研究编制密码和破译密码的技术科学，从传统意义上说，密码学是研究如何把信息转换成一种隐蔽的方式并组织其他人得到它的科学。密码学虽出现较早，但在信息论诞生之前，它并没有系统的成型理论，直到香农发表了《保密通信的信息理论》一文，才为密码学确立了一系列基本原则与指标，如加密运算中的完全性、剩余度等指标，它们与信息度量具有密切的关系，之后才产生了基于信息论的密码学理论，所以说信息论与密码学有着十分密切的关系。

3）信息论在统计中的应用

信息论在统计中的应用一般指信息量在统计中的应用。由于统计学研究的问题日趋复杂，如统计模型从线性到非线性、统计分布从单一分布到混合分布，信息量在统计中的作用日趋重要，在许多问题中以信息量作为它的基本度量。信息与统计的结合有很多典型的问题，如假设检验中的两类误差估计问题、实验设计问题以及信息量在有效估计中的应用问题等，这些问题已经使信息论与统计学成为互相推动发展的关系。

4）信息论在信号处理中的应用

信号处理包括数据、图像、语音或其他的信号处理，从信息论的观点来看，信号是客观事物表达其相应信息的技术手段。可认为信息是通过信号来表达的，对信息的加工处理可认为是对信号的加工处理，处理过程主要是信源的编码、变换、过滤或决策过程。这些过程均涉及信息论中的信息率失真理论。

1.2 信息采集和信息源

1.2.1 信息采集

信息采集属于信息资源生产中的准备工作，包括对信息的收集和处理，简单地说，信息采集就是多渠道、多信息交流地进行收集整理。随着计算机和网络技术的快速发展，网络信息采集成为信息采集的主流手段。网络信息采集是指将网页中的大量非结构化数据结构化，并将其存入结构化数据库中。信息采集系统以网络信息挖掘引擎为基础构建而成，它可以在较短时间内，把最新的信息从不同的网站上采集下来，分类和统一格式后，第一时间把信息发布在自己的站点。为满足信息采集工作中信息质量的基本要求，信息采集一般坚持以下几项原则。

（1）可靠性原则：指采集的信息必须是真实对象或环境所产生的，必须保证信息来源是可靠的，保证采集的信息能够反映真实的情况，可靠性是信息采集的基础。

（2）完整性原则：指采集的信息在内容上必须完整无缺，信息采集必须按照一定的标准要求，采集反映事物全貌的信息，完整性原则是信息利用的基础。

（3）实时性原则：是指能及时获取所需的信息，一般有三层含义，一是指信息自发生到被采集的时间间隔，间隔越短就越及时，最快的是信息采集与信息发生同步；二是指在企业或组织执行某一任务、急需某一信息时能够很快采集到该信息；三是指采集某一任务所需的全部信息所花去的时间，花的时间越少则速度越快。实时性原则保证信息采集的时效。

（4）准确性原则：指采集到的信息与应用目标和工作需求的关联程度比较高，采集到信息的表达是无误的，属于采集目的范畴之内，相对于企业或组织自身来说具有适用性，是有价值的。关联程度越高，适应性越强，就越准确。准确性原则保证信息采集的价值。

（5）易用性原则：是指采集到的信息按照一定的表示形式，便于使用。

（6）计划性原则：采集的信息既要满足当前需要，又要照顾未来的发展；既要广辟信息来源，又要持之以恒，日积月累；不是随意的，而是根据单位的任务、经费等情况制定比较周密详细的采集计划和规章制度。

（7）预见性原则：信息采集人员要掌握社会、经济和科学技术的发展动态，采集的信息既要着眼于现实需求，又要有一定的超前性，要善于抓苗头、抓动向。随时了解未来，采集那些对将来发展有指导作用的预测性信息。

信息采集最常使用的方法为询问法，由调查者拟定具体的调研提纲，然后向被调查者以询问的方式，调查要了解的问题，采集相关的信息资料。询问法包括当面调查询问法、电话调查法、会议调查询问法、邮寄调查询问法、问卷调查询问法。

随着人工智能技术的深入发展，信息采集的自动化趋势日趋明显，下面介绍几种目前常用的智能化数据采集方法。

（1）全自动电话访谈。全自动电话访谈方法使用内置声音回答技术取代传统的调研方式和电话访谈，利用专业调研员的录音来代替访问员逐字逐句地念出问题及答案。回答者可以将封闭式问题的答案通过电话上的拨号盘键入，开放式问题的答案则被逐一录在磁带上。

（2）交互式计算机辅助电话访谈。交互式计算机辅助电话访谈是中心控制电话访谈的"计算机化"形式，每一位访问员各坐在一台计算机终端或个人计算机前，当被访问者电话被接通后，访问员通过一个或几个键启动机器开始提问，问题和多选题的答案便立刻出现在屏幕上。与上述方法相比，这一方法省略了数据的编辑及录入的步骤。

（3）计算机柜调研。计算机柜调研是一种类似于公用电话亭的计算机直接访谈调研方式。该方法将带触摸屏的计算机存放在可自由移动的柜子里，计算机可以设计程序以指导复杂的调研，并显示出全颜色的扫描图像（产品、商店外观等），还可以播放声音和电视影像。

（4）网络调研系统。网络调研方法主要有 E-mail 问卷、交互式计算机辅助电话访谈系统和网络调研系统等三种基本类型。网络调研系统运用专门的问卷链接及传输软件，问卷由简易的可视编辑器产生，自动传送到互联网服务器上，通过网站可以随时在屏幕上对回答数据进行整体统计或图表统计，问卷星是目前广泛使用的一种网络调研系统，图 1-2 为问卷星网站的首页截图。

图 1-2　问卷星网站的首页截图

1.2.2　信息源

信息源就是信息的来源，由于信息的含义比较宽泛，信息源的定义也因学科不同而不同。一般地，信息源可以看作生产、持有和传递信息的一切物体、人员或者机构。依据信息源的层次及加工的程度，信息源可以分为以下四种。

（1）一次信息源：也称为本体论信息源，获得一次信息源是信息资源生产者的首要任务。

（2）二次信息源：也称为感知信息源，主要储存在人的大脑中。传播、信息咨询、决策等领域所研究的主要是二次信息源。

（3）三次信息源：也称为再生信息源，主要包括口头信息源、体语信息源、文献信息源和实物信息源四种，其中文献信息源最为重要。

（4）四次信息源：也称为集约信息源，是文献信息源和实物信息源的集约化与系统化。

很显然，我们常见的文献信息源、电子信息源、实物及口头信息源属于上述的三次信息源，下面对这三种信息源进行简单介绍。

1.　文献信息源

文献的类型有很多，分类方法也多种多样，按照文献的外在形态，可将文献分为印刷型、缩微型、声像型和电子型；按照文献的等级，可将文献分为零次文献、一次文献、二次文献和三次文献。

（1）零次文献是一种特殊形式的情报信息源，主要包括两方面的内容：一是未经记录，未形成文字资料，属于口头交谈，是直接作用于人的感觉器官的非文献型的情报信息；二是未经正式发表的原始文献或者各种资料，如书信、手稿等。零次文献不仅在内容上具有一定的价值，而且克服了公开文献从信息的客观形成到公开传播之间费时等弊端。

（2）一次文献是人们直接以自己的生产、科研、社会活动等实践经验为依据，经公开发表或交流后的文献。一次文献在整个文献中数量规模大、种类最多、使用最广、影响最大，是科技交流中的主要信息源。我们接触到的一次文献包括图书、期刊、报纸、专利文献、标准文献、产品样本、会议文献、灰色文献、档案文献、科技报告、政府出版物以及学位论文等。

（3）二次文献也称为二级文献，是将大量分散、凌乱、无序的一次文献进行整理、浓缩、提炼，并按照一定的逻辑顺序和科学体系加以编排存储，使之系统化，便于检索利用的文献，如中国科技期刊数据库等。

（4）三次文献也称为三级文献，是在一次文献、二次文献的基础上，经过综合、分析、研究而编写出来的文献，它通常是围绕某个专题，利用二次文献检索搜集大量的相关资料，对其内容进行深度加工而成。属于这类文献的有综述、评论、评述等，以及人们使用的数据手册、百科全书和年鉴等。

2. 电子信息源

电子信息源是电子化的信息资源，它是以数字化的形式，把文字、图形、图像、声音、动画等信息存放在非印刷介质上，并通过计算机、通信设备以及其他外部设备再现出来的一种信息资源。与传统的印刷型文献源相比，电子信息源具有如下特点。

（1）数字化的信息资源：电子信息源将传统纸张上的文字变成磁介质上的电磁信号或光介质上的光信号，使信息的存储、传递和查询更为方便，而且所存储的信息密度高、容量大，可以无损耗地重复使用。

（2）以网络为传播介质：传统的信息存储载体多为纸张，而在网络时代，信息的存储可以以网络为载体。

（3）内容丰富多样：电子信息源可包括图形、图像、声音等多种信息。

（4）信息资源数据量大：随着各种社交平台的出现，电子信息量呈现太字节级的增长速度。

（5）数据结构具有通用性：在网络环境下，数据可以同时被多人访问，是一种有效的共享信息资源，实现了数字信息资源的有效扩充。

（6）动态性：网络环境下，信息传递和反馈快速灵敏，信息具有明显的动态性和实时性。

（7）信息源复杂：由于网络的共享性和开放性，人人都可以在互联网上获取和存放信息，这些信息没有经过严格的编辑和整理，良莠不齐，信息复杂性高。

3. 实物及口头信息源

实物信息源中的实物主要包括自然实物和人工实物，与文献信息源相比，具有明显的不同，具有明显的优势。实物信息源直观性强，例如，样品是典型的实物信息源，其在造型、外观、包装等方面直观、形象，可以使购买者了解其工作原理、功能、工艺等情况。有的实物还可以当场演示，直观性更强。实物信息源的客观性强，实物样品是具体的东西，实际存在，真实可靠，信息直达接收者，不需要经文字、图片等中间媒体转达，可以有效避免人为因素造成的信息扭曲。

口头信息是指通过交谈、讨论、报告等方式交流传播的信息，人的大脑能够存储大量的信息，当外界信息摄入大脑后，人们就会产生认识和记忆。这种认识包括思考、见解、看法、观点，是推动研究的最初起源。认识的形成一般缺乏完整性和系统性，因此初始阶段难以通过文献发布出来，但可以通过口头交流来了解。人类的记忆是一个巨大的信息源，其中一部分可通过个人采访获得，称为口述会议，另一部分可以借助口口相传保存下来。

■ 1.3 信息处理概述

1.3.1 信息处理的定义

信息处理是一个通用的比较大的概念，在不同的领域，由于使用人员的需求不同、目的不同，会有不同的解释和阐述。比较宽泛的定义是：信息处理是对信息进行一系列操作的过程；如果把信息处理看作信息加工，则认为信息处理是对原始信息进行加工，即有目的地对信息进行变换、整理、组织的过程；如果从信息处理过程进行定义，信息处理是指对信息进行收集、存储、加工和传播的一系列活动的总和。

除上述定义方法外，从不同角度强调信息处理，定义的侧重点也不同，下面从四个角度加强对信息处理的认识。

（1）从数据角度。这里的数据不仅指常规意义上的数值数据，还包括文字、语音、图像、视频等非数值数据。从数据中获取信息，要有数据加工和显示的过程，此时的过程称为信息处理，是指将数据转换为信息的过程。

（2）从信号角度。此时的信息处理是对带有信息的信号加以变换，以达到信息率的减少或便于提取有用信息的过程。因为信息通常负载在一定的信号上，所以对信息的处理总是通过对信号的处理来实现，故从信号角度而言，信息处理往往和信号处理具有类同的含义。

（3）从系统角度。从系统角度而言，信息处理是指按照一定的目的和步骤，把输入系统中的原始信息进行分类、排序、归并、存储、检索、制表、计算以及综合概括等一系列操作和加工的过程，即将传送来的初始信息，依据一定的设备和手段，按照一定的目的和步骤，进行加工的过程，是系统的关键环节。

（4）从计算机角度。从信息技术的角度而言，计算机就是信息处理机，此时的信息处理是指运用计算机对数据或初始信息进行系统加工，以获得需要的有价值的信息的过程。计算机在信息处理过程中的操作涉及数据处理、数据通信、过程控制、模式识别等。

1.3.2 信息处理的目的

信息经处理以后，可以得到可供人们直接使用的数据、报表和曲线。信息处理的基本目的就是从大量杂乱无章、难以理解的数据中抽取有价值的信息，将其作为决策的依据，信息处理的目的可归纳为以下几点。

（1）把原始信息转换成便于观察、传递、分析的形式。

（2）对信息进行筛选、分类，提取主要的和有用的信息，过滤掉没用的信息。

（3）对主要的、有用的信息进行编辑整理，压缩数量，提高质量。

（4）对编辑整理后的信息进行分析和计算。

（5）将一些不能再现或变化范围很大的信息，集中存储起来，供之后分析使用，当用户需要时，输出所有信息。

1.3.3 信息处理的过程

随着计算机科学技术的快速发展，计算机从初期的以"计算"为主的工具，发展为以信息处理为主的，集计算和信息处理于一体并与人们的工作、学习和生活密不可分的工具。人们对信息处理是先通过感觉器官获得信息，通过大脑和神经系统对信息进行传递和存储，由大脑对信息进行各种加工、变化，最后通过一定的形式发布信息。

人工信息处理包括信息收集、信息加工和信息传递三个阶段，如图 1-3 所示，这三个过程可由人工进行，也可以通过计算机辅助进行。其中信息收集包括信息的识别、表达和采集等，信息加工包括信息的鉴别、比较、选择、分类、归并等，信息传递涉及信源、信道、信宿、通信、网络等。

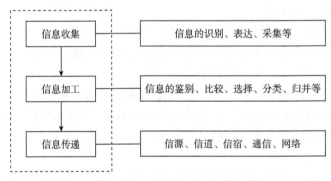

图 1-3 一般信息处理过程

计算机信息处理过程实际与人类的信息处理过程一致，是对人脑信息处理过程的模拟实现，从过程而言，与上述环节稍有不同，包括信息接收、信息存储、信息转化、信息传送、信息发布五个步骤，流程图如图 1-4 所示。

目前，计算机已经成为电子数据和信息处理系统的核心，在信息处理过程中，它不仅能进行数值运算，还能进行逻辑运算，既可以改变信息载体，也可以不改变信息载体，既可以处理大量信息，又可以方便地检索信息，具有极高的速度和灵活性，在准确性方面，与人工处理相比具有很大的优势。

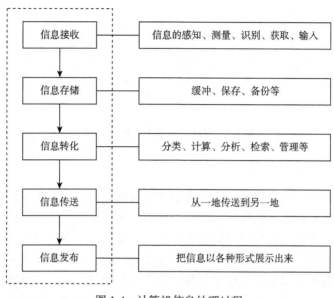

图 1-4　计算机信息处理过程

1.4　信息检索概述

1.4.1　信息检索的定义

信息检索（information retrieval）是指将信息按照一定的方式组织和存储起来，并根据用户的需要找出相关信息的过程。它包括以下两个部分。

（1）存储：将大量分散无序的信息集中起来，经过加工整理，使之有序化、系统化，成为可以查询使用的信息集合。

（2）检索：借助于查询语言，将所需要的信息从集合中查找出来。

这是广义的信息检索，狭义的信息检索仅指第（2）部分，即从信息集合中找出所需信息的过程。

从本质上讲，信息检索就是对信息集合与需求集合的匹配与选择。从图 1-5 的原理图我们可以看到，要实现匹配与选择，首先要对信息集合进行特征化表示，即通过人工或计算机的方法对信息集合进行加工处理，将原来隐含的、不易识别的特征显性化。这种加工处理工作称为内容分析与标引，其中，用来表示文档特征的词条称为标引词。另外，在检索时，也要对用户所提出的信息需求进行分析，提取概念或属性，并利用与标引过程相同的标识系统（检索语言）来表达需求中所包含的概念和属性，然后通过匹配和选择机制，对需求集合与信息集合进行相似性比较，最后根据一定的标准选出需要的信息。

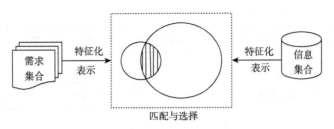

图1-5　信息检索基本原理示意图

1.4.2　信息检索的类型

依据不同的标准，信息检索可以分为不同的类别，根据检索对象的不同，早期的信息检索可以分为文献检索、事实检索、数据检索。文献检索以文献为检索对象，这是一种相关性检索，它提供的是与用户信息需求相关的文献的线索或者原文；事实检索以特定的事实为检索对象，例如，查找某一事物发生的时间、地点与过程等，事实检索属于确定性检索；数据检索以数据为检索对象，如查找某个数学公式、数据、图表、某材料的成分、性能等都属于数据检索，数据检索也属于确定性检索。文献检索是一种不确定性检索，多利用专业的检索工具，包括目录、题目、文摘、索引及与其对应的数据库资源或者网络资源进行检索。数据检索和事实检索均属于确定性检索，主要使用数据、事实型工具进行检索。

按照检索方式的不同，可将信息检索分为手工检索和计算机检索两种方式。

1）手工检索

手工检索始于19世纪末，专业化的信息检索产生于参考咨询工作。手工检索多使用印刷型或书本型检索工具，早些时候有检索卡片，现在使用最多的是检索刊，它们定期地将最新收集到的信息、文献进行汇总、组织和报道。手工检索的技术要求不高，以人的劳动为本，完全由人来翻阅、比较、选择、匹配。

在手工检索过程中，人的思维起着主导的作用，检索者可以在检索过程中结合检索的结果不断地明确自己的信息需求，不断修改自己的检索提问。手工检索得到的检索结果一般能很好地符合检索者的信息需求。然而，在这个信息爆炸的时代，如此海量的信息不可能靠手工检索实现，因为手工检索费时、费力。从应用性角度而言，计算机检索的应用性更强。

2）计算机检索

计算机检索起源于20世纪50年代。1954年，美国海军兵器中心图书馆利用IBM701机开发计算机信息检索系统，标志着计算机信息检索阶段的开始。计算机检索技术含量高，它主要通过数据库系统实现。计算机检索过程是在人与机器的合作、协同下完成的，通过实时的、交互的方式从计算机存储的大量数据中自动分拣出用户所需要的信息。计算、比较、选择的匹配任务由机器来执行，人是整个检索方案的设计者和操纵者。计算机检索的实质是"匹配运算"，是将检索提问标识与系统中的存储文献的特征标识进行比较，输出匹配成功的文献，其原理与人工检索基本相同。图1-6为计算机检索的流程图。

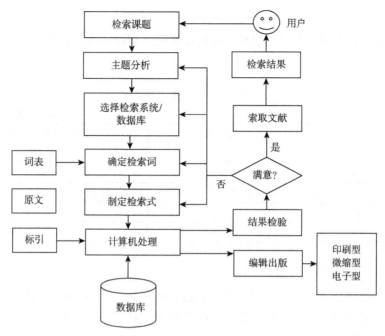

图 1-6 计算机检索的流程图

计算机检索需要一定的技术设施，主要包括计算机主机设备、外部存储设备、输入输出设备、终端设备、通信设备等硬件设施，以及相关的软件系统，以有效实现对数据库的信息存取。从计算机检索的发展历程来看，计算机检索经历了联机检索、光盘检索和网络检索三个阶段。

联机检索是指用户利用终端设备，通过通信网络或通信线路与分布在世界各地的检索系统中心的中央计算机连接，通过人机对话的方式，运用特定的检索指令和检索策略，访问中央数据库，从中检索出用户需要的信息。

光盘检索有两种：单机光盘检索和光盘网络检索。单机光盘检索比较简单，通常由计算机、光盘驱动器、光盘数据库等硬件设备组成，自成一体，系统结构简单，数据量小，利用率低，一次只能供一个用户检索，通常供单用户、单机使用。光盘网络检索可以分为面向特定范围对象的局域网的系统和依托互联网的面向所有用户开放的检索，其实质是将光盘资源上网，允许局域网、广域网甚至互联网上的众多用户在同一时间、不同地点同时访问一个或者多个光盘数据库。与联机检索相比，光盘检索具有如下特点：方便快捷、检索费用低、操作界面友好、输出灵活、多种媒体融合、数据更新慢、数据量有限。

网络检索主要指互联网检索，以互联网上的信息资源为检索对象。早期的网络检索工具有 Archie、广域信息查询系统（wide area information system，WAIS）、Veronica 等，后起之秀的 Web 是互联网上最为流行、发展最快、使用最广泛的工具和服务，通过 Web，人们只需要简单的方法就可以迅速方便地获取丰富的信息，目前已经成为网络检索系统的主力，搜索引擎、门户网站、网络资源指南等都是网络信息资源的检索工具。网络检索的特点为：检索空间无限、检索内容极其丰富、超文本浏览、界面友好、操作简单、检索效率高。

综合前面所述内容，手工检索和计算机检索的差别可从多方面体现，表 1-1 列出了两类检索方法的比较。

表 1-1　手工检索和计算机检索的比较

项目	手工检索	计算机检索
总体特征	手翻、眼看、人脑判断	策略、查看、机器匹配
索引	检索点较少	检索点较多
检索时间	较慢	较快
检索要求	专业知识、外语知识、检索工具使用	专业知识、外语知识、检索系统知识
查全、查准率	查准率高	查全率高
综合效率	较低	较高

1.4.3　信息检索的过程

无论手工检索还是计算机检索，检索的过程基本是一样的，通常包括五个步骤：分析问题、选择检索方法、选择检索系统、确定检索途径、查找文献线索以及获取原文。

1）分析问题

分析问题是信息检索有效展开的关键，将问题分类有助于确定相应的检索工具，所有的问题最终都可归结为两类：一类是查找文献；另一类是查找具体的事实。确定好问题的类别后，需要分析要检索的主题内容、明确所属学科的范围，学科范围越具体、越明确，越有利于检索。然后分析确定文献的类型，最终选择合适的文献检索时间范围。

2）选择检索方法

信息检索的方法是根据检索课题的需要与检索系统的现状灵活选定的，信息检索的一般方法包括追溯法和工具法。追溯法是一种传统的文献检索方法，即利用参考文献进行深入查找相关文献的方法。追溯法包括两种，一种是利用原始文献所附的参考文献进行追溯，另一种是利用引文索引检索工具进行追溯。工具法是利用各类检索系统查找文献的方法，根据具体的检索需要，工具法可细分为顺查法、倒查法、抽查法和交替法。

按照计算机系统本身的性质与存取功能，计算机检索方法可分为菜单检索（easy menu search）、指令检索（command search）、浏览检索（browsing search）和提问-回答式检索。菜单检索是一种适合初学者使用的简便易行的检索方法，其特点是用户无须记忆指令，仅需通过菜单提示完成各种检索操作；指令检索是一种由各种指令来完成各类操作的检索方法，检索指令包括检索过程中使用的主要功能键。指令检索适合于有经验的用户，初始终端用户可通过专门学习来掌握检索系统的检索命令表达式；浏览检索也是常用的检索方法之一，浏览检索多用于网络信息资源的超文本或超媒体查询；提问-回答式检索由于目标明确、技术规范，不仅检索速度快，而且在系统正常运转的情况下，其查全率和查准率都比较高，适合于大型的检索系统。

3）选择检索系统

检索系统种类繁多，检索者必须根据实际需要有针对性地加以选择，选择检索工具的依据如下。

（1）存储内容的广泛度、深度。

（2）检索途径的便利性。

（3）报道的时差。

（4）注意选择专业对口的检索工具。

（5）注意利用综合性检索工具。

4）确定检索途径

检索途径往往不止一种，使用者应该根据已知信息的特征确定检索入口。文献的特征分为外表特征（题名、作者、序号等）和内容特征（分类、主题等），据此，文献检索的途径也包括两种：以所需文献的外表特征为依据、以所需文献的内容特征为依据，前者又包括题名途径、作者途径、序号途径，后者又包括分类途径和主题途径。在所有的搜索途径中，分类途径和主题途径是最常用的途径，分类途径适合于簇性检索，主题途径适合于特性检索，两者相互配合会取得更好的检索效果。

5）查找文献线索以及获取原文

以上四个步骤完成之后，就可以通过检索工具具体查找，在各检索工具中能查到的实际上是所需文献的线索，下一步就是利用馆藏目录或联合目录获取原文，但是获取原文并不是简单的事情，特别是外文。原文获取率的高低与馆藏有关，也与获取方法有关。

1.4.4 信息检索的数学描述

根据上述检索原理，任何一个检索系统都可以形式化地表示为一个五元组 $I=(U,D,Q,F,R)$。

（1）$U=\{k_1,k_2,\cdots,k_t\}$ 是所有属性（或标引词）组成的集合，构成一个属性（或概念）空间，是实施标引和检索的依据，对标引和检索起规范与控制的作用。

（2）$D=\{d_1,d_2,\cdots,d_m\}$ 是文档集合，每篇文档 $d_j \in D$ 可以用一组有代表性的标引词集合描述，即 $k_{ji} \in d_j (i=1,2,\cdots,n)$，且 $\{k_{j1},k_{j2},\cdots,k_{jn}\} \subseteq U$。

（3）$Q=\{q_1,q_2,\cdots,q_k\}$ 为查询集合，它是由经过 U 规范（控制）过的用户的信息需求构成的。和 D 一样，对其中任意 $q_i \in Q$，都可以用一组有代表性的标引词集合描述，即 $k_{im} \in q_i (m=1,2,\cdots,r)$，且 $\{k_{i1},k_{i2},\cdots,k_{ir}\} \subseteq U$。

（4）F 为 $D \times U$ 的二元关系，反映标引关系，且有 $F=\{<d,u,\mu(d,u)>\} (u \subseteq U)$，根据这种关系来确定 d_j 和 $u(\subseteq U)$ 的相似程度，μ 值则是这种相关程度的度量化描述。

（5）R 反映了 $T \times Q \to \{d\}$ 的关系，表示为 $R=\{u,q_i,d,\theta(u,q_i,d)\}$。其中 $q_i \in Q$，q_i 包含的 $\{k_{i1},k_{i2},\cdots,k_{ir}\} \subseteq U$，$\theta$ 表示任意文档 d 与 $(k_{i1},k_{i2},\cdots,k_{ir})$ 的相似程度的标准，即检索算法，可能是一个值，也可能是一个公式。这种关系产生的结果 $\{d\} (\subseteq D)$ 称为检索结果。

下面是从数学空间的概念对标引和检索的理解。

设 k_i 表示标引术语，$U=\{k_1,k_2,\cdots,k_t\}$ 构成了一个 t 维的向量空间，即属性空间（或概念空间）。对任意 $d_j \in D$，都可以用属性空间中一个确定的向量与之对应，即在 U 集之上，用 F 对 d_j 加以标引后，d_j 将成为该 t 维空间中的一个文档向量。这些文档向量构成了文档空间。提问集 Q 的元素 q_i 也是由属性空间中的一个向量表示。检索则是通过 R 确定在任意一个向量 q_i 的周围蕴含多少个 d_j 向量，即被 q_i 命中的文档。

1.4.5　信息检索系统

信息检索系统就是为满足各种各样的信息需求而建立的一整套信息的收集、加工、存储和检索的完整系统，这种系统可以是提供手工检索的卡片目录等，也可以是计算机检索系统。不管信息检索系统的物理结构如何，它们的逻辑结构基本上是相同的。如前面所述，信息检索系统的两大基本功能是存储和检索，围绕这两个功能可以将信息检索系统分解为六个子系统，共同构成信息检索系统的逻辑结构，如图 1-7 所示。

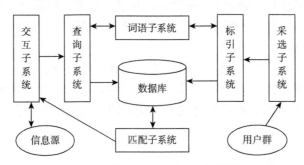

图 1-7　信息检索系统的逻辑结构

1）采选子系统

采选子系统也称为输入子系统，其功能是从外部的各种信息源向系统进行输入操作，输入过程由信息的采集、鉴别和筛选组成，采选的标准包括信息的学科范围、存在形式、内容类型和时间跨度等。该子系统决定了信息检索系统和数据库的类型、内容和范围。常用的采选方式有三种：人工采选、人机结合采选、自动采选。自动采选采集到的数据主要来源于 Web，格式多种多样，为了便于用户使用，需要进行预处理操作。

2）词语子系统

任何信息检索系统都离不开相应的语言，词语子系统作为连接存储和检索两大功能的纽带，以及协调标引子系统和查询子系统的中介，其功能主要是对使用的词语进行规范化控制和处理，其实施的是质量控制。

3）标引子系统

该子系统直接影响信息检索系统的检索方式和检索途径，其功能是使用系统规定的规范化词语对输入的信息中具有检索价值的特征进行标示和描述，标引包括对输入信息进行概念分析和概念转换两个过程。标引既可以人工标引，也可以自动标引，自动标引可分为全自动标引和半自动标引。对于自然语言检索系统而言，很多时候并不进行规范化的标引，这种情况称为无标引或者全标引，也就是对信息中的所有词语都进行标引。

采集到的原始数据经过预处理后，在进入数据库时，都要进行标引并创建索引。目前的主流做法是把标引词作为标引项,以标引词为单位构建倒排索引结构。由于文档中的有些字、词不适合直接作为标引词编入索引,所以标引时需要对预处理后的文档进行词法分析,如词语切分、过滤停用词等。

4)查询子系统

与标引子系统类似,该子系统直接影响到用户查询的检索方式和检索途径,其功能是使用系统规定的规范化的词语描述用户的检索询问,包括对用户的询问进行概念分析和概念转换,也包括按照系统的既定规则制定检索策略和构建检索模式。该子系统完成对数据库的查找过程,并与交互子系统共同完成信息检索系统的检索功能。

为了能够更加全面地表达用户的查询意图,提高查询的有效性,许多查询子系统可以提供查询扩展的功能,也可采用相关反馈、关联矩阵等技术对用户的查询条件进行深入挖掘,从而有效提高检索系统的检索效率。

5)匹配子系统

匹配子系统主要是为了便于进行检索元素的匹配操作,对查询子系统形成的检索式进行加工、展开和变换,按照系统规定的匹配模式、条件和程序,与标引子系统最终形成的数据库中的记录进行比较,最后向用户提交检索结果。该子系统实际完成的是用户查询和数据库的匹配过程,并与词语子系统共同实现对信息检索系统的存储和检索两大功能的协调和沟通。

6)交互子系统

这是用户和检索系统的人机交互接口,其功能是保证系统和用户之间能够进行良好的沟通。一方面要准确、全面地反映用户的真实需求,形成明确的检索目标,另一方面要把与用户查询全部或部分匹配的检索结果及时地反馈给用户,允许用户根据反馈情况,更改原来的检索式,重新进行检索,直到获得满意的检索结果。任何一个信息检索系统都必须有一个检索接口负责用户和系统之间的通信任务。

通过信息检索系统的逻辑结构可以看出,信息检索系统是一个比较复杂的系统,包括多个功能模块或子系统,开发和设计这样一个系统的任务是比较艰巨的。目前,各种不同的信息检索系统以不同的形式呈现给用户,虽然外观不同,但是逻辑结构的基本思路和上面是基本一致的。

■ 1.5 信息处理与信息检索的关系

如前所述,信息处理是一个非常通用的概念,集合可以涉及人类活动的任何一个领域,换句话说,人类活动的任何一个领域都离不开信息处理。信息处理无处不在,无时不在,已经渗透到我们生活的方方面面。

信息检索的广义概念可理解为一种信息处理,它致力于信息的收集、加工、存储、检索、传递和利用,这与信息处理的基本过程是一致的,只是相对而言,比较突出存储和检索的功能。由此可见,信息检索就是检索领域中的信息处理,或者说信息检索就是信息处理在检索领域中的应用和体现,信息检索系统属于一种信息处理系统。

1.6   信息处理及信息检索发展的理论基础

1.6.1   信息学

关于信息的概念，前面已进行详细叙述。随着科学技术的发展，人们对信息的获取、加工和处理的要求越来越高。20 世纪 40 年代，通信技术和计算机的出现，对于信息论的深入发展起到了极大的推动作用。简而言之，信息论是利用信息的观点，把系统看作借助信息的获取、传送、加工和处理而实现其有目的性行动的研究。

信息处理和信息检索具有密切的关系，二者的基础理论均为信息论，信息处理的目的是得到有价值、有利用意义的信息，信息检索系统是一种使用了计算机技术的信息处理系统。

1.6.2   计算机技术

信息检索系统作为计算机的重要应用领域之一，需要计算机技术作为理论基础，计算机的软、硬件均是信息检索技术发展的关键制约因素，利用性能好的计算机，可以把一个在某个检索系统中无法实现的任务顺利实现，这种例子在计算机发展过程中有很多。

随着硬件的不断发展，软件也发生了很大的变化。编程语言不断向功能强、适用范围广、兼容性好的方向发展。目前，软件发展的基本方向是不仅能面向专业的程序员，而且能面向非技术用户。此外，由于人们不断开发计算机软件，新的操作系统、数据库管理技术、各种模型和统计分析的软件包、数据抽取系统以及数据模型的描述语言纷纷问世，这些软件的出现，都为信息检索技术的发展起到了很好的推动作用。

1.6.3   数学

数学在信息检索中的作用不容小觑。数学是自然科学的基础，对于社会科学、人文科学也具有重要的意义，信息检索对数学的依赖可以从多方面体现，包括信息检索的数学描述，信息检索的过程实际上是匹配的过程，从数学的角度而言，即计算相似度的过程。具体而言，数学为信息检索提供了理论基础和方法基础，数学在信息检索中的应用价值和做出的贡献主要体现在检索模型建立、检索算法设计、检索系统评价等方面。

经典的信息检索模型包括布尔检索模型、向量空间检索模型和概率检索模型，三种模型的理论基础都离不开数学，布尔检索模型用到了 0，1 运算，向量空间检索模型涉及向量之间的相似度或距离计算，概率检索模型多通过计算条件概率来度量查询和待检索文档之间的相似度；无论采用哪种检索模型，其实现算法的关键点均为查询和待检索文档的匹配度计算；检索系统的评价，多采用查准率和查全率，这两个指标从概率的角度来评价系统的综合检索性能。

综上，在信息检索中使用较多的数学工具包括布尔代数、线性代数、集合论、图论、模糊数学和离散数学等，表 1-2 列举出了不同数学工具在信息检索中的应用对照表。

表 1-2 不同数学工具在信息检索中的应用对照表

数学工具	在信息检索中的应用
布尔代数	检索模型建立（布尔模型）
线性代数	相似度计算（基于矩阵描述目标等）
集合论	信息的描述（术语集合、文档结合）
图论	检索模型的拓扑结构
模糊数学	查询和待检索对象的模糊匹配
离散数学	相似度计算中涉及的逻辑运算

1.6.4 人工智能

信息检索的核心基础理论之一就是人工智能，信息检索的兴起和发展与人工智能的发展过程紧密相关。当今社会，人工智能正在重塑科学、技术、商业、政治等各个方面，而大众对技术的认知程度和该技术的重要性相比显得远远不够。另外，当今人工智能的各个分支其实在五十年前就已有相关基础，直到今天，很多问题仍悬而未决并难以解决。人工智能历史上的两次冬天无疑阻碍了技术、产业发展的步伐。人工智能中的很多问题多采用机器学习的方法实现，当前，机器学习是人工智能的一种重要实现方式。

将数据输入计算机，一般算法会利用数据进行计算然后输出结果，机器学习的算法则大为不同，输入的是数据和想要的结果，输出的则为算法模型，即把数据转换成结果的算法模型。通过机器学习，计算机能够自己生成模型，进而提供相应的判断，实现某种人工智能。工业革命使手工业自动化，而机器学习则使自动化本身自动化。人工智能的发展经历了三个研究阶段：推理期、知识期、机器学习期。正是机器学习技术发展推动了商务智能的进步。而机器学习中的重要算法可应用到信息检索中的模型构建、特征选择、相似度计算等问题中。

最新的机器学习算法当属深度学习和强化学习了。深度学习是在多层神经网络的结构下，辅以结构设计和各种梯度技术，试图使用包含复杂结构或由多重非线性变换构成的多个处理层对数据进行高层抽象，能够很好地处理图像分类、语音识别等感知智能问题。深度学习不仅能够提供端到端的解决方案，而且能够提取出远比人工特征有效的特征向量。但其模型"黑箱"，可解释性差，限制其应用场景。

值得指出的是，深度学习的应用范围还很有限，统计学习仍然在机器学习中被有效地普遍采用。另外，人工智能不是一种特定的技术方法，所有方法都是对人工智能这个课题进行研究的产物。机器学习和象征着理性主义的知识工程、行为主义的机器人一样，是人工智能的一个分支。

1.6.5 知识图谱

伴随 Web 技术的不断演进与发展，在先后经历文档互联和数据互联之后，人类正在迈向基于知识互联的新时代。知识互联的目标是构建一个人与机器都可理解的万维网，使人们的网络更加智能化。旨在描述真实世界中存在的各种实体或概念的知识图谱，凭借其强大的语义处理能力与开放互联能力，可为万维网上的知识互联奠定扎实的基础。知识图谱于 2012 年 5 月 17 日被 Google 正式提出，其前身可追溯至 20 世纪 60 年代的框架网络（语义网）。

就覆盖范围而言，知识图谱可分为应用相对广泛的通用知识图谱和专属于某个特定领域的行业知识图谱。通用知识图谱注重广度，强调融合更多的实体，主要应用于智能搜索等领域。行业知识图谱需要考虑到不同的业务场景与使用人员，通常需要依靠特定行业（如金融、公安、医疗、电商等）的数据来构建，实体的属性与数据模式往往比较丰富。知识图谱技术使商务智能的商业问题属性更加突出。

1.6.6　语言学

早在以文本语言信息处理为主的文献检索时代，语言学就已经成为与信息检索密切相关的学科，到目前为止，虽然已出现图像检索、多媒体检索，但是语言学对信息检索的重要性并没有改变。长期以来，语言学在信息检索中的应用形成了一个新的研究分支——检索语言学，检索语言学中的语法学、语义学对信息检索中的检索扩展、自然语言理解、自动标引、自动摘要、自动分类等起着非常重要的作用。

语言学一般涉及语法、语义、语用三个方面。

1）语法

最初借助计算机对自然语言进行分析时，并没有充分使用已有的句法理论，早期的机器翻译设计者使用的分析程序主要基于嵌套结构扫描和标记子程序集合，后来才逐渐演变成语法，用以处理复杂的句子。

代表性的句法分析法包括直接成分分析法、从属关系分析法、线性分析法等，其中以久野暲（1978）的预示分析法最为突出。所有上下文无关分析程序所面临的问题是不能充分理解自然语言的复杂性，为此，乔姆斯基（1986）提出了一种转换-生成语法，此语法将每个句子的结构分为深层和表层两部分。深层结构表示的意义是不能直接感知的，而表层结构则是将深层结构通过转换语法生成的句子。20 世纪 60 年代末出现了扩充转换网络文法，在该方法中，分析程序被看作转移网络，与自动机中的正则文法的有限状态识别类似。

2）语义

对语义结构的研究是信息检索中自然语言理解问题发展的重要体现。语言学家 Katz 和 Fodor 于 1963 年在 *The structure of a semantic theory* 一文中详细说明了语义和句法的差别，提出了一种机理：可以依据句子的语义特征分析句子的语义。

语言学家 Fillmore 在 1968 年提出了格语法，证明其对于包含在语言的机械分析中的知识是非常有价值的。格语法是语法体系深层结构中的语义概念，格语法认为在句子的深层结构中，每个名词组都与动词有特定的"格"关系——语法、语义关系。这种格不同于传统语法中使用的"主格""宾格"等概念，而是存在于深层结构中的一种语法、语义关系。语义结构的研究，显然比单纯的语法分析更接近语言现象的本质，是自然语言理解中的一大进步。

3）语用

语用学因素与知识、上下文和推理等因素有关。Winograd（2001）把若干重要概念引进一个完善的自然语言理解系统，认为语言是一个讲话者和听话者之间关于一个共同世界的一种通信手段。韩礼德（2015）认为语言是一种社交工具，研究语言必须研究其社会功能，认为语言有表达思想观念、人与人之间关系和连贯内容的功能，交流思想的单位不是句子而是段落甚至整篇文章。在这个观点的基础上，建立了系统语法。

语用学的提倡者认为语义理论必须在三个层面上描述关系：①确定词的意义；②确定词组在句法结构中的意义；③一个自然语言的句子应该在一定的语境中被解释。在语法、语义分析的基础上，考虑语用的因素是自然语言理解的又一大进步。

1.6.7　认知科学

认知指通过心理活动（如形成概念、知觉、判断或想象）获取知识。习惯上将认知与情感、意志相对应。认知是个体认识客观世界的信息加工活动。感觉、知觉、记忆、想象、思维等认知活动按照一定的关系组成一定的功能系统，从而实现对个体认识活动的调节作用。在个体与环境的作用过程中，个体认知的功能系统不断发展，并趋于完善。

认知科学是 20 世纪世界科学标志性的新兴研究门类，它作为探究人脑或心智工作机制的前沿性尖端学科，已经引起了全世界科学家的广泛关注。一般认为认知科学的基本观点最初散见于 20 世纪 40 年代到 50 年代中的一些各自分离的特殊学科之中，60 年代以后得到了较大的发展。1978 年，认知科学现状委员会递交斯隆基金会的报告中，美国学者将哲学、心理学、语言学、人类学、计算机科学和神经科学 6 大学科整合在一起（图 1-8），把认知科学定义沿着两个方向展开：第一个是外延的，列举了认知科学的分支领域以及它们之间的交叉联系；第二个是内涵的，指出共同的研究目标是"发现心智的表征和计算能力以及它们在人脑中的结构和功能表示"。

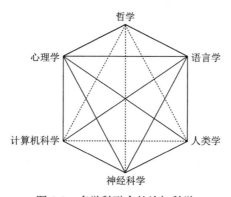

图 1-8　多学科融合的认知科学

对认知科学范围的了解，还可以从认知科学的内容上来看，到目前为止认知科学所涉及的主要内容有感知觉（包括）、注意、记忆、语言、思维与表象、意识等。这似乎都是心理学家所关注的问题，但其实也同样是哲学家、语言学家、计算机科学家、人类学家所关心的内容。只是不同专业背景的研究者，对同一个问题，所采取的具体方法不同罢了。人工智能、认知心理学和心理语言学是认知科学的核心学科，神经科学、人类学和哲学是认知科学的外围学科。

认知科学的兴起和发展标志着对以人类为中心的认知和智能活动的研究已进入新的阶段。认知科学的研究将使人类自我了解和自我控制，把人的知识和智能提高到新的高度，推动信息检索技术的进一步发展。

【本章小结】

对于初学该门课程的学生而言，因为本章涉及学科数、知识点较多，所以学习难度较大，故在本章的学习中建议学生采用拓展式学习方法，课下翻阅相关知识。本章的学习要求学生在了解信息论相关知识的基础上，熟练掌握信息处理、信息检索的定义及实现过程，了解信息处理及信息检索涉及的学科理论基础，为后续章节的学习打下基础。

【课后思考题】

1. 什么是信息？信息和数据有什么关系？
2. 简述信息源的分类情况。
3. 什么是信息处理？简述信息处理的过程。
4. 什么是信息检索？简述信息检索的过程。
5. 信息检索分几类？分别简述。
6. 信息检索的基本流程包括几个环节？
7. 结合实际应用的某个搜索引擎，简述数学在信息检索中的地位。

第2章 检索对象信息处理

【本章导读】

本章属于信息处理部分，主要针对的是待检索对象的信息处理，后续章节会介绍用户查询的处理。信息处理属于数据预处理部分，是信息检索实现的基础环节，信息处理的好坏直接影响到信息检索的综合性能。如果在信息检索的特征选择部分，选择的对象不能很好地描述初始对象，则可能产生误报的问题。本章分别从文本预处理、特征选择、特征抽取和信息的自动化处理四个角度展开知识的讲解。文本预处理是后续章节的基础，如词语切分，完成切分才能进行选择，特征选择和特征抽取是两个既有差别又有联系的概念，特征选择是从原特征集合中选择出重要的特征，而特征抽取一般要进行映射，自动处理技术是目前信息处理新的发展方向。

2.1 文本预处理

2.1.1 文本统计

尽管语言变化繁多，但它仍然是容易预见的。描述一个特定话题或事件的方式很多，但如果对描述一件事时使用的词进行计数，那么某些词出现的概率远高于其他词。有些高频词在描述任何事件时都是常见的，例如，and 和 the，但是其他的高频词是特定事件所特有的。Luhn 于 1958 年发现了这个现象，他提出一个词的重要性取决于它在文档中出现的频率。词语出现规律的统计模型在信息检索中很重要，应用于搜索引擎的许多核心组成部分中，如排序算法、查询转换和索引技术。以下只介绍一些统计词语出现的基本模型。

从统计角度看，文本最明显的特征之一是词语频率的分布非常倾斜（skewed）。一些词的出现频率很高，而很多词的出现次数很少。事实上，英语最高频的两个词（the 和 of）占了所有词出现次数的 10%左右，最高频的 6 个词占了 20%，最高频的 50 个词约占了 40%。另外，在一个大规模文本集中，通常词表中约一半的词只出现一次。齐普夫定律（Zipf's law）描述了这种分布，它指出第 r 高频的词的出现次数与 r 成反比，或者说，一个词在词频统计表中的排名（r）乘以它的词频（f）约等于一个常数（k）：

$$r \cdot f = k \tag{2-1}$$

相关研究经常认为一个词出现的概率正好等于这个词的出现次数除以所有词在文本中出现次数的总和。这样，齐普夫定律可以表示为

$$r \cdot p_r = c \tag{2-2}$$

式中，p_r 是排名为 r 的高频词出现的概率；c 是一个常数，对于英语而言，$c \approx 0.1$。图 2-1 给出了含有这个常数的齐普夫定律。图中很清楚地说明了在最高频的几个词之后，词的出现频率迅速下降。基于词的齐普夫定律可以预测，随着语料规模的增大，一定规模的新文本中含有的新词数目会减少。然而，不断出现的新词来源于新造的词（如药名和公司名）、拼写错误、产品号码、人名等。Heap（1978）观察发现，语料规模与词表大小的关系为

$$v = k \cdot n^\beta \beta \tag{2-3}$$

式中，v 是词汇量；语料中共含有 n 个词；k 和 β 是随不同语料变化的参数。这个公式有时称为 Heap 法则。一般 k 和 β 满足 $10 \leqslant k \leqslant 100$ 和 $\beta \approx 0.5$。Heap 法则预测当语料规模很小时，新词数量增长非常快。随着语料规模变大，新词数量无限增长，但是增长速度会变慢。

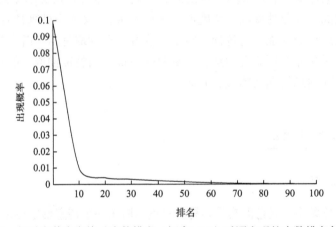

图 2-1　假设齐普夫定律（次数排名 x 概率=0.1）时词出现的次数排名与概率

统计词语也可以用于估计网络搜索结果的规模。所有网络搜索引擎都有类似于图 2-2 所示的查询界面。给出查询内容（此例为"计算机"）后，搜索引擎在输出排序后的结果之前，会立刻给出查询结果总数的估计值。通常这是一个很大的数目，搜索引擎系统一般都指出这只是一个估计值。

图 2-2　网络搜索结果数量统计

为了估计结果数量，首先需要定义"结果"。在估计结果数量时，一个结果指包括所有查询词的任何文档（或者网页）。有些搜索应用系统对文档排序时，还包括只含一部分查询词的文档。但是考虑到网络规模巨大，这样做通常是没有必要的。如果假设词的出现彼此独立，那么一个文档包括所有查询词的概率就简单地等于文档包含各个查询词的概率的乘积。

2.1.2　词语切分

词语切分是指从文档中的字符序列中获取词的过程。这在英语中似乎很简单。在很多早期的系统中，一个词（word）定义为长度为 3 或者更多，并且以空格或其他特殊字符结束的字母数字串。所有的大写字母被转化为小写。这意味着，以下面的文本为例：

Bigcorp's 2007 bi-annual report showed profits rose 10%.

将会产生如下的标记序列：

bigcorp 2007 annual report showed profits rose

这种简单的词语切分过程足以应付小规模的测试集合。但是对于大多数搜索应用或 TREC 数据集合上的实验，由于丢掉了太多的信息，这样做就不合适了。下面举一些例子说明词语切分对于搜索的有效性有很大影响。

（1）短小的词（一个或两个字符）在一些查询中可能很重要。它们通常与其他词结合起来。例如，xp、ma、pm、ben e king、ei paso、master p、gm、j lo、world warII。

（2）对于很多词，带连字符和不带连字符的形式都很普遍。有些情况下，连字符不需要。例如，e-bay、wal-mart、active-x、cd-rom、t-shirts。而其他情况下，连字符应该被认为是词的一部分或者词的分隔符。例如，winson-salem、mazdaz rx-7、e-cards、pre-diabetes、t-mobile、spanish-speaking。

（3）标签、统一资源定位符（uniform resource locator, URL）、代码（code）及文档的其他重要部分必须正确解析。对于它们，特殊符号是很重要的组成部分。

（4）大写的词可能与小写的词的意义不同，如 Brush 和 Apple。

（5）撇号"'"可能是词的一部分、所有格的一部分，或者仅仅是一个错误。例如，rosieo'domell、can't、don't、80's、1890'、men's straw hats、master's degree、england's ten largest cities、shriner's。

（6）数字，包括带小数的数有可能很重要。例如，nokia 3250、top 10 courses、united 93、quicktime 6.5 pro、92.3 the beat、288358（这是一个真正的查询，它表示专利号）。

（7）句点可能出现在数字、简称、URL、句子末尾和其他情形中。

从这些例子可以看出，词语切分比较复杂。这些例子来自查询的事实，也强调了用于文档和用于查询的文本处理必须一致。如果不一致，很多文档的索引项不会匹配查询中对应的词项。检索失败很快会让词语切分不一致产生的错误变得很明显。

为了包含各种语言处理技术，以保证有效地进行匹配，词语切分过程应该简单而灵活。一种方法是利用第一遍词语切分先识别文档标记或标签。可以使用一个专门针对特定标记语言[如超文本标记语言（hypertext markup language, HTML）]的解析器做这件事。

如前面所提到的，解析器应该能够容忍句法错误，接下来便可以对文档结构中合适的部分进行第二遍词语切分。这一步将会忽略文档中与搜索无关的部分，如包括 HTML 代码的内容。

考虑到文档文本中几乎所有的内容都可能对查询意义重大，因此词语切分规则必须将绝大多数内容转化为可搜索的标记。一些更难的问题，如识别词语的变形、名字或日期，可以在其他独立的步骤中处理（词干提取、信息抽取和查询转换），而不是让词语切分器完成所有的事情。信息抽取通常将完整的文本作为输入，包括大写字母和标点符号，因此这些信息应该保留下来直到抽取工作完成。除了这一点限制，大写对于搜索来说非常重要，而在索引过程中可以将文本转化为小写。这并不意味着在查询中不会使用大写的词。事实上，在查询中大写经常用到。大写并不能减少歧义，从而不会影响检索的有效性。一些例子经常使用 Apple 这个词（在实际中并不常见），这个问题可以通过查询重构或者简单地使用最普遍的网页来解决。

如果决定在其他步骤中处理复杂的问题，那么最一般的做法是将连字符、撇号和句点看作词的结束标记（如空格）。对所有生成的标记建立索引是很重要的，包括单字符的标记如 "s" 和 "o"。举例来讲，这意味着查询 o'connor 等价于 o connor，bob's 等价于 bob s，rx-7 等价于 rx 7。注意这意味着词 rx7 不是 rx-7 的表示，因此会被单独建立索引。将 rx7、rx 7 和 rx-7 联系起来的任务，将交给搜索引擎中的查询转换模块来处理。

另外，如果完全依赖查询转换对不同的词语进行适当的联系或推理，可能会有降低有效性的风险，尤其对那些没有足够数据做查询扩展的应用。这种情况下，可以在词语切分器中加入更多的规则，以保证从查询文本中产生的标记可以匹配从文档文本中产生的标记。例如，在 TREC 集合中，使用一个规则将所有包含撇号的词语解析成不包含撇号的串是非常有效的。这个规则将 O'Connor 解析成 oconnor，Bob's 变成 bobs。针对 TREC 集合的另外一个有效规则是，将所有包含句点的串简称解析成不包含句点的串。这种情况下，一个简称就是指被句点分成单个字母的串。这条规则将 I.B.M. 解析为 ibm，但是 Ph.D 仍然变成 ph d。

总之，最通用的词语切分首先识别文档结构，然后将文本中任何以空格和特殊符号结束的字母数字序列识别为词语，并将大写字母转换为小写。这样做并不比本节开始提到的简单处理复杂多少，仍然将困难的问题交给信息抽取和查询转换来处理。在许多情况下，词语切分器中需要增加额外的规则来处理一些特殊的字符，从而保证查询和文档的词项可以匹配。

2.1.3　停用词去除

在信息检索中，为节省存储空间和提高搜索效率，在处理自然语言数据或文本之前或之后会自动过滤掉某些字或词，这些字或词即称为停用词。这些停用词都是人工输入、非自动化生成的，生成后的停用词会形成一个停用词表，停用词一般可分为两类。

（1）应用广泛的词：在互联网上随处可见，如 Web 一词几乎在每个网站上均会出现，对这样的词搜索引擎无法保证能够给出真正相关的搜索结果，难以帮助缩小搜索范围，同时会降低搜索的效率。

（2）语气助词、副词、介词、连接词等，通常自身并无明确的意义，只有将其放入一个完整的句子中才有一定作用，如常见的"的""在"等。

目前在网络资源中有很多版本的停用词表，典型的中文停用词表有：中国科学院计算技术研究所中文自然语言处理中心停用词表、哈工大停用词表、四川大学机器智能实验室停用词库和百度停用词表等。构建停用词表需要谨慎。去除太多的词会损害检索效果，影响用户体验感受。例如，英文查询 to be or not to be 中所有词都是通常认为的停用词。虽然不去除停用词会让排序出现麻烦，但是去除停用词也会让非常合理的查询没有检索结果。

停用词表可以简单地由集合中前 n（如 50）个高频词构成，然而这样会导致某些对查询很重要的词也被包含进来。更典型的做法是，或者使用一个标准的停用词表，或者手动维护一个高频词和标准停用词表，将可能对特定应用有意义的词从词表中删除。也可以为文档结构中特定的部分（也称为域，field）定制停用词表。例如，当处理锚文本时，click、here、privacy 作为停用词可能便是合理的。

如果存储空间允许，最好索引文档中所有的词。如果需要去除停用词，那么可以去除查询中的停用词。在索引中保留停用词，便有多种方法来处理含有停用词的查询。例如，许多系统会去除查询中的停用词，除非停用词前面有加号标记。如果由于存储空间有限而无法在索引中保留停用词，那么也应该去除尽量少的词，以保持最大限度的灵活性。

2.1.4　词干提取

自然语言强大的表达能力在于，可以用大量不同的方式表达同一观点。这对依赖匹配词语找到相关文档的搜索引擎而言，便成为一个问题。很多技术允许搜索引擎匹配语义相关的词，而不是严格要求完全一致的词才能匹配。词干提取（stemming），也称为异文合并（conflation），是指获得一个词不同变形之间关系的文本处理过程。更准确地讲，词干提取将一个词由于变形（inflection）（如复数、时态）或者派生（derivation）（如在一个动词后加后缀-ation 得到对应名词）产生的多种不同形式简化为一个共同的词干。

假设希望搜索与 Mark Spitz 的奥林匹克游泳运动事业相关的新闻报道，可能向一个搜索引擎输入 mark spitz swimming。然而，许多新闻报道通常是对已发生事件的总结，因此它们有可能包含 swam 而非 swimming。这时就需要词干提取器将 swimming 和 swam 归结为相同的词干（有可能是 swim），从而允许搜索引擎匹配这两个词。

通常来讲，在面向英文文本搜索的应用中，使用词干提取器会使搜索结果质量有小的但是明显的提高。在面向变形现象非常普遍的语种如阿拉伯语或俄语的应用中，词干提取是有效搜索的关键环节。

有两种基本类型的词干提取器：规则演算（algorithmic）系统和基于词典（dictionary-based）的系统。一个基于规则演算的词干提取器通常基于特定语言词缀知识，使用一个小的程序决定两个词是否相关。相反，基于词典的词干提取器没有本身的逻辑，而是依赖预先构建的相关词语的词典来存储词语的关系。

最简单的基于规则演算的英语词干提取器只处理后缀 s。这种系统假设任何以 s 结束的词均是复数，因此 cakes 对应 cake，dogs 对应 dog。当然，这个规则并不完美，它无法发现很多复数关系，如 century 和 centuries。在非常特殊的情况下，它会发现一些不存在的关系，如 I 和 is。第一类错误称为错误否定（false negative），第二类错误称为错误肯定（false positive）。

更复杂的基于规则演算的词干提取器考虑更多种类的后缀，如-ing 或-ed，以减少错误否定。通过处理更多类型的后缀，系统可以找到更多的词语关系，换句话说，减少了错误否定率。然而，错误肯定率（找到不存在的关系）往往会升高。

最流行的基于规则演算的词干提取器是 Porter stemmer。自从 20 世纪 70 年代以来，它被使用在很多信息检索实验和系统中。这个词干提取器由很多步骤组成，每个步骤包含一套去除后缀的规则。每个步骤总是优先执行处理最长后缀的规则，有些规则的含义很明显，而其他规则需要深入理解才能明白它们的作用。

Porter stemmer 在很多 TREC 评测中和搜索应用中被证明是有效的。但是很难在一个相对简单的算法中包括一个语言所有的细节变化。最初版本的 Porter stemmer 犯了很多错误，错误肯定和错误否定都有。很容易想象，如果混淆了 execute 和 executive 或者 organization 和 organ，就会使结果排序出现问题。一个最近的版本（称为 Porter2）解决了一些这样的问题，并且提供了一种机制，可以很好地解决这些特殊情况。

基于词典的词干提取器提供了解决错误的另外一种方法。可以在一个大的词典中存储相关词的列表，而不是尝试从字母模板来发现词的关系。这些词表可以由人来创建，可以期望错误肯定率会很低。相关的词甚至不必看起来相似，一个基于词典的词干提取器可以识别 is、be 和 was，它们都是相同动词的不同形式。然而，一个词典不可能无限长，因此它无法自动融入新词。随着语言的不断发展，这是一个很重要的问题。通过对文本语料进行统计分析，自动建立词干字典是有可能的。当词干提取用于查询扩展时，这种方法非常有用。

另外一种策略是结合基于规则和基于词典的词干提取器。一般地，一些不规则的词如动词 to be 在语言中是最古老的，而新词则遵循更规则的语法约定。这意味着新造的词很可能适合用基于规则的系统分析。因此，词典可以用来发现平常的词之间的关系，而规则可以用来处理陌生词。

这种混合方法的一个有名的例子是 Krovetz stemmer（Krovetz，1993）。这个词干提取器使用词典来确定一个词是否正确。Krovetz stemmer 中使用的词典包括英语的一个通用词典，同时使用一些手动生成的例外列表。词干提取之前，先确定一个词是否在词典中存在。如果存在，或者将这个词保留下来（如果它在通用词典中），或者基于例外列表对这个词进行词干提取。如果这个词没有包含在词典中，那么使用一个通用的变形和派生后缀列表，逐个检查这个词。如果找到一个匹配的后缀，那么从这个词中删除这个后缀，然后再次检查这个词是否包含在词典中。如果不包含在词典中，那么根据被删除的后缀修改这个词的结尾。例如，如果-ies 匹配上，就使用-ie 来替换，然后检查是否包含在词典中。如果词典中包括这个词，那么接受这个词干，否则词尾被替换为 y。例如，这将导致 calories-calorie。检查后缀的过程是一个序列（例如，先检查复数，然后检查是否以 -ion 结尾），因此可能会去除多个后缀。

Krovetz stemmer 比 Porter stemmer 的错误肯定率低，但是取决于例外列表的大小，它的错误否定率较高。总之，用于搜索评价时，这两个词干提取器的效果是可以比较的。Krovetz stemmer 的一个优势是，大多数情况下，它产生的词干是完整的词，而 Porter stemmer 通常产生词片段。如果词干被用于搜索界面，这将会带来一定的影响。

图 2-3 比较了 Porter stemmer 和 Krovetz stemmer 针对一个 TREC 查询的输出。虽然 marketing 由于在词典中存在而没有被简化为 market，但从哪些词被简化为同一个词干的角度看，Krovetz stemmer 的结果是相似的。Krovetz stemmer 得到的词干大多是完整的词。一个例外是 agrochemic，这是因为 agrochemical 不包含在词典中。注意这个例子中的文本处理，去除了停用词，包括单字符的词。这样便扔掉了 U.S.，从而会对某些查询产生重大的影响。这种情况可以通过更好的词语切分和信息抽取来处理。

```
Original text:
Document will describe marketing strategies carried out by U.S. companies for their agricultural chemicals,
report predictions for market share of such chemicals, or report market statistics for agrochemicals, pesticide,
herbicide, fungicide, insecticide, fertilizer, predicted sales, market share, stimulate demand, price cut, volume of
sales.
Porter stemmer:
dotument describ market strategi carri compani agricultur chemic report predict market share chemic report
market statist agrochem pesticid herbicid fungicid insecticid fertil predict sale market share stimul demand price
cut volum sale
Krovetz stemmer:
document describe marketing strategy carry company agriculture chemical report prediction market share
chemical report market statistic agrochemic pesticide herbicide fungicide insecticide fertilizer predict sale
sale stimulate demand price cut volume sale
```

图 2-3　多个词干提取器对一个 TREC 查询的输出结果比较，停用词被去除

像停用词的情况那样，如果不对文档中的词提取词干，而是以原来的形式建立索引，搜索引擎在回答各种各样的查询时会更加灵活。在一些应用中，词和词干都建立索引，从而提供灵活而有效率的查询处理。

前面提到词干提取对于一些语言特别重要，而对其他语言则基本没有影响。使用与语言有关的词干提取算法，是为多种语言定制或者实现一个搜索引擎的国际化最重要的方面。

作为一个例子，表 2-1 包含一些从相同的词干派生出来的阿拉伯语词语。尝试将阿拉伯语词语简化为词干的词干提取算法显然无法工作（阿拉伯语有不少于 2000 个词干，但是需要考虑很多前缀和后缀）。词形变化非常繁多的语言如阿拉伯语有很多词语变形，词干提取可以在很大程度上改变查询结果的排序精度。一个包含高质量词干提取器的阿拉伯语搜索引擎，比不包含词干提取器的系统在获得相关文档上的效果平均好 50% 以上。相反，在大规模数据集合上，英语搜索引擎的效果提高少于 5%，而在小规模、特定领域的集合上，约为 10%。

表 2-1   阿拉伯语从词干 **ktb** 派生出的词的例子

词干 ktb 的派生词	英文翻译
kitab	a book
kitabi	my book
alkitabi	the book
kitabuki	your book（f）
kitabuka	your book（m）
kitabuhu	his book
kitaba	to write
maktaba	library，bookstore
maktab	office

幸运的是，许多语言的词干提取器已经被开发出来，并且作为开源软件自由使用。例如，Porter stemmer 在法语、西班牙语、葡萄牙语、意大利语、罗马尼亚语、德语、丹麦语、瑞典语、挪威语、俄语、芬兰语、匈牙利语和土耳其语上都有可用版本。

2.2   特征选择

2.2.1   特征选择概述

特征选择本质上是一个组合优化的问题，它的定义方法有多种，但是目的基本相同：寻找最优特征子集描述目标。图 2-4 为特征选择过程的流程图。由图 2-4 可以发现，特征选择的过程主要包括四部分：确定特征子集、对特征子集进行评价、特征选择的结束和对选择的特征子集进行性能评价。目前该方面的研究主要围绕搜索策略和评价准则展开。其中基于搜索策略划分的特征选择方法包括全局最优搜索策略、随机搜索策略和启发式搜索策略，以上搜索策略都有自己的优点和缺点，在实际应用中，可根据不同的需要选择合适的搜索策略。例如，如果样本数比较少，可选择全局搜索策略，因为其搜索性能最优，但时间消耗大；如果对计算速度的要求比较高，则可选择启发式搜索策略；若在性能和速度上为二者的折中，则可选择随机搜索策略。若基于评价标准来划分特征选择方法，可分为过滤式（filter）和封装式（wrapper）。因为封装式的评价标准计算量大，所以时间消耗就比较大，不适合处理大数据，其优点是计算的准确率比较高。过滤式速度比较快，选出的特征子集与后续学习算法无关，其性能劣于封装式。目前应用比较普遍的是过滤式特征选择方法，包括距离度量、信息度量、依赖性度量、一致性度量。

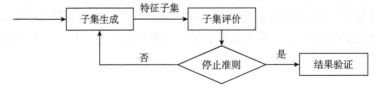

图 2-4   特征选择过程的流程图

2.2.2　常用的特征选择算法

1.　基于搜索策略的特征选择算法

基本的搜索策略按照特征子集的形成过程可分为以下三种：全局最优搜索、随机搜索和启发式搜索。一个具体的搜索算法会采用两种或者多种基本搜索策略。例如，遗传算法是一种随机搜索算法，同时也是一种启发式搜索算法。

1）采用全局最优搜索算法的特征选择

全局最优搜索算法即找到全局最优的特征子集，这是理想的结果，该类算法的时间、空间消耗均很高，故应用性较差。典型代表是分支定界法，该算法的基本思想是：首先定义一个评价准则函数，该评价准则函数必须满足单调性条件，也就是说对于两个子集 X 和 Y 而言，如果 X 是 Y 的子集，那么 X 对应的评价函数值必须小于 Y 对应的评价函数值。在定义了该评价函数的前提下，该算法对最终特征子集的选择过程可以用一棵树来描述。树根是所有特征的集合，从树根往下，在树的每一级、每一分支都舍弃一个特征，最后根据可分性判定值和事先定义好的最佳特征子集的数目，搜索满足要求的特征子集。该算法的空间复杂度为 $O(2^N)$（其中 N 为特征的维数）。

全局最优搜索算法的不足之处包括：①运算时间数量级与耗尽搜索相差不远，消耗太大；②如何事先确定最优特征子集中特征的数量是一个难点，该问题涉及求解规模和实际应用性；③合乎问题要求的满足单调性的可分性判据难以设计。这里的合乎问题要求指最后选择的特征子集满足决策要求，并能取得高的决策正确率。该类算法不适合处理高维问题。

2）采用随机搜索算法的特征选择

该类算法属于非全局搜索策略。在计算过程中把特征选择问题与模拟退火算法、禁忌搜索算法、遗传算法等，或者仅仅一个随机重采样过程结合起来，以概率推理和采样过程作为算法的基础，基于对分类估计的有效性，在算法运行中对每个特征赋予一定的权重；然后根据用户所定义的或自适应的阈值来对特征的重要性进行评价。当特征所对应的权重超出了这个阈值时，它便被选中作为重要的特征来训练分类器。Relief 算法就是一种典型的根据权重选择特征的随机搜索算法，它能有效地去掉无关的特征，但不能去除冗余，而且只能用于二分类问题。

随机搜索算法可以细分为完全随机算法和概率随机算法两种。虽然该类算法的搜索空间仍然是 $O(2^N)$，但是可以通过设置最大迭代次数限制搜索空间小于 $O(2^N)$，如遗传算法，由于采用了启发式搜索策略，它的搜索空间远远小于 $O(2^N)$。存在的不足之处是：具有较高的不确定性，只有当总循环次数较大时，才可能找到较好的结果。在随机搜索算法中，可能需要对一些参数进行设置，参数选择得合适与否对最终结果的好坏起着很大的作用，因此参数选择是该类算法的一个关键步骤。

3）采用启发式搜索算法的特征选择

采用启发式搜索算法的特征选择算法相对较多，主要包括单独最优特征组合算法、序列前向选择算法、广义序列前向选择算法、序列后向选择算法、广义序列后向选择算法、增 l 去 r 选择算法、广义增 l 去 r 选择算法、浮动搜索算法。

单独最优特征组合算法依靠计算各特征单独使用时的判据值对特征加以排队，取前 d 个特征作为满足条件的特征组。这种算法仅当单个特征的判据值满足加和性或乘性条件的时候才能选择出一组最优的特征。例如，在两类问题中，当两类都是正态分布情况，且各个特征间统计独立的时候，用 Mahalanobis 距离作为可分性判据，则可以达到这样的效果。但是特征间具有这种关系仅仅是极少数情况，大多数情况下，该算法甚至可能取到最差的特征组合。很多情况下，该算法可以用来去掉一些不重要的变量，例如，对所有变量排序，然后去掉排在后面的一定数目的变量。因为特征排序采用的判据计算较为简单，在很大程度上可以较快地缩减特征选择的范围，所以该类算法是一种较好的特征预选算法。

序列前向选择（sequential forward selection，SFS）算法也称为集合增加法，它是一种自下而上的搜索算法。该算法首先把所需要的特征集合初始化为一个空集，每次向特征集合中增加一个特征，当所需要的特征集合达到要求时所得到的特征集合作为算法运行的结果。该过程可以描述为：设所有的特征集合为 Q，假设有一个已有 d_1 个特征的特征集合 X_{d_1}，对每一个未入选的特征 ξ_j（即 $Q - X_{d_1}$ 中的特征）计算其准则函数 $J_J = J\left(X_{d_1} + \xi_j\right)$。选择使 J_J 最大的那个特征，并把它加入集合 X_{d_1} 中。实际上，在算法的每一步，都选择一个特征加入当前集合，使特征选择准则最大。当最佳改进使特征集性能变坏或达到最大允许的特征个数的时候，该算法认为已经选择出最佳的特征子集。该算法的运算量相对较小，但是特征间的统计相关性没有得到充分考虑。从这个角度出发的搜索方式仅能适合一小部分满足特殊条件的特征集合。例如，算法第一步选出的必然是使准则函数最大的一个特征，而后来每步选出的都是对前一个特征集合作为最佳补充的一个特征。在实际过程中，最佳特征集合极有可能并不包括单独贡献率最大的那个特征，仅仅是一些单独贡献率极为普通的特征组合。在该类算法中每步都可能出现这样的现象。

广义序列前向选择（generalized sequential forward selection，GSFS）算法是序列前向选择算法的加速算法，它可以根据准则函数一次性向特征集合中增加 r 个特征。也就是在没有入选优化特征子集的剩余特征子集中，寻找一个规模为 r 的小特征子集 Y_r，使 $J\left(X_{d_1} + Y_r\right)$ 最大。该算法相对于序列前向选择算法在特征统计相关性上要稍好些，但是计算量相对序列前向选择算法增大许多，且在序列前向选择算法中出现的问题依旧难以避免。

序列后向选择（sequential backward selection，SBS）算法是一种自上而下的算法。该算法在运行之处假定整个特征集合就是所需要的优化特征集。然后在算法的每步运行过程中删除一个对准则函数无贡献的特征，直到剩余特征个数符合基数要求。该算法在一个较大的变量集上计算准则函数 J，所以该算法相对于序列前向选择算法计算量要大。该算法的优势在于充分考虑特征之间的统计相关特性，因而在采用同样合理的准则函数的时候，它的实际计算性能和算法的鲁棒性要远远优于序列前向选择算法。

广义序列后向选择（generalized sequential backward selection，GSBS）算法是序列后

向选择算法的加速算法，它根据准则函数在算法的每个循环当中，一次性删除一定个数的无用特征。它是一种可应用于实际过程的快速特征选择算法。它的特点在于速度较快，性能相对较好。不足之处在于有的时候特征消除操作太快，容易丢失重要的变量，找不到最优的特征组。

增 l 去 r 选择算法允许在特征选择过程中进行回溯，如果 $l > r$，则该算法是自下而上的方法。用序列前向选择算法将 l 个特征加入当前特征集合中，然后用序列后向选择算法删除 r 个最差的特征。这种算法消除嵌套问题，因为某一步获得的特征集不一定是下一步特征集的子集。如果 $l < r$，则算法为自上而下的方法。从一个完全特征集开始，以此删除 r 个特征，再增加 l 个特征，直到获得满足要求个数的特征。该算法实际上是序列后向选择算法和序列前向选择算法的一种折中，它的运算速度要比序列后向选择算法快，运算效果要比序列前向选择算法好。

广义增 l 去 r 选择算法是在增 l 去 r 选择算法的基础上，用广义序列前向选择算法和广义序列后向选择算法分别代替序列前向选择算法和序列后向选择算法。前面讨论过的算法甚至可以看作它的特例算法，因而它包含极其广泛的理论意义。但操作较为复杂，难以制定实际规则加以利用。

浮动搜索算法改变上述一系列算法，采用浮动的步长，即选择算法的不同步骤，可以采用不同的 l 和 r。实际上，每轮的 l、r 可以根据特征的统计特点来制定。这是一种非常实用的改良机制。

上述算法中，一般认为采用浮动广义后向选择（floating generalized sequential backward selection，FGSBS）算法是较为有利于实际应用的一种特征选择搜索策略。它既考虑了特征之间的统计相关性特点，又用浮动算法保证了算法运行的快速稳定性。

综上所述，根据合理的启发式规则可以设计出非常实用的次优搜索算法应用于特征选择算法。该类算法并不检查每个特征的组合，但是它可以根据一组潜在的、有用的特征组合，甚至可以根据所指定的启发式规则对所有特征进行排序。在合理设计规则的作用下，实际应用中这类算法甚至能够达到和前两种搜索策略类似的效果，且具有运算速度快的特点。

2. 基于评价准则的特征选择算法

从特征集合的评价策略上来分，特征选择算法大致可以分成两类：过滤式和封装式。过滤式与后续学习算法无关，一般直接利用所有的训练数据的统计性能评估特征，速度快，但评估与后续学习算法的性能偏差较大。封装式利用后续学习算法的训练准确率评估特征子集，偏差小，计算量大，不适合大数据。

1）封装式评价策略的特征选择算法

封装式算法将特征选择算法作为学习算法的一个组成部分，并且直接使用分类性能作为特征重要性程度的评价标准。它的依据是选择子集最终被用于构造分类模型。因此，在构造分类模型时，直接采用那些能取得较高分类性能的特征即可，从而获得一个分类性能较高的分类模型。该算法在速度上比过滤式算法慢，但是它所选择的优化特征子集的规模相对要小得多，非常有利于关键特征的辨识；同时它的准确率比较高，但泛化能力比较差，时间复杂度较高。目前此类算法是特征选择领域的热点，相关文献也很多。

2）过滤式评价策略的特征选择算法

过滤式特征选择算法一般使用评价准则来增强特征与类的相关性，削减特征之间的相关性，依据评价函数，该类特征选择算法可分为四类：基于距离度量、基于依赖性度量、基于一致性度量以及基于信息度量。这类特征选择算法在信息检索领域应用较为广泛。

距离度量通常也认为是分离性、差异性或者辨识能力的度量。最为常用的一些重要距离度量有欧氏距离、S 阶 Minkowski 测度、Chebychev 距离、平方距离等。两类分类问题中，对于特征 X 和 Y，如果由 X 引起的两类条件概率差异性大于 Y，则 X 优于 Y。因为特征选择的目的是找到使两类尽可能分离的特征。如果差异性为 0，则 X 和 Y 是不可区分的。判据的准则函数要求满足单调性，也可通过引进近似单调的概念放松单调性的标准。运用距离度量进行特征选择是基于这样的假设：好的特征子集应该使属于同一类的样本之间的距离尽可能小，属于不同类的样本之间的距离尽可能大，即类内距离最小，类间距离最大。

欧氏距离也称为欧几里得度量（Euclidean metric），是常采用的距离度量方法之一，指在 m 维空间中两个点之间的真实距离，在二维和三维空间中的欧氏距离就是两点之间的真实距离，在二维空间中的计算公式为

$$\rho = \sqrt{(x_2 - x_1)^2 + (y_2 - y_1)^2} \tag{2-4}$$

$$|X| = \sqrt{x_2^2 + y_2^2} \tag{2-5}$$

式中，ρ 是点 (x_2, y_2) 与点 (x_1, y_1) 之间的欧氏距离；$|X|$ 是点 (x_2, y_2) 到原点的距离。将欧氏距离应用于特征选择的原理为：假设特征子集 A 为从文档 D 中选出的特征组成的集合，运用式（2-4）计算二者的欧氏距离，距离值越小，则表示该子集越能代表原文档。

有许多统计相关系数，如 Pearson 相关系数、概率误差、Fisher 分数、线性可判定分析、最小平方回归误差、平方关联系数、t-test 用来表达特征相对于类别可分离性间的重要性程度。在依赖性度量中，Hilbert-Schmidt 性准则（简称 HSIC）可作为一个评价准则度量特征与类别的相关性。其核心思想是一个好的特征应该最大化这个相关性，特征选择问题可以看作将组合最优化为

$$T_0 = \arg\max_{S \subseteq F} J(S), \quad \text{s.t.} \, |S| \leqslant t \tag{2-6}$$

式中，t 是所选特征个数的上限；F 是特征集合；S 是已选特征的集合；$J(S)$ 为评价准则，从式（2-6）可以看出，依据该策略完成特征选择需要解决两个问题：一是评价准则 $J(S)$ 的选择；二是算法的选择。

给定两个样本，若它们的特征值均相同，但所属类别不同，则称它们是不一致的；否则是一致的，一致性准则用不一致率来度量，它不是最大化类的可分离性，而是试图保留原始特征的单独辨识能力，即找到与全集有同样区分类别能力的最小子集。它具有单调、快速、去除冗余和不相关特征、处理噪声等优点，能获得一个较小的特征子集。但其对噪声数据敏感，且只适合离散特征。

基于信息度量的特征选择多是基于上述基本理论。信息度量通常采用文档频度

（document frequency, DF）、信息增益（ information gain, IG ）或互信息（ mutual information, MI ）衡量。信息增益定义为先验不确定性与期望的后验不确定性之间的差异，它能有效地选择出关键特征，剔除无关特征。互信息描述的是两个随机变量之间相互依存关系的强弱。

在实际应用中，较为常用的基于信息度量的特征选择算法有文档频度、信息增益、互信息，下面对这三种算法进行较为详细的介绍。

文档频度为术语在文档中出现的次数，该算法计算语料集合中每个术语的出现频度，并将频度低于指定阈值的术语删除。文档频度算法基于以下假设：出现次数少的术语不但在分类中提供不了足够的类别信息，而且将其删除也不会影响全局的性能，如果频度低的术语为噪声数据，将其删除肯定会提高分类的准确性。文档频度算法是最简单的降低特征维数的技术，对于大规模语料集合，其时间计算复杂度为线性。但是这种算法的理论依据不是很充足，因此它常被用作一种借用算法。信息论指出，虽然某些特征出现的频率不高，但是包含了很多有用的信息，在分类上意义重大，所以不能直接使用文档频度方法来去除这些特征。此外，有些术语虽然频度较高，但是在文档集合中的大部分文档中都有出现，则其类区分能力比较差，故其重要程度（权重）应该降低，据此，在文档频度的基础上提出了另一种基于文档频度的信息度量方法——术语频度-倒排文档频度（ term frequency-inverse document frequency，TF-IDF ）。

TF-IDF 的主要思想是：如果某个术语在文档中出现的频率高，并且在其他文档中很少出现，则认为该术语具有很好的类区分能力，适合用来描述文档，基于该思想，文档 d_j 中特征 k_i 的权重 w_{ij} 计算方法为

$$w_{ij} = \mathrm{tf}_{ij} \times \mathrm{idf}_i \tag{2-7}$$

式中，tf_{ij}（文档频率）用来度量特征 k_i 出现的频率对权重的影响；idf_i（逆文档频率）用来衡量文档集合中出现特征 k_i 的文档数对权重的影响，理论上，含有术语 k_i 的文档数越少，则该术语的类区分能力越强。为保证权重 w_{ij} 的取值范围为 0~1，tf_{ij}、idf_i 分别采用式（2-8）和式（2-9）计算：

$$\mathrm{tf}_{ij} = \frac{n_{ij}}{\sum_k n_{kj}} \tag{2-8}$$

$$\mathrm{idf}_i = \lg \frac{|D|}{|\{d_j : k_i \in d_j, d_j \in D\}| + 1} \tag{2-9}$$

式中，n_{ij} 表示文档 d_j 中特征 k_i 出现的次数；$\sum_k n_{kj}$ 表示文档 d_j 中所有特征出现的次数和；$|D|$ 表示文档集合中的文档总数；$|\{d_j : k_i \in d_j, d_j \in D\}|$ 表示文档集合中出现术语 k_i 的文档数，分母加 1 的目的是避免术语 k_i 不在文档集合中出现的情况。下面举例说明该公式的计算过程，假如在某商品的描述术语中"打印机"出现了 3 次，该商品所有术语出现的次数之和为 50 次；在整个商品库中的商品数为 1000，其中出现术语"打印机"的商品数为 100 件，则术语"打印机"依据 TF-IDF 计算的权重值为：（3/50）×lg（1000/101）=0.059。

信息增益实际上是以某特征提供给整个分类的信息量多少为依据来衡量该特征的重

要性，再依据其重要程度来决定对该特征的取舍。对比有某一特征项或没有该特征项时整个分类所获得的信息量的差异，就是该特征项的信息增益。从信息论的角度说，信息增益就是信息熵和条件熵的差值，假设系统原先的熵为 $H(C)$，条件 Y 已知的情况下系统的条件熵为 $H(C|Y)$，信息增益为

$$\mathrm{IG} = H(C) - H(C|Y) \tag{2-10}$$

假设式（2-10）中的 C 代表类别的集合，Y 代表特征 k_j 存在和不存在两种情况，信息增益计算公式可转化为

$$\mathrm{IG}(k_j) = H(C) - H(C|Y)$$

$$= -\sum_{i-1}^{m} P(C_i) \lg P(C_i) + P(k_j)\sum_{i=1}^{m} P(C_i|k_j) \lg P(C_i|k_j)$$

$$+ P(\bar{k}_j)\sum_{i=1}^{m} P(C_i|\bar{k}_j) \lg P(C_i|\bar{k}_j) \tag{2-11}$$

式中，$\{C_i\}(1 \leqslant i \leqslant m)$ 表示目标空间的类别集合；$P(k_j)$ 表示 k_j 的先验概率，即出现在文档中的概率；$P(\bar{k}_j)$ 表示特征 k_j 不在文档中出现的概率；C_i 类在文档集合中出现的概率也属于先验概率，用 $P(C_i)$ 表示。在文档包含特征 k_j 的前提下，类 C_i 出现的条件概率用 $P(C_i|k_j)$ 表示，在文档不包含特征 k_j 的情况下，类别 C_i 出现的概率用条件概率 $P(C_i|\bar{k}_j)$ 表示。

理论上，好像信息增益是最好的特征选择方法，但实际上那些信息增益较高的特征，其出现的频率却相对较低。因此，当使用该方法选择的特征数目较少时，数据稀疏的问题就随之产生了，这样就很难达到预期的分类效果。在实现某些系统时，应当首先计算训练语料中出现的特征词的信息增益，再指定一定的阈值，除去那些信息增益比阈值低的词条，也可以选定一定量术语后，再按由高到低的增益值顺序对特征进行选择来获得最终的特征向量。信息增益的最大缺点是其存在数据不均衡的问题，对该方法的改进多从解决数据不均衡问题入手。

信息增益的计算公式看上去比较复杂，其实计算起来比较容易。通常认为类别集合 C 中每个类别 C_i 等概率出现，即如果集合 C 中有 m 个类别，则 $P(C_i) = \dfrac{1}{m}$，$P(k_j)$ 为出现术语 k_j 的概率，如果文档总数为 n，其中 r 篇文档中出现了 k_j，则 $P(k_j) = \dfrac{r}{n}$，$P(\bar{k}_j) = 1 - \dfrac{r}{n}$，假如出现 k_j 的 r 篇文档中有 t 篇文档属于类别 C_i，$P(C_i|k_j) = \dfrac{t}{r}$。

假设有 100 篇文档可以分为 4 个类别 C_1、C_2、C_3、C_4；术语"电子商务"在 15 篇文档中出现，其中 5 篇文档属于类别 C_1，7 篇文档属于类别 C_2，3 篇文档属于类别 C_3，0 篇文档属于类别 C_4；术语"电子商务"不出现的 85 篇文档中，20 篇属于类别 C_1，30 篇属于类别 C_2，15 篇属于类别 C_3，20 篇属于类别 C_4，则依据式（2-11）计算其信息增益的过程为

$$-\sum_{i=1}^{m} P(C_i) \lg P(C_i) = -4 \times \left(\frac{1}{4} \lg \frac{1}{4} \right) = 0.6021$$

$$P\left(k_{j}\right)\sum_{i=1}^{m}P\left(C_{i}\,|\,k_{j}\right)\lg P\left(C_{i}\,|\,k_{j}\right)=\frac{15}{100}\times\left(\frac{5}{15}\lg\frac{5}{15}+\frac{7}{15}\lg\frac{7}{15}+\frac{3}{15}\lg\frac{3}{15}+0\right)=-0.0680$$

$$P\left(\overline{k}_{j}\right)\sum_{i=1}^{m}P\left(C_{i}\,|\,\overline{k}_{j}\right)\lg P\left(C_{i}\,|\,\overline{k}_{j}\right)=\frac{85}{100}\times\left(2\times\frac{20}{85}\lg\frac{20}{85}+\frac{30}{85}\lg\frac{30}{85}+\frac{15}{85}\lg\frac{15}{85}\right)=-0.5005$$

$$\mathrm{IG}(k_{j}=计算机)=0.6021-0.0680-0.5005=0.0336$$

互信息是为了衡量两个变量间的相互依赖程度而引入的，用于衡量两个变量间共同拥有的信息含量。给定一个类别 C，特征 k，若它们的边缘概率分布分别为 $P(C)$ 和 $P(k)$，则类别 C 和特征 k 的互信息为

$$\mathrm{MI}(C,k)=\log_{2}\frac{P(C,k)}{P(C)\times P(k)}=\log_{2}\frac{P(k\,|\,C)}{P(k)} \qquad (2\text{-}12)$$

式中，$P(C,k)$ 是类别 C 和特征 k 的联合概率分布。如果特征 k 和类别 C 完全无关或相互独立，则它们的互信息为 0，意味着二者不存在相同的信息，即不存在依赖关系，反之，它们则具有一定程度的依赖关系。互信息 $\mathrm{MI}(C,k)$ 越大，特征 k 包含的类信息越多，即互信息仅依据包含类信息的多少来衡量特征的重要性。

假定有 m 个类别 $C_{1},C_{2},\cdots,C_{m}$，当不知道特征 k 属于哪个类别时，k 的互信息计算方法如下：

$$\mathrm{MI}(C,k)=\sum_{i=1}^{m}P(C_{i})\log_{2}\frac{P(k\,|\,C_{i})}{P(k)} \qquad (2\text{-}13)$$

上述两种方法均为基本互信息的计算公式。通过分析公式，虽然互信息携带了类信息，但是在实际应用中往往存在不足，其不足之处在于互信息值受词条边缘概率的影响非常大，从互信息公式的另一种表现形式[如式（2-14）所示]可以看出此缺点：

$$\mathrm{MI}(C,k)=\log_{2}\frac{P(C,k)}{P(k)}=\log_{2}P(k\,|\,C)-\log_{2}P(k) \qquad (2\text{-}14)$$

对于有相同条件概率 $\log_{2}P(k\,|\,C)$ 的一些特征词，稀有特征的相对词频相对较低，即 $\log_{2}P(k)$ 的值较小，从而导致该稀有词的 $\mathrm{MI}(C,k)$ 较高，造成稀有词比常用词的评分还要高，忽略了词频对特征选择的影响。特征选择中，词频对文本分类的重要性是不可忽略的，而传统的互信息方法对特征词的词频没有加以充分考虑，该方法的优点是其考虑了类信息，即认为类区分能力越大的词其互信息值越高。

下面结合实例阐述互信息的计算过程：表 2-2 给出了 4 个类别 C_{1},C_{2},C_{3},C_{4}，假定四个类别涉及 4 个术语 k_{1},k_{2},k_{3},k_{4}，类别和术语之间的包含关系如表 2-2 所示，表中数字表示词频。

表 2-2 特征分布情况

类别	术语 k_1	术语 k_2	术语 k_3	术语 k_4
C_1	1	8	3	4
C_2	0	8	6	3
C_3	0	10	4	2
C_4	1	3	7	5

依据互信息的基本计算公式，计算 $\mathrm{MI}(C_1,k_2)$ 的过程为

$$\mathrm{MI}(C_1,k_2) = \log_2 \frac{P(k_2\,|\,C_1)}{P(k_2)} = \log_2 \frac{8/16}{29/65} = 0.1644$$

由于本节介绍的特征选择算法较多，表 2-3 对本节介绍的特征选择算法进行了简单总结统计。

表 2-3   经典特征选择算法总结

基于搜索策略	全局最优搜索		
	随机搜索		
	启发式搜索（序列前向、序列后向、增 l 去 r、浮动搜索）		
基于评价准则	封装式评价策略		
	过滤式评价策略	距离度量	
		依赖性度量	
		一致性度量	
		信息度量	文档频度
			信息增益
			互信息

2.3   特征抽取

2.3.1   特征抽取概述

特征选择和特征抽取都属于特征降维方法，二者有相同点，也有不同点。从概念上说，特征抽取是指由原始数据获取到的特征经过线性或者非线性变化得到较少数量但是更具有表达能力的新特征；特征选择是从原始特征中挑选出一些最具有代表性、分类性能最好的特征子集。分析两个概念可知：特征抽取的特征来源于原始特征而又不同于原始特征，是原始特征经过变换得到的新特征，而特征选择的结果是来自原始特征集合中的特征。特征抽取的主流方法包括主成分分析（principle component analysis，PCA，也称为 K-L 变换）、线性评判分析（linear discriminant analysis，LDA）和保局投影（locality preserving projections，LPP）三种方法，下面对常用的特征抽取方法进行介绍。

2.3.2   常用的特征抽取方法

1）主成分分析法

从本质上来讲，主成分分析法是一种空间映射方法，将在常规正交坐标系中的变量通过矩阵变换操作映射到另一个正交坐标系中的主元。做这个映射的目的是减少变量间的线性相关性，降低维度。针对主成分分析法我们要回答以下两个问题。

（1）主成分分析法有什么作用？

（2）如何构建主成分分析法的中间矩阵？

主成分分析法的目的是将本来线性相关的变量映射到几个相互独立的主元，如果变

量作为分类特征，那么主成分分析法起到了一种特征重建的作用；从主成分求解的过程来看，主成分分析法可以用来降维。

为了减少变量之间的线性相关性，首先要清楚两个点：一是变量用什么来表示；二是怎么衡量变量之间的线性相关性。对于二维坐标而言，变量可用 (x,y) 坐标值来表示，同样也可以扩展到多维坐标系中。变量之间的线性相关性可用协方差进行衡量，协方差反映了两个变量间的同步性、变化规律的相似性，主成分分析法就是采用协方差衡量变量的线性相关性。

假定有 n 个样本，每个样本有 p 个变量。构成一个 $n \times p$ 的数据矩阵 $\boldsymbol{X}$：

$$\boldsymbol{X} = \begin{bmatrix} x_{11} & x_{12} & \cdots & x_{1p} \\ x_{21} & x_{22} & \cdots & x_{2p} \\ \vdots & \vdots & & \vdots \\ x_{n1} & x_{n2} & \cdots & x_{np} \end{bmatrix} \tag{2-15}$$

如果 p 比较大，则在 p 维空间中考虑问题可能比较麻烦，为了解决这个问题，需要进行降维处理，即用较少的几个综合指标代替原来较多的变量指标，且使这些较少的指标既能尽量多地反映原来较多变量指标反映的信息，同时它们之间彼此独立。

假定 $x_1, x_2, \cdots, x_p$ 为原定指标，$z_1, z_2, \cdots, z_m (m \leqslant p)$ 为新变量指标，新指标为原指标经过线性映射得到

$$\begin{cases} z_1 = l_{11}x_1 + l_{12}x_2 + \cdots + l_{1p}x_p \\ z_2 = l_{21}x_1 + l_{22}x_2 + \cdots + l_{2p}x_p \\ \qquad\qquad\qquad \vdots \\ z_m = l_{m1}x_1 + l_{m2}x_2 + \cdots + l_{mp}x_p \end{cases} \tag{2-16}$$

系数 l_{ij} 的确定原则包括以下几点。

（1）z_i 与 $z_j (i \neq j)$ 是无关的。

（2）z_1 是 $x_1, x_2, \cdots, x_p$ 的所有线性组合中方差最大者，z_2 是与 z_1 不相关的 $x_1, x_2, \cdots, x_p$ 的所有线性组合中方差最大者，以此类推，z_m 是与 $z_1, z_2, \cdots, z_{m-1}$ 都不相关的 $x_1, x_2, \cdots, x_p$ 的所有线性组合中方差最大者。

经过上述线性映射后，$z_1, z_2, \cdots, z_m$ 称为原变量指标 $x_1, x_2, \cdots, x_p$ 的第一，第二，$\cdots$，第 m 主成分。从以上分析可以看出，主成分分析的实质就是确定原来变量 x_i 在所有主成分 z_j 上的载荷 l_{ij}，其计算过程涉及两个步骤：首先计算相关系数矩阵 $\boldsymbol{R}$，然后计算特征值 λ_i 与特征向量 $\boldsymbol{e}_i$，进而获得 l_{ij}。

相关系数矩阵 $\boldsymbol{R}$ 由原变量 $x_i, x_j (i = 1, 2, \cdots, n,\ j = 1, 2, \cdots, p)$ 的相关系数 $r_{ij} (r_{ij} = r_{ji})$ 组成，计算公式为

$$r_{ij} = \frac{\sum\limits_{k=1}^{p}(x_{ik} - \overline{x}_i)(x_{jk} - \overline{x}_j)}{\sum\limits_{k=1}^{p}(x_{ik} - \overline{x}_i)^2 \times \sum\limits_{k=1}^{p}(x_{jk} - \overline{x}_j)^2} \tag{2-17}$$

式中，分子表示变量 x_i, x_j 的协方差 $\mathrm{cov}(x_i, x_j)$；分母为 x_i 的标准差与 x_j 的标准差的乘积。计算完所有相关系数后，可得到相关系数矩阵 $\boldsymbol{R}$：

$$\boldsymbol{R} = \begin{vmatrix} r_{11} & r_{12} & \cdots & r_{1p} \\ r_{21} & r_{22} & \cdots & r_{2p} \\ \vdots & \vdots & & \vdots \\ r_{n1} & r_{n2} & \cdots & r_{np} \end{vmatrix} \tag{2-18}$$

然后用雅可比方法解特征方程 $|\lambda \boldsymbol{I} - \boldsymbol{R}| = 0$，求出特征值 λ_i，并使其按大小顺序排列：$\lambda_1 \geqslant \lambda_2 \geqslant \cdots \geqslant \lambda_p \geqslant 0$。接着求出对应于每个特征值 λ_i 的特征向量 $\boldsymbol{e}_i (i=1,2,\cdots,p)$，$\boldsymbol{e}_i = 1$，即 $\sum_{j=1}^{p} e_{ij}^2 = 1$，其中 e_{ij} 表示向量 $\boldsymbol{e}_i$ 的第 j 个分量。

最后依据上述计算结果可计算主成分贡献率 A_i、累积贡献率 B_i 和主成分载荷 l_{ij}：

$$A_i = \frac{\lambda_i}{\sum_{k=1}^{p} \lambda_k}, \quad i=1,2,\cdots,p \tag{2-19}$$

$$B_i = \frac{\sum_{k=1}^{i} \lambda_k}{\sum_{k=1}^{p} \lambda_k}, \quad i=1,2,\cdots,p \tag{2-20}$$

$$l_{ij} = \sqrt{\lambda_i} e_{ij}, \quad i,j=1,2,\cdots,p \tag{2-21}$$

一般累积贡献率达到 85%~95% 的特征值 $\lambda_1, \lambda_2, \cdots, \lambda_m$ 对应第 $m(m \leqslant p)$ 个主成分。现结合实例简述主成分分析法的实现过程，假设有一组数据如表 2-4 所示。

表 2-4 数据样例

x	y
2.5	2.4
0.5	0.7
2.2	2.9
1.9	2.2
3.1	3.0
2.3	2.7
2	1.6
1	1.1
1.5	1.6
1.1	0.9

表 2-4 中行表示样例，即有 10 个样例，每个样例有两个特征：x 和 y。可以假设表 2-4 的样本为 10 篇文档，x 表示 10 篇文档中特征 learn 出现的 TF-IDF，y 表示特征 study 出现的 TF-IDF。依据上述理论，计算步骤如下。

（1）分别求 x 和 y 的平均值，然后所有样例的对应特征减去对应均值。经计算 x 的均值为 1.81，y 的均值为 1.91，那么减去均值后表 2-4 中的数据可调整为表 2-5。

表 2-5 调整后的数据样例

x	y
0.69	0.49
−1.31	−1.21
0.39	0.99
0.09	0.29
1.29	1.09
0.49	0.79
0.19	−0.31
−0.81	−0.81
−0.31	−0.31
−0.71	−1.01

（2）计算 x 和 y 的协方差矩阵 C，计算结果为

$$C = \begin{bmatrix} \mathrm{cov}(x,x) & \mathrm{cov}(x,y) \\ \mathrm{cov}(y,x) & \mathrm{cov}(y,y) \end{bmatrix} = \begin{bmatrix} 0.6166 & 0.6154 \\ 0.6154 & 0.7166 \end{bmatrix}$$

（3）求协方差的特征值 λ_i 及对应的特征向量 e_i，经计算 $\lambda_1 = 0.0491$，$\lambda_2 = 1.2840$，对应的特征向量分别为 $e_1 = (-0.7352, 0.6779)$，$e_2 = (-0.6779, -0.7731)^{\mathrm{T}}$。

（4）将特征值按照从大到小的顺序排序，选择其中最大的 k 个，然后将其对应的 k 个特征向量分别作为列向量组成特征向量矩阵。该例子中只有两个，我们选择其中最大的特征值 λ_2 及与之对应的特征向量 e_2。

（5）将样本点投影到选取的特征向量 e_2 上，即

$$\mathrm{FinalData} = \mathrm{DataAdjust} \times e_2 \qquad (2\text{-}22)$$

综上，最终将两个特征 learn 和 study 投影为一个特征（可认为是 LS），LS 基本上可以代表 learn 和 study 两个特征，投影后新特征 LS 在 10 个样本中的 TF-IDF 分别为 −0.828、1.778、−0.992、−0.274、−1.676、−0.913、0.991、1.145、0.438、1.224。

2）线性评判分析方法

线性评判分析与主成分分析类似，也是一种特征抽取方法，它能够提高数据分析过程中的计算效率。二者的不同是：主成分分析是寻找数据集中方差最大的方向作为主成分分量的轴，而线性评判分析是最优化分类的特征空间；主成分分析属于无监督算法，线性评判分析属于监督算法，相对于主成分分析方法而言，线性评判分析更适合对于分类特征的抽取。

线性评判分析的原理是将带有标签的数据通过投影的方法，投影到维度更低的空间中，使投影后的点形成按类别区分的情况。线性分类器是线性评判分析的关键，因为本质上线性评判分析就是一种线性分类器。

线性评判分析的目标是给出一个标注了类别的数据集，投影到一条直线后，能够使点尽量按类别区分开，当 $k=2$ 时，即二分类问题。假设用来区分二分类的直线（投影函数）为

$$y = \boldsymbol{w}^{\mathrm{T}} \times \boldsymbol{x} \tag{2-23}$$

线性评判分析的目标是使不同类别之间的距离越远越好，为了实现这个目标，首先定义如下几个关键值。

类别 i 的原始中心点：$m_i = \dfrac{1}{n_i} \sum\limits_{x \in D_i} x$（$D_i$ 表示属于类别 i 的点）。

类别 i 投影后的中心点：$\tilde{m}_i = \boldsymbol{w}^{\mathrm{T}} m_i$。

类别 i 投影后，衡量类别点之间的分散程度指标 $\tilde{s}_i$：$\tilde{s}_i = \sum\limits_{y \in Y_i} (y - \tilde{m}_i)^2$。

基于以上几个关键值，最终可得到线性评判分析投影到 $\boldsymbol{w}$ 后的损失函数，如式（2-24）所示：

$$J(\boldsymbol{w}) = \frac{|\tilde{m}_1 - \tilde{m}_2|^2}{\tilde{s}_1^{\,2} + \tilde{s}_2^{\,2}} \tag{2-24}$$

分母表示每一个类别内的方差之和，方差越大表示一个类别内的点越分散，分子为两个类别各自的中心点的距离的平方，最大化 $J(\boldsymbol{w})$ 就可以求出最优的 $\boldsymbol{w}$。

3）保局投影方法

2003 年，He 等将保局投影方法成功地应用于人脸识别领域。保局投影方法的解决方式与线性评判分析方法相似，即先将人脸图像样本投影到一个主成分分析子空间进行降维，使样本的维数小于样本个数。但又不同于主成分分析和线性评判分析方法，这是因为主成分分析和线性评判分析方法是以保留图像空间的全局结构为目标，而保局投影方法则是以保留图像空间的局部结构为目标。在很多实际的分类问题中，特别是采用最近邻方法进行分类时，局部结构能够比全局结构提供更加重要的信息，因此保局投影方法是一种较为有效的特征抽取方法。下面先对保局投影方法的基本思想进行介绍。

令 $\boldsymbol{x}_i$ 表示一幅图像的一维向量，保局投影方法的目的是保留数据内在的几何特性和局部结构，其优化后的定义为

$$\min \sum_{i,j} (\boldsymbol{y}_i - \boldsymbol{y}_j)^2 S_{ij} \tag{2-25}$$

式中，$\boldsymbol{y}_i$ 是 $\boldsymbol{x}_i$ 的低维映射，即 $\boldsymbol{y}_i = \boldsymbol{W}^{\mathrm{T}} \boldsymbol{x}_i$；$S_{ij}$ 定义如下：

$$S_{ij} = \begin{cases} \mathrm{e}^{-|\boldsymbol{x}_i - \boldsymbol{x}_j|^2/t}, & |\boldsymbol{x}_i - \boldsymbol{x}_j| < \varepsilon \\ 0, & \text{否则} \end{cases} \tag{2-26}$$

式中，ε 表示一个非常小的正数，ε 定义了 $\boldsymbol{x}_i$ 的一个邻域半径，该式表示若是样本之间的距离小于 ε，则二者之间有联系，否则置为零，这样所有的 S 便构成了一个样本之间距离的测量矩阵（相似矩阵）。对于式（2-26），经过变换最终可转换为式（2-27），所要求解的鉴别矩阵 W 就是式（2-27）中前 k 个最小的特征值对应的特征向量构成的矩阵：

$$XLX^{\mathrm{T}}W = \lambda X^{\mathrm{T}}WW \tag{2-27}$$

式中，$L = D - S$ 称为拉普拉斯矩阵，S 为样本之间的相似矩阵，D 为对角矩阵，其对角元素对应于 S 的相应行（或列）元素之和，代表着该样本的重要程度。$X^{\mathrm{T}}W$ 通常是奇异的，为了解决这一问题，首先要用主成分分析方法将图像映射到主成分分析子空间中，

然后在该空间中采用保局投影方法，最后所得的变换矩阵可以表示为

$$W = W_{PCA} W_{LPP} \qquad (2\text{-}28)$$

式中，$W_{LPP} = [w_1, w_2, \cdots, w_k]$。该方法能够很好地以线性方式保留人脸内在的几何特性。

保局投影方法的实现步骤如下。

设人脸图像样本点 $X = \{x_1, x_2, \cdots, x_n\} \subset \mathbf{R}^n$。

（1）主成分分析降维。将人脸图像样本投影到主成分分析子空间上，保留有价值信息，去除噪声。

（2）选取近邻，构建加权图 G。计算任意样本点 x_i 与其他样本点之间的欧氏距离，如果 x_j 属于 x_i 的最近样本点之一，则认为它们是近邻点，即图 G 有边 $x_i x_j$。

（3）给每条边赋权重。如果图 G 有边 $x_i x_j$，则赋予权重 $w_{ij} = \mathrm{e}^{-|x_i - x_j|^2 / t}$，或者简化为 $w_{ij} = 1$，否则 $w_{ij} = 0$。

（4）计算投影矩阵。求解广义特征向量问题中的特征值和特征向量，即 $XLX^T W = \lambda X^T W W$。

假设把求得的特征值按升序排列 $\lambda_i < \lambda_{i+1}$，选择前 d（通常 $d < l$）个最小特征值所对应的特征向量 $w_1, w_2, \cdots, w_d$，则 $w_1, w_2, \cdots, w_d$ 就构成了保局投影方法的最优投影方向矩阵 W。因为 XDX^T 奇异，所以首先用主成分分析法将图像映射到主成分分析子空间中，然后在该空间中采用保局投影方法，最终投影矩阵为 $W = W_{PCA} W_{LPP}$。

2.4　信息的自动化处理

2.4.1　自动标引技术

随着信息科技的迅速发展，文献信息尤其是网络信息数量迅速增长。要有效利用这些资源，就要对它们进行组织、加工、整序、揭示和传递。标引的质量和效率直接影响信息组织的质量和速度，关系到信息检索的效率。信息标引是信息检索的前提，信息检索的质量很大程度上取决于信息标引的质量。中文自动分词是中文信息标引的基础，但中文自动分词本身所具有的难度使这一技术难题很难从根本上得到解决，所以在很长时间内受到人们的关注。在自然语言处理技术中，中文处理的难度远远高于英文处理，许多英文处理方法并不能直接应用于中文处理，一个重要原因就是中文必须有分词这个环节。中文分词是对其他信息处理的基础，广泛应用于中文搜索引擎、机器翻译、语音合成、自动文摘、自动校对等。当然，国外的计算机处理技术要想进入中国市场，首先也要解决中文分词问题。目前，在中文信息标引方面，相比国外产品来说，我国自主研发的产品有十分明显的优势。

1）自动标引的基本原理

文献标引是对所收集的文献给出其标识导引，这些标识包括文献标题、作者姓名、分类号和主题词等，对文献的标引过程就是由人或计算机从文献中抽取上述标识导引的过程。通过标引，文献被加工为特征明确、便于检索和利用的数据记录。文献标引一般

采用的方法是把文献的主题内容和某些具有检索意义的特征，用标识符号赋予文献索引项。简单来说，文献标引具有如下意义：①用标识符号为文献添加标记；②标引是建立计算机索引项的过程；③索引有分类、主题、作者、出版说明等，从而提供一种或几种检索途径与手段。

下面从数学的角度简述文献标引的数学解释。

（1）概念空间（属性空间）。在信息处理中，当一个数据库的主题确定后，也就同时确定了一个由相关词构成的可解释该类文献主题的标引项集合。一般地，当标引词集合确定后，就可以将每一个标引词视为一维向量，词表也就是划定了一个标引空间，称为概念空间。

用两个标引词构成的标引关系，就决定了一个二维的概念空间，凡是可用这两个词表征的文献，均可用该平面的一个点表示出来。例如，有 $D_1(t_1, t_2)$ 和 $D_2(t_1, t_2)$ 两篇文献，两个标引词为 t_1、t_2，则用 t_1、t_2 标引的文献可描述为 $D_1(t_1, t_2)$、$D_2(t_1, t_2)$。当 D_1、D_2 中各自对 t_1、t_2 的程度不同时，即有 $D_1(at_1, bt_2)$ 和 $D_2(ct_1, dt_2)$，这里 a、b、c、d 均为系数，表示 D_1、D_2 分别对 t_1、t_2 的亲疏关系，这就是加权的概念。最简单的情况下，$a = b = c = d = 1$。

当有三个标引词集合构成标引体系时，它们就确定了一个三维的概念空间。这时，所有与三个概念相关的文献就可以利用这三个标引词来加以揭示。一旦标引完成，文献就在这个空间中获得唯一的位置。同样，也可用加权的方式来反映文献和标引词的亲疏关系。例如，在标引词集合{计算机、信息、检索}构成的概念空间中，$D = $"计算机信息检索"这一文献对应的点如图 2-5 所示。在概念空间中确定一篇文献位置的思路，可推广到更多的维数。

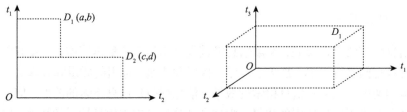

图 2-5　标引构成的概念空间示意

（2）文献的相关性。一旦标引词确定下来，概念空间也随之确定。任何一篇用标引词结合标引的文献，也都可以在概念空间中唯一地确定自己的位置，即视为该空间中的一个文献向量。当一批文献标引完后，这一批文献就形成了文献簇。例如，设 $T = \{t_1, t_2, \cdots, t_n\}$ 为标引概念集，现有两篇文献 $\boldsymbol{d}_i$、$\boldsymbol{d}_j$（$i \neq j$），其中 $\boldsymbol{d}_i = \{a_1 t_1, a_2 t_2, \cdots, a_n t_n\}$，$\boldsymbol{d}_j = \{b_1 t_1, b_2 t_2, \cdots, b_n t_n\}$，$a$ 与 b 均为权值，取值范围为[0，1]，那么 $\boldsymbol{d}_i$、$\boldsymbol{d}_j$ 就是两个文献向量。

在同一个坐标系，就存在相关性的问题。如果引用向量代数的观点，设 T 中各分量均为正交，则 $\boldsymbol{d}_i$ 与 $\boldsymbol{d}_j$ 的夹角 θ 就可以反映 $\boldsymbol{d}_i$ 和 $\boldsymbol{d}_j$ 的相关性，即

$$\cos\theta = \frac{d_i \cdot d_j}{|d_i| \cdot |d_j|} \tag{2-29}$$

显然：当 $\theta = 0°$ 时，d_i 与 d_j 完全重合，$\cos\theta = 1$，取得最大值；当 $\theta = 90°$ 时，d_i 与 d_j 呈直角相交，$\cos\theta = 0$，取得最小值；当 $0° < \theta < 90°$ 时，d_i 与 d_j 呈 θ 角，$\cos\theta$ 用于定义 d_i 与 d_j 的相关程度，θ 越小，$\cos\theta$ 值越大，反之越小。

由此可见，$\cos\theta$ 较好地反映了 d_i 与 d_j 的相关程度，借用向量代数算法，定义 d_i 与 d_j 的相关度为

$$S(d_i \cdot d_j) = \cos\theta = \frac{\sum_{i=1}^{n} a_i b_i}{\sqrt{\sum_{i=1}^{n} a_i^2 \times \sum_{i=1}^{n} b_i^2}}, \quad 0 \leqslant S \leqslant 1 \tag{2-30}$$

在实际应用中，标引词之间往往存在着相关性，也就破坏了所谓正交系的假设。但出于一种近似的考虑，一般将标引空间视为正交系。文献标引就是合理运用标引词，使文献在空间有一个正确的位置。在标引空间中，人们往往只引用有限数量的标引词来标引文献，这时未使用的标引词权值视为 0。

从数学角度讲，标引的实质就是要精确地反映文献与属性的关系，即精确地确定文献在空间中对应的位置；而检索的实质则是从概念出发，根据文献向量尽量准确全面地确定其对应的空间点，从而划分出相关的文献点。

文献标引的评价指标主要包括 Lancaster 和 Mills（1964）的网罗度和专指度、Yu 和 Salton（1976）的评价指标、Yu 和 Salton（1976）的词精确度理论，下面对其进行简单介绍。

（1）Lancaster 和 Mills 的网罗度和专指度。著名情报学家 Lancaster 和 Mills 曾提出了两个评价标引有效性的指标：标引的网罗度和标引词的专指度。

标引的网罗度用于衡量标引者认识文献主题内容的广度。对文献主题内容的认识越深，抽出的主题词越多，标引的网罗度就越高；但如果网罗度太高，检索时检出的文献就会掺杂较多的非相关文献，导致查准率降低。

标引词的专指度是指标引词表达主题的准确程度，标引文献时，选用专指度强的标引词越多，检出的文献针对性就越强，查准率越高；但是，标引词的专指度太高，与该标引词相关但相关性稍差的一部分文献就可能被漏掉，从而导致查全率降低。

因此，标引的网罗度和专指度都是影响查全率和查准率的重要因素。从理论上讲，Lancaster 和 Mills 的这两个指标完全可以表征或考查标引工作的质量和效果，但实际运用中，还存在不少操作性问题。如何应用它们来评价标引的有效性，还有待于进一步研究。

（2）Yu 和 Salton 的评价指标。与 Lancaster 和 Mills 不同，Yu 和 Salton 提出用相关文献与查询词之间的相似度的期望值同无关文献与查询词之间的相似度的期望值之比，作为标引效果的评价指标。

显然，上述比值越大，说明相关文献的主题内容与查询要求相似的程度越高，非相

关文献的主题内容与查询要求相似的程度越低，所以有较好的标引效果；反之，标引效果就差。

（3）Yu 和 Salton 的词精确度理论。设 γ_i、δ_i 分别表示对于提问 q（含 t_i），文献集合 R、I 中包含或不包含 t_i 标引的文献篇数，定义查询标引词 t_i 的精确度为 $\gamma_i / (\gamma_i + \delta_i)$。

词的精确度与词的权值一样，也不是词的固有性质，它是针对特定的查询而言的。对于不同的查询可以有不同的精确度。当查询给定时，词的精确度反映了一个词作为标引词的标引效率。词的精确度越高，用其作为标引词的标引效率就越高；词的精确度越低，用其作为标引词的标引效率越低。

2）几种自动标引的实现方法和技术

在文献信息的处理过程中，标引将文献的内容特征和外部特征分析转换成检索标识，从而使文献管理者能够有效地组织文献，并使读者能够迅速准确、全面地查找所需的文献，实现概念检索。图 2-6 是文献信息标引示意图。其中从信息资源内容的角度进行标引是标引的重要形式，包括分类标引和主题标引两种。这里的标引特指主题标引，主题标引是依据一定的主题词表或主题标引规则，赋予文献信息标识的过程。

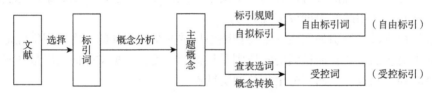

图 2-6 文献信息标引示意图

图 2-6 中，自由标引和受控标引都需要标引人员对标引源（如题名、文摘、全文）进行浏览阅读，然后采用概念分析的方法，概括、提炼和选择文献中具有标引价值的主题概念。所不同的是，自由标引是标引人员提取主题概念后，不查看词表，而是按照一定的标引规则，自拟标引词；受控标引则需要对提取的主题概念查表选词，进行概念转换，即将自然语言词转换为受控词。近几十年来，国内外很多学者致力于自动标引的研究，出现了很多自动标引的系统和方法。

（1）词典匹配标引法。词典匹配标引的实现思想是构造一个含有主题词、关键词及部件词词典的机内词典，然后设计各种算法用文献数据去匹配词典，文献中的词在词典中出现，即表示为标引词，做信息标引处理。词典匹配标引法在目前的自动标引算法中所占比例较大，早期的研究主要是以此法起步的。

（2）切分标记法。中文文献的全文由若干句子组成，句子之间由标点符号分隔，而每个句子由若干个词组或短语组成。因此，构造切分标记词典，利用切分词典自动分词的思想由此产生。切分标记法是将能够切断句子或表示汉字之间联系的汉字集合组成词典，并输入计算机。这个机读字典称为切分标记词典。切分标记词典的内容有：词首字、词尾字、不构成词的单字或几种情况的组合。有些切分字典由非用字、条件用字等组成。利用切分标记词典中的汉字的构词属性将原文句子分隔成汉语词组或短语之后，再按一定的分解模式将它们分割成单词或专用词。

（3）词频统计标引法。词频统计标引法吸收了国外有关词频统计标引的思想，把一些加权思想融进中文文献的自动标引之中，采用加权统计的方法确定标引词。该方法突破了我国早期研究的仅以切分词替代标引词的局限。

（4）N-Gram 标引法。N-Gram 标引法是一种与语种无关的纯统计分析式的文本处理技术。所谓 N-Gram（ $N \geqslant 1$ ）是指由 N 个相邻字符组成的字符串序列。对文本进行处理，可以得到该文本所包含的长度为 N 的字符串集合。例如，对英文单词 retrieval 进行 4-Gram 处理，可得到由 4 个字母构成的字符串序列集合{retr, etri, trie, riev, ieva, eval}；而对于中文词语"数字图书馆"进行 4-Gram 处理则可得到由以下相邻中文字对构成的集合{数字, 字图, 图书, 书馆}。这种方法通过对汉语文本中的 N-Gram 指标出现频率进行统计分析，不需要词典和规则，可大大提高文本标引的处理速度和自动化水平。但在专业研究领域，其错误处理也会造成较大的影响。

（5）单汉字标引法。单汉字标引法吸收了英文自动抽取标引的部分思想，在标引时将概念词拆开成单汉字，以单汉字为处理单位，利用汉字索引文件实现自动标引和逻辑检索。因为这种方法对"词"的处理改为对"字"的处理，所以绕过了汉字分词部分的难题。在单汉字索引时，计算机对处理的文本逐一抽字，经过一些处理（如去掉无意义的虚词）后，建立索引文件。检索时输入的检索字与索引文件进行对比，并做一些逻辑组配，得到检索结果。

（6）语法语义分析标引法。语法与语义自动分析的基本思想是建立包括词类词典、句法和语义规则知识库、专门领域知识库、背景知识库等的分析知识库，这些知识库采用语义网络技术或扩充转移网络技术构筑，并以此作为语法、语义分析器推理和判断语句，达到正确分词的目的。

（7）自动标引专辑系统。当前所提出的各种汉语自动标引方法，基本不进行语义理解，只从形式上机械地匹配抽词来完成标引，这是由于汉字构成具有极大的灵活性，汉语词性缺乏严格的规定，汉语词汇没有严格的形态变化，再加上汉语文献作者使用语言的多样性和不规则性，造成同一主题可以有多种表达方式，一种表达方式在不同的语境中可以表达多个主题。汉语自动标引专家系统以汉语语义理解为特征，以现有的汉语专业主题词表为基础，构建概念语义网络，根据一定的抽词规则、标引规则和专门知识，对所处理的素材进行分析、判断，选择和确定标引主题词。目的是提高自动标引的真实性和准确性，实现语义层次的标引，这也代表了未来汉语自动标引的发展方向。

3）中文自动分词系统

早期的自动分词系统主要包括汉语自动分词系统（Chinese distinguish word system, CDWS）、联想-回溯自动分词（association-backing word segmentation, ABWS）系统和联合自动化支持系统（consoli-dated automated support system, CASS），CDWS 是我国第一个实用的自动分词系统，由北京航空航天大学计算机系于 1983 年设计研发，它采用的自动分词方法为最大匹配法，辅助以词尾字构词纠错技术。其分词速度为 5~10 字/秒，切分精度约为 1/625。ABWS 系统是山西大学计算机系开发的自动分词系统，系统使用"两次扫描联想-回溯"方法，运用了较多的词法和句法等知识。其切分正确率为 98.6%（不包括非常用和未登录的专用名词），分词速度为 48 词/分钟。CASS 是北京航空航天大学于 1988 年开发的分词系统。它使用正向增词最大匹配，运用知识来处理歧义字段。其机械分词速度为 200 字/秒以上，知识库分词速度为 150 字/秒（没有完全实现）。书面汉语自动分词专家系统是由北京师范大学现代教育技术研究所于 1991 年前后开发的，它首次将专家系统方法完整地引入分词技术中。

清华大学 SEG 分词系统：该系统提供了带回溯的正向、反向、双向最大匹配法和全切分-评价算法，由用户来选择合适的切分算法。其特点则是带修剪的全切分-评价算法。经过封闭实验，在多遍切分之后，全切分-评价算法的精度可达 99%左右。

清华大学 SEGTAG 系统：该系统着眼于将各类信息进行综合，以便最大限度地利用这些信息提高切分精度。系统使用有向图来集合各种信息。通过实验，该系统的切分精度可达 99%左右，能够处理未登录词比较密集的文本，分词速度约为 30 字/秒。

教育部语言文字应用研究所应用语法分析技术的汉语自动分词系统：该系统考虑了句法分析在自动分词系统中的作用，以更好地解决切分歧义。切词过程考虑了所有的切分可能，并运用汉语句法等信息从各种切分可能中选择合理的切分结果。

复旦分词系统：该系统由以下四个模块组成。

（1）预处理模块：利用特殊的标记将输入的文本分割成较短的汉字串，这些标记包括标点符号、数字、字母等非汉字符，还包括文本中常见的一些字体、字号等排版信息。

（2）歧义识别模块：使用正向最小匹配和逆向最大匹配对文本进行双向扫描，如果两种扫描结果相同，则认为切分正确，否则就认为其为歧义字段，需要进行歧义处理。

（3）歧义字段处理模块：此模块使用构词规则和词频统计信息来进行排歧。

（4）未登录词识别模块：实验过程中，对中文形式的自动辨别达到了 70%的准确率。系统对文本中的地名和领域专有词汇也进行了一定的识别。

哈工大统计分词系统：该系统能够利用上下文识别大部分生词，解决一部分切分歧义。经测试，该系统的分词错误率约为 1.5%，分词速度为 236 字/秒。

杭州大学改进的最大匹配（maximum matching，MM）分词系统：该系统的词典采用一级首字索引结构，词条中包括"非连续词"。系统精度的实验结果为 95%。

微软研究院的自然语言研究所在 20 世纪 90 年代初开始开发一个通用的多国语言处理平台 NLPwin。据报道，NLPwin 的语法分析部分使用的是一种双向的表示剖析法，使用了语法规则并与概率模型作为导向，并且使语法和分析器相互独立。实验结果表明，系统可以正确处理 85%的歧义切分字段，在安装了 Pentium 200MHz、16MB 内存的计算机上分词速度达 600~900 字/秒。

北京大学计算语言学研究所分词系统：该系统由北京大学计算语言学研究所开发，属于分词和词类标注相结合的分词系统。系统的分词连同标注的速度在 Pentium 133 MHz、16MB 内存的计算机上达到了每秒 3000 词以上，而在 Pentium 2、64MB 内存的计算机上速度高达每秒 5000 词。

2.4.2　自动分类技术

1.　文本分类

有效地组织和管理各种电子文本信息，快速、准确、全面地从中找到用户所需要的信息是当前信息科学和技术面临的一大挑战。文本分类作为处理和组织大量文本数据的关键技术，可以在较大程度上解决信息杂乱的问题，方便用户准确地定位所需的信息。因此，自动文本分类作为信息检索等领域的技术，有着广泛的应用前景。

下面形式化地对文本分类过程进行描述。假设有一组文本概念类 C 和一组训练文本 D，文本概念类和文本库中的文本满足在某一概念层次上的关系 h，则存在一个目标概念 T，有

$$T : D \to C$$

式中，T 表示一个文本实例映射为某一个类，对 D 中的文本 d，$T(d)$ 是已知的，通过有指导地对训练文本集进行学习，可以找到一个近似于 T 的模型 H：

$$H : D \to C$$

对于一个新文本 d_n，$H(d_n)$ 表示对 d_n 的分类结果。一个分类系统的建立或者说分类学习的目的就是寻找一个和 T 最相似的 H，即给定一个评估函数 f，学习的目标应使 T 和 H 满足：

$$\min \left(\sum_{i=1}^{|D|} f\left(T(d_i) - H(d_i) \right) \right) \tag{2-31}$$

文本分类也属于分类问题，文本分类的基本步骤如下。

1）获取训练文本样本集

训练文本样本选择是否合适对文本分类器的性能有重大影响。训练文本样本集应该能够广泛地代表分类系统所要处理的客观存在的各个文本分类中的样本。一般情况下，训练文本样本集应该是公认的经人工分类的语料库。文本分类使用共同的测试样本库就可以比较不同分类方法和系统的性能，但目前的中文文本分类还没有严格标准的、开放的分类测试样本集可供使用。该阶段称为预处理，即将原始文本进行分词处理并转换为标准格式。删除停用词一般也在这一阶段进行。

2）建立文本样本表示模型

文本样本表示模型即选用什么样的语言要素和用怎样的数学形式组织这些语言要素来表征文本样本。这是文本分类中的一个重要技术问题。目前大部分都是以词或词组作为表征文本语义的语言要素表示，模型则主要有布尔模型、矢量空间模型和概率模型等。该阶段称为文本表示，即将文本转化为计算机语言。

3）文本特征选择

语言是一个开放的系统，它的大小、结构、包含的语言要素和信息都是开放的，因此它的特征也是无限制的。文本分类系统应该选择尽可能少而准确且与文本主题概念密切相关的文本特征进行文本分类。选择什么样的文本特征由具体的度量准则确定。一些系统从文本中抽取出反映文本类别的特征词，如基于统计相关性将与类别相关程度大的词提取出来，也包括将统计相关性弱的词作为停用词提取出来，并扩充到停用词表中。

4）选择合适的分类方法

用什么方法建立从文本特征到文本分类的映射关系，是文本分类的核心问题。现有的主题分类技术主要采用以下三种方法。

（1）基于统计的方法，如朴素贝叶斯、K最近邻（K-nearest neighbor，KNN）、类中心向量、回归模型、支持向量机（support vector machine，SVM）、最大熵模型等。

（2）基于联结的方法，如人工神经网络。

（3）基于规则的方法，如决策树、关联规则等。这些技术目前已经相对成熟，有的已经形成了实用系统。经过对各种常用方法的性能进行实验比较，KNN和SVM在各项指标中的表现比较突出。该阶段称为分类器的学习，即使用专家知识或机器学习方法构建分类器。

5）性能评估

性能评估即如何评估分类方法和系统的性能。真正反映文本分类内在特征的性能评估模型可以作为改进和完善分类系统的目标函数。一般总是将样本集分成训练样本和测试样本两部分，用训练样本构建分类器，然后用测试样本考查分类器的性能。目前使用比较多的分类性能评估指标为查全率和查准率。

2. 文本聚类

文本聚类主要依据聚类假设：同类的文档相似度较大，非同类的文档相似度较小。作为一种无监督的机器学习方法，聚类不需要训练过程，不需要对文档手工标注类别，因此具有较高的灵活性和自动化处理能力，成为对文本信息进行有效组织、自动摘要和导航的重要手段。文本聚类的具体过程如图2-7所示，下面展开介绍，主要包括以下几个环节。

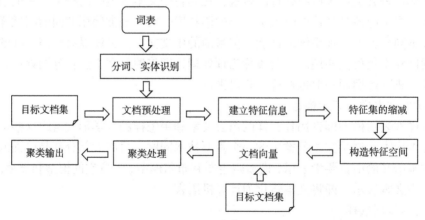

图2-7　文本聚类的具体过程

1）文本信息的预处理

文本聚类的首要问题是如何将文本内容表示为数学上可拆分处理的形式，即建立文本特征，以一定的特征项（如词条或描述）来代表目标文本信息。要建立文本信息的文本特征，常用的方法是：对文本信息进行词性标注和语义标注等预处理，构建统计词典，对文本进行词条切分，完成文本信息的分词过程。

2）文本信息特征的建立

文本信息的特征表示模型有多种，常用的有布尔模型、向量空间模型、概率模型及混合模型等。其中，向量空间模型是近几年来应用较多且效果较好的方法之一。1975 年，Salton 等提出了向量空间模型，它是文本表示的一个统计模型。该模型的主要思想是：将每个文本都映射为由一组规范化正交词条向量组成的向量空间中的一个点。对于所有的文本类和未知文本，都可以用此空间的词条向量（ $T_1, W_1, T_2, W_2, \cdots, T_n, W_n$ ）来表示，其中，T_i 为特征向量词条，W_i 为 T_i 的权重。一般需要构造一个评价函数来表示词条权重，其计算的唯一准则就是要最大限度地区别不同文本。这种向量空间模型的表示方法的最大优点是将非结构化和半结构化的文本表示为向量形式，使各种数学处理成为可能。

3）文本信息特征集的缩减

向量空间模型将文本内容表示成数学上可分析处理的形式，但文本特征向量具有惊人的维数。因此，在对文本进行聚类处理之前，应对文本信息特征集进行缩减。通常的方法是针对每个特征词条的权重排序，选取预定数目的最佳特征作为结果的特征子集。选取的数目以及采用的评价函数都要针对具体问题来分析确定。

降低文本特征向量维数的另一个方法是采用向量的稀疏表示方法。虽然文本特征集的向量维数非常大，但是对于单个文档，绝大多数向量元素都为零，这一特征也决定了单个文档的向量表示将是一个稀疏向量。为了节省内存空间，同时加快聚类处理速度，可以采用向量的稀疏表示方法。假设确定的特征向量词条数为 n ，传统的表示方法为（ $T_1, W_1, T_2, W_2, \cdots, T_n, W_n$ ），稀疏表示方法为（ $D_1, W_1, D_2, W_2, \cdots, D_n, W_n, n$ ）（ $W_i \neq 0$ ）。其中，D_i 为权重不为零的特征向量词条；W_i 为其相应权重；n 为向量维度。这种表示方式大大减小了内存占用，提升了聚类效率，但是由于每个文本特征向量维数不一致，在一定程度上增加了数学处理的难度。

4）文本聚类

在将文本内容表示成数学上可分析处理的形式后，接下来的工作就是在此数学形式的基础上，对文本进行聚类处理。文本聚类主要有基于概率和基于距离两种方法。基于概率的方法以贝叶斯概率理论为基础，用概率的分布方式描述聚类结果。基于距离的方法，就是以特征向量表示文档，将文档看成向量空间中的一个点，通过计算点之间的距离进行聚类。目前，基于距离的文本聚类比较成熟的方法大致可以分为层次凝聚法和平面划分法两种类型。

3.　网页文本信息的自动分类

1）网页信息抽取

目前，互联网上的信息主要是以 HTML 页面的形式出现的，HTML 具有自身的结构特点。用 HTML 写成的源文本由不同含义的标记（如<Title>、<Content>等），加上各种超级链接、导航条等非主题信息和文章的正文文本组成。网页数据属于一种半结构化的数据，它们是超文本及多媒体的文件。通过对 HTML 不同含义标记的分析，可得到网页中一些对页面分类有用的信息。

由于网页格式千差万别，要找出一种处理所有网页结构的算法几乎是不可能的。通过对大量网页的观察，可以发现一个个网站所属的网页类型变动不大，网页抽取形式在网站内部具有一定的稳定性和相似性。一篇主题网页中的正文的开始和结束通常由特定的标记（例如，<!--正文开始>和<!--正文结束>）来指出，中间用固定的标记对（例如，<p>和</p>）来显示成段的文章正文信息，而在标记正文开始和正文信息之间还会用特定的标记（例如，<title>和</title>，或<div id = "arti-bodyTitle">和</div>）显示文章的标题信息。根据网页的不同区域标记特点，采用如下四步完成网页正文信息的抽取。

（1）抽取所有处于标记<!--正文开始>和<!--正文结束>之间的信息。

（2）抽取<title>和</title>或<div id= "arti-bodyTitle">和</div>之间的信息。

（3）抽取<p>和</p>之间的信息，进行合并，获得含有杂质的正文信息。

（4）对<p>和</p>之间的信息进行分析，剔除其中的广告链接、字体大小等冗余信息，获得"纯净"的正文信息。

2）标题信息的自动分类

分类算法是分类技术的核心。目前，存在多种文本的分类算法，如支持向量机、向量距离分类和贝叶斯算法等。向量距离分类算法根据算数平均值为每类分配一个代表该类的中心向量，然后对新文本确定其向量，计算该向量与每类中心向量间的距离，最后判定该文本属于与其距离最近的类；贝叶斯算法计算文本属于类别的概率，文本属于类别的概率等于文本中每个词属于类别的概率的综合表达式。

2.4.3 自动文摘技术

自动文摘的概念是由 Luhn（1958）首先提出的。自动文摘是指利用计算机自动地从原始文档中提取文摘，是计算机技术、自然语言理解技术和传统文摘工作相结合的产物。下面分别从自动文摘的分类及处理过程两个方面详细介绍自动文摘的基本原理。自动文摘的类型可以从不同角度加以划分。

（1）通用文摘（general abstract）和偏重文摘（biased abstract）。通用文摘是面向所有用户，文摘内容不带任何侧重，可全面反映原文内容的文摘。这种文摘是对原文所描述主题、范围及结果的一种间接概括，是一种静态的文摘，不能适应不同用户的需求。偏重文摘是可以根据需要或用户的兴趣提供有侧重点的文摘。偏重文摘的结果不仅取决于原文内容和主题，也取决于用户个性化的需求，并将文摘焦点放在用户关心的部分。

（2）单文档文摘（single document abstract）和多文档文摘（multiple document abstract）。依据自动文摘处理文档对象的个数可将其分为单文档文摘和多文档文摘。顾名思义，单文档文摘处理的文档对象是单篇文档，并对每篇文档都单独生成文摘；而多文档文摘处理的文档对象是由多篇文档构成的文档集合，对该文档集合生成一个可概括多篇文档内容的综合文摘。

（3）有监督学习文摘和无监督学习文摘。有监督学习文摘分为"学习"和"文摘"两个过程。其中，学习过程主要利用人工文摘学习，从中找出进行自动文摘的特征和相关参数；然后，在文摘过程中利用学习到的知识或参数进行文摘。一般来说，有监督学习文摘主要面向特定的领域，并且形成的文摘质量与训练的样本质量有比较密切的关系。而无监督学习文摘无须对人工文摘进行学习。

（4）基于统计、理解、信息抽取和结构的文摘。这种方法是依据文摘的生成方法所做的划分，也代表了近50年来自动文摘领域具有代表性的研究思路和技术路线。

自动文摘的基本处理过程如图 2-8 所示，包括文本分析、文本转换和文摘生成三个步骤。

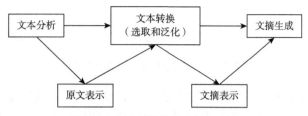

图 2-8　自动文摘的基本处理过程

文本分析主要用于寻找最能代表原文内容的成分。早期的研究工作主要是借助于文本中的词频及其他一些浅层的统计信息来进行的，随后逐渐引入信息抽取和自然语言理解方面的研究成果，开始利用领域知识、语言学知识等对文本进行深层理解，如句法分析、篇章结构分析和语义分析等。

文本转换需要对文本分析产生的结果及其表示进行修改和压缩，以便形成文摘。在文本转换过程中，对原文内容的选择和泛化是非常重要的。其中，文摘的目的和用户的需要将决定所选择的内容，而领域知识则是泛化时所需要遵循的准则。所谓泛化，就是把信息自动压缩成更为抽象的形式。例如，"学生 A 积极参加了 Word 比赛""学生 B 积极参加了 Excel 比赛""学生 C 积极参加了 Flash 比赛"，可抽象概括为"学生们积极参加信息科技活动"。选择和泛化可以有效控制文摘的长度或原文的压缩比（文摘长度/原文长度）。

文摘生成取决于用户对于文摘形式的要求。如果只是将原文片段所提供的语义信息罗列出来，则文摘生成工作几乎可以省略；但若要求文摘是一篇内容完整、语句连贯通顺的文章，甚至要达到与手工文摘相媲美的程度，那么文摘生成的步骤就复杂得多。

自动文摘处理的基本思路是：首先，对需要摘要的内容进行自动分词并赋权重，权重值通过统计词语在文本中出现的次数计算（出现频繁的词往往具有较高的权重，一般情况下这样的词可以表达出文本欲表达的意思）；其次，对文章内容进行断句，生成句链，并根据句中所有词的权重、句长及句子在文本中的位置对文本中的句子赋权；再次，根据句子权重从高到低挑出一定量的句子直接组成初次的文摘；最后，进行平滑处理，形成最终的文摘。理想的文摘生成应该是基于原文语义层面的理解来进行，但现阶段离这一目标还有差距，文摘生成技术领域还存在许多难题有待解决。

自动文摘的实现技术主要包括四种：基于统计的自动文摘、基于理解的自动文摘、基于信息抽取的自动文摘和基于结构的自动文摘。

基于统计的自动文摘是指根据文章的外在特征抽取原文中的部分句子形成文摘，也称为"自动文摘"或"机械文摘"。其基本思想是：将文章中能够反映主题的有效词加以集中，形成能够概括文章内容的关键句，并将关键句集成起来，得到原文的内容摘要。这样，就可以把文本视为句子的线性序列，将句子视为关键词的线性序列，充分利用计算机的计算能力，通过比较简单的统计方法，形成文本的摘要信息。其中，自动文摘主要依据 6 大特征来确定，分别是词频、标题、位置、句法结构、提示词和指示性短语，如图 2-9 所示。

图 2-9 基于统计的自动文摘方法

基于理解的自动文摘是 20 世纪 70 年代后期，以自然语言理解技术为基础发展起来的一种文摘方法。其基本思想为：基于理解的自动文摘以人工智能技术，特别是自然语言理解技术为核心，在对文本进行语法结构分析的同时，利用领域知识对文本的语义进行分析，通过判断推理，得出文摘句的语义描述，根据语义描述自动生成摘要。这种方法的基本处理步骤包括语法分析、语义分析、语用分析和信息抽取，最终生成文摘并加以输出，如图 2-10 所示。

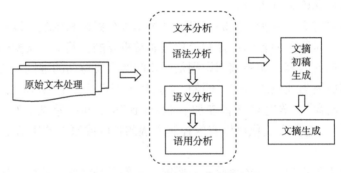

图 2-10 基于理解的自动文摘方法

基于信息抽取的自动文摘是一种模板文摘，在具体处理过程中以文摘框架（abstract frame）为中心，分"选择"和"生成"两个阶段进行。文摘框架可以看作一张申请单，它以空槽的形式提出应该从原文中获取的各项信息，在选择时，主要利用特征词从原文中抽取相关的短语或句子，加以规范后填充框架；在生成阶段，利用文摘模板将文摘框架中的内容转换为文摘输出。基于信息抽取的自动文摘也称为模板填写式自动文摘，其方法如图 2-11 所示。

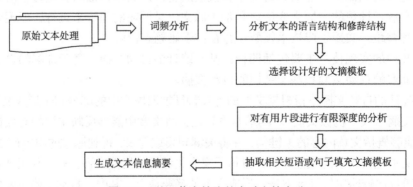

图 2-11 基于信息抽取的自动文摘方法

将文本信息视为句子的关联网络，选择与很多句子都有联系的中心句构成文摘，这就是基于结构的自动文摘。基于结构的自动文摘主要着眼于对文章篇章结构信息的理解和利用。这种方法将文章看作一个有机的整体，文章中的不同部分承担了不同的功能。如果能将文章的篇章结构分析清楚，文章的核心部分就能较容易地找到。目前，由于语言学领域对于文章篇章结构的研究还比较简单，可以利用的形式规则也很少，在应用于自动文摘时还不是很成熟。比较具有代表性的实验研究方法包括关联网络法、修辞结构法和语用功能法。

【本章小结】

检索对象信息处理是信息检索中的基础性工作，检索对象信息处理的好坏直接影响信息检索的效果。本章从文本预处理、特征选择、特征抽取和信息的自动化处理四个部分详细阐述检索对象的信息处理工作。其中，文本预处理部分，读者对其进行了解即可；特征选择和特征抽取是本章的重点部分，读者需对书中提及的相关算法进行推导及学习；信息的自动化处理部分是本章的难点，读者可参考书中的知识点及当前研究热点进行深入理解。

【课后思考题】

1. 文本预处理的意义是什么？
2. 特征选择和特征抽取的区别是什么？
3. 常用的特征选择方法可以分几种？
4. 列举出常用的基于信息度量的特征选择方法。
5. 现有的中文自动分词系统有哪些？
6. 当前主要的自动文摘实现技术有哪些？

第3章 用户检索提问处理

【本章导读】

检索提问实际上就是用户查询，查询本身是对用户查询意图的描述，在信息检索中，能通过用户输入的检索提问，准确描述其真实需求，是提高检索性能、很好地满足查询用户需求的关键所在。要完成该项任务，需要按如下过程展开：选择检索词、生成检索式、检索扩展，本章内容就是围绕该过程进行组织的。首先介绍检索词选择的相关知识，包括检索词选择的原则、检索词的分类、检索词选择的过程，然后介绍检索词组配成检索提问式涉及的三类算符：逻辑运算符、位置运算符和截词符。很多情况下，初始查询检索到的文档并不能准确地反映出用户的真实需求，为了提高检索系统的综合性能，本章介绍了查询扩展知识，包括查询扩展的思想、种类及实现算法。

在信息检索领域，检索提问即用户查询。检索提问式，即查询式，是指计算机信息检索中表达用户检索提问的逻辑表达式，由查询词、布尔逻辑算符、位置算符、截词算符、检索字段符以及系统规定的其他连接组配符组成。本章首先介绍用户检索式生成过程中，检索词的确定及涉及的运算符，最后介绍相关的查询扩展技术。

■ 3.1 检索词的选择

检索词是指用于描述信息系统中的内容特征、外表特征和表达用户提问信息的基本成分，简单地说，就是能概括出用户要检索内容的相关词汇。检索词是构成检索式的最基本的要素，是表达信息需求和检索课题内容的基本单元，也是与系统中有关数据库中的数据进行匹配运算的基本单元。无论手工检索还是计算机检索，选择合适的检索词至关重要，这是保证检索查准率和查全率的基础。选择检索词时切记不可只对检索词进行字面上的组配，要注意题目中隐含的概念和相关事物，对检索词进行概念匹配，才能更为准确、全面地体现用户的真正需求。

3.1.1 检索词选择的原则

一般地，检索词的选择与确定应遵循两个原则。

（1）要根据检索信息所涉及的相关内容主题、外表特征来选择检索词。

（2）需要对检索词进行相应的处理，如利用检索词表进行比较对照，选用规范化的词汇作为检索词等。

简而言之，在选择检索词时要选择最有代表性、最能说明问题、通用的、规范的、具体的检索词。在获取检索词时依据上述原则，通常要进行以下几方面的考虑。

（1）选择规范词。选择检索词时，一般应选择主题词作为检索词，但为了检索的专指性，也选择用自由词配合检索。例如，如果查找"人造金刚石"，很可能选用"人造""金刚石"作为检索词，但"人造"的实质是"人工合成"，那么检索范围可放宽至"合成金刚石""合成宝石""合成材料""合成石""合成晶体""人造晶体""金刚石"，扩大检索范围后，可采用一定的检索策略处理这些检索对最终检索的贡献度。

（2）尽量使用代码。不少文档有各自的各种代码，例如，《世界专利索引》的国际专利分类号（international patent classification，IPC）、被科学引文索引（science citation index，SCI）检索的科技文献的 SCI 检索码、出版教材的国际标准书号（international standard book number，ISBN）等，选择这些具有唯一性的代码编号，可以准确地找到要检索的内容。

（3）注意选用国外惯用的技术术语。查阅外文文献时，一些技术概念的英文词如果在词表中查不到，可先阅读国外的相关文献，再尝试找到该词的国外惯用表达方式，确定更为准确的检索词。

（4）避免使用低频词和高频词。检索时避免使用频率较低或专指性太高的词，一般不选用动词或者形容词，不使用禁用词，尽量少用或者不用不能表达课题实质的高频词。例如，"分析""研究""方法""设计"等词，必须用时，应与能表达主要检索特征的词搭配在一起使用，或者增加一定的限制条件，降低其宽泛性。

3.1.2　检索词的类型

在计算机检索中，检索词一般可分为主题词、半主题词、自由词。主题词可通过主题词表控制，可以在各种主题词典中查到；自由词属于自然语言，是论文题目、摘要、正文中出现的词；半主题词则介于主题词和自由词之间，它们在主题词典中没有，不是规范的。上述三类检索词的选择一般遵循以下原则：主题词优先原则、自由词适度原则、半主题词组配原则。

在选择检索提问的检索词时，不可以仅从项目的表面选择上述三类检索词，应在原检索词的基础上进行深入挖掘，获取扩展后的检索词，常用的扩展检索词的方法包括以下几种。

1.　隐性主题的选择

隐性主题就是在文章或题目、文摘中没有文字表达，经过分析、推理得到的有检索价值的概念。例如，在中国知网上检索有关"人力泵"的文献，检索结果显示，只有 4 篇文献，如图 3-1 所示。"人力泵"是检索题目中已经有的词，称为显性主题。表达"人力泵"的概念还有"手摇泵"，这里的"手摇泵"就是隐性主题，那么引入"手摇泵"后检索到的文献达 104 篇，如图 3-2 所示，这个例子充分说明隐性主题在检索中的作用非常明显。那么，如何获得隐性主题呢？常用的方法有三种：从主题词表中获得、通过课题讨论或者向有关专家咨询、内容概念的转化。

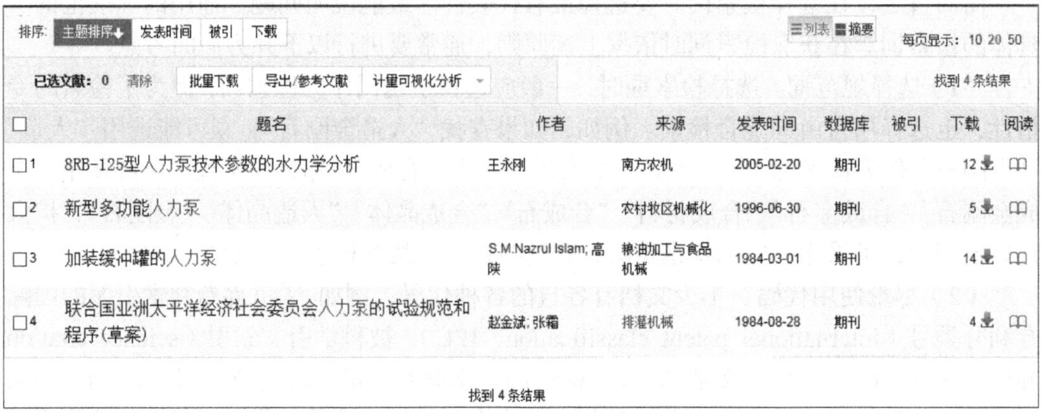

图 3-1　依据主题词"人力泵"检索结果

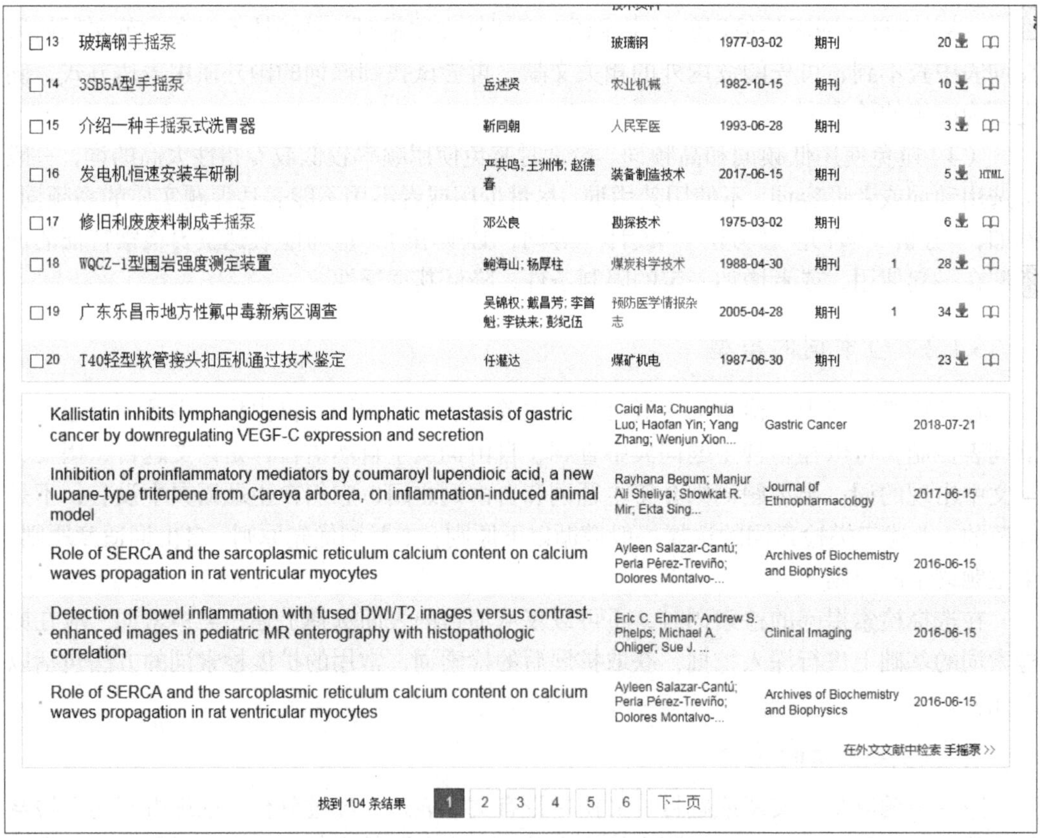

图 3-2　依据隐性主题词"手摇泵"检索结果

主题词表是文献标引和文献检索共同使用的、由自然语言向人工控制语言过渡的专用工具书。主题词表不但能把自然语言主题概念转换成检索用主题词，而且能提示、引导检索者选择有关的隐性主题词，故主题词表是获得隐性主题的主要途径和工具。主题词表有两类，第一类是比较系统的词表，如《国防科学技术主题词典》《汉语主题词典》等。这些主题词典一般有字顺表、词族表、索引等。第二类主题词表如《世界专利索引-规范化主题词表》，这类主题词表只有字顺表。

在检索时，有的重要技术内容在题目和摘要中并没有显示，此时可通过课题组成员讨论或者向有关专家咨询来获得，常体现在科技查新中。例如，在检索"飞机应急救生呼吸用固体化学氧气发生器"时，向专家咨询得知，氯酸钠是该氧气发生器的主要化学成分，是重要的隐性主题，用氯酸钠和其他词组搭配，则可以检索到更多的相关文献。

有的检索主题需要进行内容概念的转化，才能获得更好的检索效果，如"隐身材料"可转化成"能吸收雷达波的材料"。关于内容概念的转化可以从以下几方面进行考虑：①相反转化，有的课题正面检索结果不理想，则可以尝试检索其反面内容，效果很好，例如，在检索"环境净化"时，可以尝试查询"环境恶化"，则可检索到更多的关于"环境净化"的文献；②相似转化，指在内容或者条件近似的概念之间进行转化，例如，检索课题"航天器载计算机"时，可以尝试检索"导弹载计算机"，因为导弹载计算机和航天器载计算机在很多方面具有共同点；③整体向部分转化，有的检索课题检索范围太大，检索结果不理想，此时可适当缩小检索范围，实现整体到部分的转化；④部分向整体的转化，与上述的整体向部分的转化相反，为了扩大检索范围，提高检索效果，有时需要检索整体内容，以便更好地满足需求。

2. 同义词和近义词的选择

同一个事物有不同的名称，这种现象在各种语言中均存在，有的是不同的习惯用语，有的是科学用语的不同表述方法，有的是别名。检索时如果一个词有多个名称，而仅选择了其中一种名称，则采用其他名称的待检索对象就会被漏检，从而影响查全率。所以，在选择检索词时，应尽可能把检索词的同义词和近义词查全。

在信息表示和信息检索领域中，同义词的概念并不等同于语言学中和日常生活中的同义词，并不考虑感情色彩和语气，它主要指在信息检索中能够相互替换、表达相同或相近概念的词汇。用于信息检索的同义词主要分为以下几类。

（1）等价和等义的词、词组。即意义完全相同的词，主要是指一些语义等价的词以及学名与俗名、全称与简称、新称与旧称、产品的代号与型号等。例如，电脑——计算机、玉米——苞谷、中央银行——央行、MM-104——"爱国者导弹"等。

（2）准同义词和准同义词词组。即意义基本相同的词和词组，也就是说两个词或词组含有的义项基本相同，就可以把它们看作同义词，如边疆——边境、住房——住宅等。这类词在同义词中占很大的比例。

（3）某些过于专指的下位词。在叙词表中为了压缩词表的篇幅，某些过于专指的下位词没有列为叙词，例如，在词表中只使用"球类运动"，而没有在下面列举出"门球""网球""足球"等，这些过于专指的下位词可看作同义词。

（4）极少数的反义词。这类词描述相同的主题，但所包含的概念互不相容，如平滑度——粗糙度等，一篇讨论表面粗糙度对钢板上流体流动的效应报告可以认为是关于平滑度的效应报告。这些极少数的反义词在信息检索中也认为是同义词。

在同义词识别的过程中，词语相似度计算是一个关键的步骤。词语相似度是一个主观性相当强的概念。脱离具体的应用来谈论词语相似度，很难得到一个统一的定义，但是，在具体应用中，词语相似度的含义是比较明确的。在基于实例的机器翻译中，词语相似度主要用于衡量文本中词语的可替换程度；在信息检索中，相似度更多地反映文本或者用户查询在意义上的符合程度。

相似度是一个数值，取值范围为[0,1]，一个词语与其本身的相似度为 1。相似度涉及词语的词法、句法、语义甚至语用等方面。其中，对词语相似度影响最大的应该是词的语义。下面将要介绍的词语相似度计算方法等价于词语语义相似度，因为我们仅考虑了词语语义对词语相似度的影响。词语相似度有两类常见的计算方法，一种是根据某种世界知识来计算，一种是利用大规模语料库进行统计。

1）根据某种世界知识

目前，在中文同义词识别中，基于该方法出现了两种不存在争议的词语相似度计算方法：王斌（1999）提出利用《同义词词林》来计算汉语词语之间的相似度，刘群和李素建（2002）提出基于中国知网的汉语词语相似度计算方法。若利用《同义词词林》计算汉语词语间的相似度，首先需要进行词语编码。王斌提出的计算方法是针对老版本的《同义词词林》，其编码规则如表 3-1 所示。

表 3-1　词语编码表

编码位	1	2	3	4	5
符号	大写英文字母	小写英文字母	二位十进制整数		一位十进制数
符号性质	大类	中类	小类		小组
级别	第一级	第二级	第三级		第四级

为计算方便，在语义树中增加一个虚拟节点 O，形成图 3-3 所示的树形结构。定义两个汉语词语的语义编码 W_1 和 W_2，$D(W_1,W_2)$ 表示语义树中从节点 W_1 到节点 W_2 的最短路径长度（语义距离），从图 3-3 可以看出：$D(Aa01,Ab01)=4$，$D(Aa01,Ba01)=6$。W_1 和 W_2 之间的语义相似度可以通过式（3-1）计算：

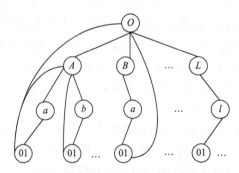

图 3-3　《同义词词林》编码语义树

$$\mathrm{sim}(W_1,W_2)=\frac{1}{D(W_1,W_2)} \quad (若 D(W_1,W_2)=0,则\,\mathrm{sim}(W_1,W_2)=1) \tag{3-1}$$

在中国知网中，词汇语义由概念描述，每一个概念由一组义原通过某种知识描述语言来描述，所以基于中国知网的词汇语义相似度计算的基础是义原相似度计算。假设 p_1、p_2 为两个义原，则二者之间的相似度 $\mathrm{sim}(p_1, p_2)$ 为

$$\mathrm{sim}(p_1, p_2) = \frac{\alpha}{d + \alpha} \tag{3-2}$$

式中，d 是 p_1、p_2 在义原层次体系中的路径长度，是一个整数；α 是一个可调节的参数。

对于两个汉语词语 W_1 和 W_2，如果 W_1 有 n 个义项（概念）$S_{11}, S_{12}, \cdots, S_{1n}$，$W_2$ 有 m 个义项（概念）$S_{21}, S_{22}, \cdots, S_{2m}$，则：

$$\mathrm{sim}(W_1, W_2) = \max_{i=1,2,\cdots,n, j=1,2,\cdots,m} \mathrm{sim}(S_{1i}, S_{2j}) \tag{3-3}$$

$$\mathrm{sim}(S_{1i}, S_{2j}) = \sum_{i=1}^{4} \beta_i \prod_{k=1}^{i} \mathrm{sim}_k(S_{1i}, S_{2j}) \tag{3-4}$$

式中，$\beta_i (1 \leqslant i \leqslant 4)$ 是可调节参数，且有 $\beta_1 + \beta_2 + \beta_3 + \beta_4 = 1$，$\beta_1 \geqslant \beta_2 \geqslant \beta_3 \geqslant \beta_4$；$\mathrm{sim}_k(S_{1i}, S_{2j})(k = 1, 2, 3, 4)$ 分别表示第 k 个独立义原的相似度。

2）利用大规模语料库

基于语料库的汉语词语相似度计算建立在两个词语语义相似当且仅当它们处于相似的上下文环境中这一假设的基础上。为计算两个汉语词语间的语义相似度，需要为每个词找到一个特征向量，即上下文同现向量。这些向量间的相似度即词语的语义相似度。

上下文同现向量中的每一维由目标词语的一个同现词语和该词语与目标词语的同现频率两部分组成，该向量可表示为 $\boldsymbol{c}(w) = ((w_1, f_1), (w_2, f_2), \cdots, (w_n, f_n))$，其中 w 是目标词语，w_i 是目标词语的同现词语，f_i 是 w_i 与 w 的同现频率。设 w、cw 表示两个同现词语，其相关度 $\mathrm{assco}(w, \mathrm{cw})$ 的计算方法如下：

$$\mathrm{assco}(w, \mathrm{cw}) = \log_2(\mathrm{freq}(w, \mathrm{cw}) + 1) \cdot \mathrm{Gew}(\mathrm{cw}) \tag{3-5}$$

$$\mathrm{Gew}(\mathrm{cw}) = 1 - \frac{1}{\log_2 N} \sum_{i=1,2,\cdots,t} -P(c_i \mid w) \log_2 P(c_i \mid \mathrm{cw}) \tag{3-6}$$

$$P(c_i \mid \mathrm{cw}) = \frac{P(c_i, \mathrm{cw})}{P(\mathrm{cw})} = \frac{f(c_i, \mathrm{cw})}{f(\mathrm{cw})} \tag{3-7}$$

式中，$\mathrm{freq}(w, \mathrm{cw})$ 表示词语 w、cw 的同现频率；$\mathrm{Gew}(\mathrm{cw})$ 表示同现词语 cw 对两个词语相关度的贡献程度；t 表示语料库中的词语个数；c_i 表示语料库中的任一词语；N 表示语料库中与 cw 以某种关系同现的所有词语的数量；$\dfrac{1}{\log_2 N}$ 是归一化因子，它的作用是使 $\dfrac{1}{\log_2 N} \sum_{i=1,2,\cdots,t} -P(c_i \mid w) \log_2 P(c_i \mid \mathrm{cw})$ 的值介于 0 和 1 之间；$f(c_i, \mathrm{cw})$ 表示 c_i 与 cw 以某种关系同现的概率；$P(c_i \mid \mathrm{cw})$ 表示 c_i 与 cw 的同现频率；$f(\mathrm{cw})$ 表示语料库中与 cw 以某种关系同现的所有词语的数量。

词语的相似度与词语相关度有着密切的联系，如果两个词语非常相似，那么这两个词语与其他词语的相关度也会非常大，反之，如果两个词语与其他词语的相关度很大，那么这两个词语的相似度一般也很高。设 u、v 为两个词语，依据式（3-5），二者的相似度为

$$sim(u,v) = \frac{\sum\limits_{cw} min(assoc(u,cw), assoc(v,cw))}{\sum\limits_{cw} max(assoc(u,cw), assoc(v,cw))} \tag{3-8}$$

式中，cw 表示和 u、v 同现的所有词语。

3. 上位词和下位词的选择

绝大多数的概念都不是孤立存在的，常常有上位概念、下位概念和相关概念的存在，在信息检索时，针对当前概念，我们一定要认真分析其在学科知识网络中所处的位置，对于新兴学科、交叉学科和边缘学科的课题，更应该搞清楚这些概念之间的关系。例如，"Web 结构挖掘"，其上位概念是"Web 数据挖掘"，而"Web 结构挖掘"中的各种算法，如链接结构分析的随机（stochastic approach for link-structure analysis，SALSA）算法、基于超链接分析的主题搜索（hyperlink-induced topic search，HITS）算法、PageRank 算法等都是其下位概念。又如，垃圾处理的主题，处理的具体方式有焚烧、掩埋、回收、再生等，都是其下位概念。

如果在检索词选择的过程中，不能深入地分析课题，了解课题在学科知识网络中所处的位置，只是简单地将课题中的词作为检索词，则信息检索的查全率会受到很大的影响，表 3-2 列出了检索词与下位词检索结果对照表。

表 3-2 检索词与下位词检索结果对照表

当前概念	下位概念 1	下位概念 2	下位概念 3
Web 结构挖掘（11 条）	SALSA 算法（1 条）	HITS 算法（4 条）	PageRank 算法（8 条）
垃圾处理（1958 条）	垃圾焚烧（904 条）	垃圾再生（39 条）	垃圾回收（143 条）

4. 本体词的选择

本体是一个源于哲学的概念，原意指关于存在及其本质和规律的学说，后来被引入计算机科学领域，特指对共享概念模型所做的明确化、形式化、规范化的说明，它强调领域中的本质概念，也强调这些本质概念之间的关联。某个领域的本体能够将该领域中的各种概念及概念之间的关系显性地、形式化地表达出来，从而将概念中包含的语义表达出来。

在计算机科学领域，术语"本体"应为 ontology 的中文翻译，而单独 ontology 在信息系统中的翻译有不同的名称，不只是本体，还有"概念集""应用知识体系""概念分类体系""实体论""本体论""本体模型""本体簇"等。

到目前为止，没有统一的标准规范化描述本体，相对而言，有两种方法应用比较广泛，第一种是传统的四元素表示法，第二种是较新的六元组表示法。四元组表示法的基本思想是，一个本体主要由概念（concepts）、关系（relationship）、实例（instances）和公理（axioms）这四个元素组成，其中概念表示某个领域中一类实体或事物的集合，关系描述概念之间或某个概念的属性之间的关联，实例是概念表示的具体的事物，公理用来限制概念和实例的取值范围，包括许多具体的规则和约束。六元组表示法将本体定义为 $\{C, A^c, R, A^R, H, X\}$，其中 C 表示概念的集合，A^c 表示多个属性集合组成的集合，R 是关系集合，A^R 表示多个属性集合组成的集合，H 表示概念之间的层次结构关系，X 表示公理集合。图 3-4 为关于书店本体的概念层次模型。

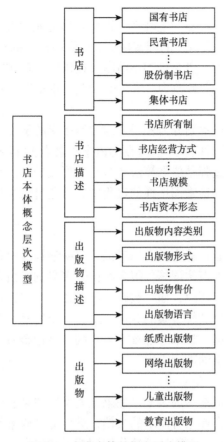

图 3-4　书店本体的概念层次模型

3.1.3　检索词选择的方法

在上述知识的基础上，为了选择合适的检索词，应从课题的名称出发，经过切分、删除、补充等步骤，确定检索词，最终通过组配，构成能全面、明确表达信息需求的检索式。

1）切分

对课题语句进行切分，以词为单位划分句子或词组。例如，"信息检索的研究现状与发展趋势"可以切分为

信息检索|的|研究现状|与|发展趋势

2）删除

删除的目的是从课题中去掉不具有检索意义的虚词、其他非关键词及含义过于宽泛、具体的限定词，只保留明确反映课题实质的核心词。不具备检索意义的词有介词、连词、助词等虚词，这些词会在检索中形成检索噪声，必须删除；过分宽泛的词，如研究、探

索、利用、影响、作用、发展等这些没有触及问题实质的词汇；过于具体的词容易造成挂一漏万，删除后会获得更高的查全率。

3）替换

替换是对表达不清晰，容易产生歧义，进而容易造成检索错误的词进行的，对于这些词汇，应该选择更明确、更具体的词替换掉，以提高检索的查准率，例如，"非自驱动泵参数分析"中"非自驱动"概念描述不清晰，检索时应该用能更明确表达意图的词汇代替，例如，将"非自驱动"修改为"人工驱动"、"手摇"或者"脚踏"等词汇。

4）聚类

聚类是将数据集中的样本划分为若干个通常不相交的子集，每个子集称为一个"簇"（cluster）。这样的划分可能对应着一些潜在的概念（类别），这些概念对于聚类算法来讲事先并不知道，整个聚类过程是依靠算法本身自动形成的簇，其所对应的概念语义是由数据分析者自己命名的。在检索词选择的过程中，可通过聚类算法对切分出来的词进行语义上的合并。

5）补充

通过挖掘主题词的内涵，补充扩展原有词，可明显提高检索的查全率，可利用前面讲解的同义词、本体词、上下位词等。很多时候许多名词是由词组缩略而成的，可以采用与之相反的操作——补充还原，如"教改"可以还原为"教学改革"、"音质"可还原为"声音质量"等。在课题"轻金属的焊接"中，轻金属是一个上位概念，其下位概念包括铝、镁等具体的轻金属，如果考虑查全率，则应该把金属铝、镁和轻金属用逻辑或运算符连接起来，作为一组词进行检索。

6）增加（限定）

在语言学中，有些词汇是一词多义，如果检索课题中某些检索词是一词多义，则检索结果可能会有很多不符合检索者需求的文档，进而降低检索的准确率。故在确定检索词时，应对一词多义或者检索范围过于泛化的词汇增加限定词，例如，搜索"苹果"相关度主题时，可能会返回给检索者水果苹果，也可能会返回电子产品，例如，苹果手机、苹果计算机等，所以在进行该课题检索时应对其加以限定。

3.2 算符的使用

算符即组配符号，它们最终将获取的检索词连接起来构成检索式，表达检索策略，常用的算符有逻辑运算符、位置算符、截词符、检索字段符，以下对这四种算符做简单介绍。

1）逻辑运算符

逻辑运算符包括逻辑与、逻辑或、逻辑非三种，主要是依据查准率和查全率的要求，把表达主题的概念连接起来，形成检索提问式。逻辑与用 AND 或者"*"表示，例如，A AND B，意思是要求检索出同时满足 A 和 B 的文献，用于缩小检索范围，提高检索的准确率，中文检索时采用"*"表示。逻辑非运算用 NOT 或"–"表示，可表示为 A NOT

B 或者 A－B，意思是检索出包含条件 A 但是不包含条件 B 的文献，用于缩小检索范围，中文检索时一般使用 "－" 符号实现逻辑非。逻辑或用 OR 或者 "＋" 表示，可表示为 A OR B 或者 A+B，意思是包含 A 且 B、仅包含 A、仅包含 B 的文献都将会被检索到，该运算被用来扩大检索范围，以提高查全率，例如，在检索词选择同义词的使用时一般采用逻辑或的运算，中文检索时，逻辑或用 "＋" 表示。下面举例说明逻辑运算符的使用。

查询课题：太阳能建筑物内热量的储存与分布。

在最终生成的逻辑表达式中 "建筑物" 有同义词 "房屋"，故最终表达式中应有 "建筑物" ＋ "房屋"，储存和分布可表示为 "储存" ＋ "分布"，"建筑物内热量" 可表示为 "建筑物" ＊ "热量"。

2）位置算符

位置算符主要用于限定算符两侧的检索词在文献中出现的位置关系，主要包括（w）[也可用（）表示]、（N）两种。其中（）表示检索词两端的词语必须按照原顺序邻接，两词之间不可以出现任何符号，包括空格、字母等，例如，"欧式（）建筑物" 表示检索结果中包括 "欧式建筑物" 词组。（nw）表示两个检索词之间可以插入 0~n 个检索词，例如，"欧式（2w）建筑物" 表示二者之间可以出现 0~2 个词语，"欧式建筑物""欧式古建筑物""欧式红色建筑物" 都在检索范围内。

（N）表示在此运算符两侧的词语可以调换顺序，但彼此必须相邻接，中间不可以插入其他词汇、字母或者空格，例如，"网页（N）设计" 表示检索出的文献中包括词组 "网页设计" 或者 "设计网页" 都是可以的。（nN）表示其两侧的检索词可以调换顺序，中间可以插入 0~n 个其他词。例如，"网页（2N）设计" 意味着包含词组 "网页设计""网页组合设计""设计网页""设计新网页" 等的文献都将被检索到。

3）截词符

在英文检索中，由于文献来源不同，检索词的拼写及单复数的使用规定也不尽相同，容易造成漏检，为避免该问题，人们提出了截词符，该方法保留了检索词中相同的部分，用截词符保留不可以变化的部分，从而避免漏检，提高查全率。截词符用 "？" 表示，一般将其加在不完整的词或词干之后，或是插在一个词的中间来表示词后或者词中可添加随机字符，截词方式一般包括非限定性截词、限定性截词和中间截词三种。

非限定性截词表示其后可以添加任意多个字符，例如，"smoke？" 包括 smoked、smoke、smoky、smoker、smoking 等；限定性截词是在一个词尾加有限个字符 "？"，几个 "？" 表示可以加几个字符，例如，"smok？？？" 表示检索文献中包括 smoker、smoked 等两个字符的文献将被检索到，注意该例子中 "smok" 后面有三个 "？"，中间用空格隔开，空格前面有几个 "？" 表示可以截掉几个字符，空格后面的 "？" 是终止符号，二者之间的空格是不可以省略的。

4）检索字段符

检索字段符也称为字段限制，是对检索词出现的字段范围进行限定，检索时只对指定的字段进行检索，检索字段符常用于检索结果的进一步调整，检索字段符包括两种：后缀式和前缀式，表 3-3、表 3-4 分别列出了常用的后缀代码和前缀代码。

表 3-3　常用的后缀代码

后缀代码	含义
/TI	表示篇名（Title）
/AB	表示摘要（Abstract）
/DE	表示规范词（Descriptor）
/ID	表示标识词（Identifier）

表 3-4　常用的前缀代码

前缀代码	字段名称	示例
AU=	作者（Author）	AU=LIU，XIAO-HUA
CC=	分类号（Classification Code）	CC=256
CO=	公司（Company）	CO=BAIDU CO
CS=	作者机构（Corporate Source）	CS=HEBEI UNIVERSITY
JN=	刊名（Journal Name）	JN=JOURNAL OF SOFTWARE
LA=	语种（Language）	LA=ENGLISH
PU=	出版者（Publisher）	PU=SCIENCE PRESS
PY=	出版年（Publication Year）	PY=2017
SO=	来源出版物（Source Publication）	SO=COMPUTER
SP=	会议主办单位（Conference Sponsor）	SP=CCF

后缀式对应基本索引，反映文献的主题内容，是将字段代码放在检索词之后，用"/"号连接，例如，"信息/TI"表示"信息"这个词语必须出现在检索内容的题目中。前缀式对应辅助索引，反映文献的外部特征，一般采用"="，将检索词放在"="之后。

3.3　检索提问式生成实例

在完成上述检索词选定之后，如果要制定最终的检索式，首先检索题目中最核心的词汇或者专指程度较高的词汇，然后依据检索词或者概念组配的专指程度依次检索，能化简的则化简，下面结合前面的知识，举例说明检索提问式的生成。

查询主题：汽车制造厂的计算机集成生产系统。

主题词："计算机集成生产系统"和"汽车"，如果要进行英文检索，二者除可以用本身词汇表示外，还有一些相关词，"计算机集成生产系统"可表示为 computer integrated manufacturing、computer integrated production 以及简写形式 CIM，而"汽车"可表示为 car、autobus、autocar、autotruck、automobile 等。

上述词汇中 CIM 与 computer integrated manufacturing 是简写与全写的关系，manufacturing 与 production 是同义词关系，car 与 autobus、autocar、autotruck、automobile 也是同义词的关系，computer integrated manufacturing 和 computer integrated production 是两个词组。

综上，查询主题可表示为

（CIM+computer（）integrated）（manufacturing+production）*（car？？+auto??? ?+ autotruck? ?+automobile? ?）

■ 3.4　查询扩展技术

在信息检索系统中，文档集合和信息检索模型相对较为固定，但是用户的信息需求描述（查询）往往简短而模糊，有时查询本身也存在歧义，由此导致查询结果可能不能很好地满足用户的需求。为解决该问题，信息检索领域的研究者提出了查询扩展技术。

3.4.1　查询扩展分类

查询扩展的方法很多，除了人工进行查询扩展的方法，其他的方法可以分为两大类：一是利用某种资源对查询直接进行扩展；二是对第一次的检索结果进行分析并从中选出更多的信息加入初始查询中，以实现查询扩展。以下介绍的几种代表性查询扩展方法，前两种方法属于第一类，后三种方法属于第二类。

1.　基于用户信息的查询扩展

搜索引擎发展到现在，已经由最初的检索工具，转化为一种有效的商业服务，检索系统的构建者为了提高用户的体验，不仅要考虑性能、效率等指标，还要关注用户的相关信息，包括不同用户的兴趣、习惯、文化背景等，以实现有效的个性化检索，这便是基于用户信息的查询扩展，以用户兴趣为例，简述基于用户信息的查询扩展。

如果为每个用户建立一个独立的兴趣矢量，虽然可以更为有效地反映用户的真实兴趣，但由于网络中用户的数量极为庞大，这种方法会导致兴趣库中数据过于庞大，操作和实现都很困难，据此，一般用户兴趣库的建立是基于用户聚类的，即同类用户采用一个兴趣矢量表示。

首先，随机选取一批用户，假设数量为 m，通过对他们的上网行为进行追踪，产生每个用户的兴趣向量，即初始兴趣向量的数目为 m 个，以这 m 个向量为初始数据展开聚类操作，m 个用户对 n 类信息的兴趣值可以表示成一个 $m \times n$ 的数据矩阵 $\boldsymbol{D}_1$，如下：

$$\boldsymbol{D}_1 = \begin{bmatrix} x_{11} & x_{12} & \cdots & x_{1n} \\ x_{21} & x_{22} & \cdots & x_{2n} \\ \vdots & \vdots & & \vdots \\ x_{m1} & x_{m2} & \cdots & x_{mn} \end{bmatrix}$$

式中，x_{ij} 表示用户 i 对第 j 类信息的兴趣值。

其次，计算任意用户 i 和用户 j 的兴趣差异 d_{ij}，其计算方法如下：

$$d_{ij} = \sqrt{|x_{i1} - x_{j1}|^2 + |x_{i2} - x_{j2}|^2 + \cdots + |x_{in} - x_{jn}|^2}$$

计算完任意两个用户的兴趣差异后，可得到用户的兴趣差异矩阵 $\boldsymbol{D}_2$，也称为相异度矩阵，可表示为

$$D_2 = \begin{bmatrix} d_{11} & d_{12} & \cdots & d_{1m} \\ d_{21} & d_{22} & \cdots & d_{2m} \\ \vdots & \vdots & & \vdots \\ d_{m1} & d_{m2} & \cdots & d_{mm} \end{bmatrix}$$

最后，对相异度矩阵进行聚类，就可以得到用户的兴趣模型，利用这个模型，可基于用户兴趣对检索结果进行重排，以更为准确地满足用户的需求。

2. 基于上下文的查询扩展

实际的文件中，同一个词语位于不同的上下文时，所描述的概念在内涵上通常是会有所差异的，例如，"人们发现这个地区有金子"和"小华具有一颗金子般的心"两句话中的"金子"由于处于不同的上下文中，意义完全不同。因此，在进行查询扩展时，结合上下文信息来选择扩展词实现查询扩展，更为准确。贺宏朝等（2002）在其相关研究中提出了一种基于上下文信息的查询扩展方法，该方法在选择扩展词时，可以做到基于整个查询的主要内容而不是仅着眼于一个孤立的词。

在信息检索时，可以使用已有的统计方法，例如，可以使用已有的统计方法得到词和词之间的相关信息，记作 $\mathrm{sim}(x, y)$，通常一条查询由若干个词组成，从而形成一个由词语组成的查询术语集合 T_q，整个查询的主要内容由 T_q 中的元素共同表示，定义词 x 与查询 T_q 的相关性为 $\mathrm{sim}(x, T_q)$，其计算方法为

$$\mathrm{sim}(x, T_q) = \lg(\sum_{y \in T_q} \mathrm{sim}(x, y)) \tag{3-9}$$

利用式（3-9），可以得到词语 x 与整个查询的相关性，这样利用词和整个查询的相关性，就可以将与整个查询的主要内容相关的候选词选择为扩展词，于是，同样一个词，如果其所在查询表达的主要内容（上下文）不同，那么选择的扩展词也会有所区别，实现了基于上下文信息的查询扩展。

3. 基于相关反馈的查询扩展

相关反馈是一种非常重要的查询扩展技术，有时也称为查询重构。其扩展过程如图 3-5 所示。相关反馈的成功应用依赖于以下两个假设。

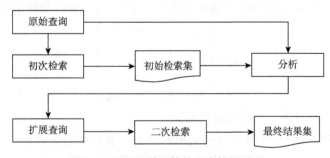

图 3-5　基于相关反馈的查询扩展过程

（1）用户必须具有足够的知识来建立一个很好的初始查询，该查询应能准确描述用户的需求，这对信息检索的最终性能至关重要。

（2）相关反馈方法要求相关文档之间非常相似，也就是说，从聚类的角度而言，这些文档是可以聚成一团的。

基于以上假设，相关反馈才得以成功应用。相关反馈的研究有比较长的历史，Rocchio 提出使用相关反馈来进行查询的重新构建，指的是用户或者系统模拟用户对文档做出相关或者不相关的判断，并按照一定的策略从相关文档中选择一些新的词汇扩展初始查询，再进行二次检索。早期的实验均证明，采用相关反馈的查询扩展技术可明显提高检索系统的综合性能。

相关反馈的主要思想是在信息检索的过程中通过用户交互来提高最终的检索效果，具体过程如下。

（1）用户提交初始查询的关键词，系统对查询主题进行表达。

（2）经过不同的信息检索模型，系统返回初次检索后的文档排序集合。

（3）用户对检索出的部分结果进行相关性评判，显式地将它们标注为相关或者不相关（显式反馈信息）；或者系统通过收集数据、自动分析，估计用户对部分结果的满意度（隐式反馈信息）。

（4）系统基于用户的反馈信息，针对不同的检索模型，更新原始的查询，形成新的查询。

（5）系统利用新查询进行重新检索，生成新的检索结果排序。

对于 Web 上使用相关反馈的功能，某些搜索引擎提供过"相似或相关网页"的功能，例如，百度搜索引擎会在检索结果的某个文件下面添加一个超级链接"查看更多相关论文"，如图 3-6 所示。上述功能可以看作相关反馈的一个简单应用。然而，很多情况下，在 Web 搜索引擎上用户较少使用相关反馈，他们更希望通过一次交互就完成搜索任务。相关反馈在 Web 上的应用反映出两个问题：一是相关反馈很难向普通用户解释清楚相关技术；二是相关反馈的目的主要是提高查全率，而用户更关注的是查准率。虽然相关反馈在 Web 检索中的应用不是很好，但是由于其对查全率的提高，在很多领域得到了较高的认可。如何评价相关反馈的性能呢？有三种评价策略，下面进行简单说明。

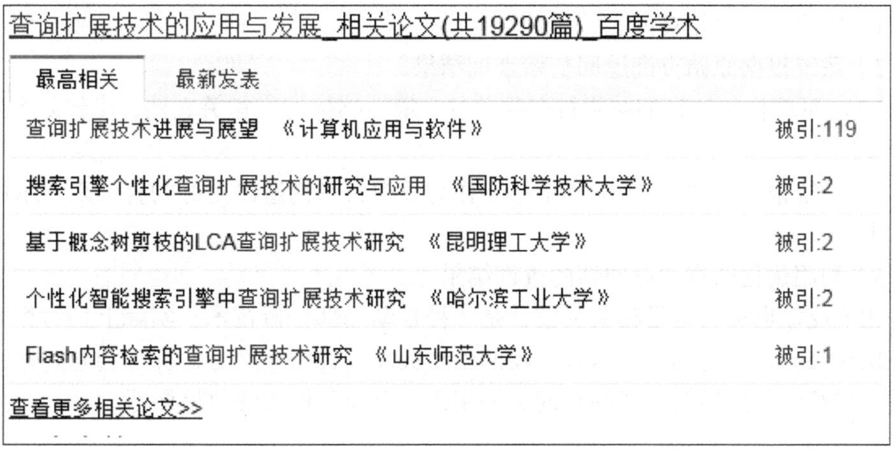

查询扩展技术的应用与发展_相关论文(共19290篇)_百度学术	
最高相关　　最新发表	
查询扩展技术进展与展望 《计算机应用与软件》	被引:119
搜索引擎个性化查询扩展技术的研究与应用 《国防科学技术大学》	被引:2
基于概念树剪枝的LCA查询扩展技术研究 《昆明理工大学》	被引:2
个性化智能搜索引擎中查询扩展技术研究 《哈尔滨工业大学》	被引:2
Flash内容检索的查询扩展技术研究 《山东师范大学》	被引:1
查看更多相关论文>>	

图 3-6 相关反馈示例

一个明显的策略就是首先通过计算绘制初始查询 q_0 的查准率-查全率曲线,一轮修改后针对扩展查询 q_m 重新计算查准率、查全率,并绘制查准率-查全率曲线,然后对两条曲线进行比较。使用这种评价方法,会发现相关反馈可以给检索结果带来很大的提高,平均精度均值(mean average precision,MAP)指标会提高 50%左右,但是这种结果具有很大的欺骗性,因为用户判定了一部分文档的相关性,所以指标提高的部分原因是这些已知的相关文档的排名得到了提高,实际上为了提高评价的公平性,应该只对用户没有看过的文档进行评价才更为合理。

第二种评价策略是利用剩余文档集,即把依据修订后的查询 q_m 检索到的相关文档集合中,用户已经判定的文档去除,仅用剩余的文档进行性能比较。理论上,这种评价方法更为合理,不过性能的度量结果并不理想,往往查询扩展后的检索性能差于扩展前的检索性能,造成这种结果的原因是剩余文档集合太小和相关文档数目在反馈前会发生改变。

基于上述两种策略的缺点,第三种策略是对上述两种方法的折中,即给出两个文档集合,一个用于初始查询和相关性判定,另一个用于比较和评价。

上述三种策略均属于客观的评价策略,其实对于相关反馈的作用,最好的评价方法或许是对用户进行调查,特别是采用一种基于时间的调查方法。例如,和采用其他方法相比,如查询重构,用户采用相关反馈技术后是不是响应时间更短。

4. 基于伪相关反馈的查询扩展

伪相关反馈是相关反馈技术中常用的一种方式。与传统相关反馈技术不同的是,它不是从用户那里获取反馈信息,不需要用户对反馈结果进行评价,不需要用户的交互操作,也不用捕捉用户的点击和浏览行为,而是直接从系统检索结果本身获得反馈信息。常用的伪相关反馈通常将首次检索结果排序靠前的前 N 项作为相关文档,对这 N 项文档进行分析,并用于扩展用户的初始查询。虽然排序靠前的文档不一定全部都与用户的需求相关,但大部分都是用户感兴趣的,因此对改善查询质量是很有帮助的。伪相关反馈的基本过程如下。

(1)用户提交原始查询。

(2)系统根据原始查询返回初始查询结果。

(3)由系统将初始查询结果排名靠前的 k 篇文档标记为相关文档,其余文档标记为不相关文档。

(4)系统根据步骤(3)的标记结果作为反馈结果构造出更好的查询来表示用户的信息需求。

(5)利用优化的查询返回新的查询结果。

伪相关反馈也称为盲目相关反馈,是一种自动局部分析技术,实际上是对相关反馈中人工操作部分进行自动化。这种自动的伪相关反馈技术大部分情况下会起到作用,研究证明,与基于间接相关反馈的查询扩展相比,全局分析法的效果要好。

5. 间接相关反馈

在反馈的过程中,也可以利用间接的资源而不是显式的反馈结果作为反馈的基础,这种方法很多时候也称为隐式相关反馈。隐式反馈不如显式反馈可靠，但是比伪相关反馈要好，尽管很多时候用户不愿意提供显式反馈信息，但是在 Web 搜索引擎中，系统可以收集用户的大量隐式反馈信息，这个实现起来也很容易。

在 Web 搜索中，DirectHit 引入了一种文档排序的思路，即对于某文档，如果用户浏览的次数越多，那么它的排名越靠前，这种方法基于很多假设，如结果列表中的文档摘要片段能够为用户判定文档的相关与否提供提示信息等，页面点击率数据的收集采用的是全局方法，而不是基于用户或者某个查询单独收集的。

3.4.2　主流的相关反馈算法

1）Rocchio 算法

假定要寻找一个最优查询向量 q，该向量与相关文档之间的相似度最大且同时与不相关文档之间的相似度最小。假设 C_r 表示相关文档集，C_{nr} 表示不相关文档集，则最优查询向量 $q_{optimal}$ 应满足：

$$q_{optimal} = \arg\max_q(sim(q, C_r) - sim(q, C_{nr})) \tag{3-10}$$

式中，sim( ) 函数用于计算相似度，如果采用余弦相似度计算式（3-10）中的相似度，则上述最优查询向量可表示为

$$q_{optimal} = \frac{1}{|C_r|}\sum_{d_j \in C_r} d_j - \frac{1}{|C_{nr}|}\sum_{d_j \in C_{nr}} d_j \tag{3-11}$$

式（3-11）可解释为：最优查询向量等于相关文档的质心向量和不相关文档的质心向量的差值，如图 3-7 所示。

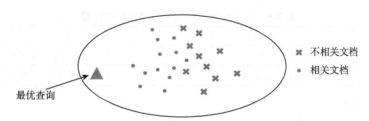

图 3-7　将相关文档和不相关文档分开的最优查询

上述理论中，对某个随机查询，其相关文档事先是未知的，故式（3-11）中的 C_r、C_{nr} 也是未知的，那么最优查询也就无法确定。Rocchio 算法通过对式（3-11）修订得到一个可以实现的扩展查询：针对初始查询 q_o，经过反馈获得其部分相关文档集 D_r 和部分不相关文档集 D_{nr}，基于该相关反馈的扩展查询 q_m 为

$$q_m = \alpha q_o + \beta \frac{1}{|D_r|}\sum_{d_j \in D_r} d_j - \gamma \frac{1}{|D_{nr}|}\sum_{d_j \in D_{nr}} d_j \tag{3-12}$$

式中，α、β、γ 是权重参数，用于控制判定结果和原始查询向量之间的平衡：如果存在大量已经判断的文档，那么会给 β、γ 赋予较高的权重，β 为正反馈权重，γ 为负反馈权重，实际应用中，正反馈往往比负反馈更有价值，因此在很多检索系统中，会设置 $\beta > \gamma$，一个较为常用的设置是 $\alpha = 1$，$\beta = 0.75$，$\gamma = 0.15$。实际上，很多检索系统只允许进行正

向反馈，即设置 $\gamma = 0$。

修改后的新查询从 q_0 开始，向着相关文档的质心靠近，同时远离不相关文档的质心。新查询可以采用向量空间模型进行检索，通过减去不相关的文档向量，很容易保留向量空间的正值向量。在 Rocchio 算法中，如果文档向量中权重分量为负值，那么该分量将会被忽略，即将其权重设置为 0。

2）基于概率的相关反馈算法

如果用户告诉系统一些相关和不相关文档，那么此时我们可以通过建立分类器而不是修改查询向量来进行相关反馈。一种实现分类器的方法是采用朴素贝叶斯概率模型，假设 R 是一个布尔变量，用于表示文档的相关与否，那么可以根据文档的相关性，来估计词项 t 出现在该文档的概率，即

$$\hat{p}(x_t = 1 \mid R = 1) = \frac{|\mathrm{VR}_t|}{|\mathrm{VR}|} \tag{3-13}$$

$$\hat{p}(x_t = 0 \mid R = 0) = \frac{\mathrm{df}_t - |\mathrm{VR}_t|}{N - |\mathrm{VR}|} \tag{3-14}$$

式中，N 是文档的总数；df_t 是包含词项 t 的文档数量；VR 是已知的相关文档集合；VR_t 是 VR 中包含词项 t 的文档集合。尽管已知的相关文档集合可能是所有文档集合中非常小的一个子集，但是如果假定所有相关文档集合都是所有文档集合的一个很小的子集，则上述估计也是合理的。

综上，相关反馈和非相关反馈均是查询扩展的主要手段，二者有各自的优点和缺点，对比分析结果如表 3-5 所示。

表 3-5   相关反馈与伪相关反馈优缺点比较

类型	优点	缺点
相关反馈	提供了用户反馈接口	需要人工参与，增加了用户负担
伪相关反馈	简单易行，效率高	对第一次检索结果依赖度高，准确率提升难

【本章小结】

本章属于信息检索中的查询处理部分，查询的正确表达是提高检索性能的关键因素之一。通过本章的学习，要求学生熟练掌握检索词的相关知识，能依据所学内容，构建出合理的检索提问式。对于查询扩展部分，要求掌握相关反馈、伪相关反馈的基本原理，基于用户信息的查询扩展技术是信息检索领域新的研究方向，是个性化推荐技术的基础，建议学生通过翻阅近几年的学术论文，深入学习该部分内容，实现对本章知识的拓展阅读。

【课后思考题】

1. 检索词选择应遵循什么原则？
2. 简述检索词的选择过程。
3. 在检索提问生成的过程中，会涉及哪些算符？请分别做简单介绍。
4. 假如要检索的题目为"用电子扫描显微镜研究铸铁中石墨的形态"，依据本章检

索词的选择和算符的使用，尝试构造出其检索提问式。

5. 什么是查询扩展？为什么要进行查询扩展？

6. 简述基于相关反馈的查询扩展流程。

7. 为什么在信息检索系统中，正反馈可能比负反馈的作用更大？为什么只用一篇不相关文档进行负反馈比用多篇不相关文档进行负反馈的性能要好？

8. 简述相关反馈和伪相关反馈的优缺点。

第4章 信息的存储与索引

【本章导读】

本章内容也属于信息检索中的数据预处理部分，包括信息存储、信息索引、索引构建、索引压缩等内容，实际上索引构建和索引压缩属于信息索引部分，所以严格意义上本章涉及的知识点包括两个模块："存储"和"索引"。信息存储部分详细介绍信息存储的概念、过程、相关技术和实现方法。信息索引部分主要介绍索引的概念和种类，不同的分类标准可以得到不同的分类结果，其中最重要也是最常用的是倒排索引，所以索引构建、索引压缩均是围绕倒排索引展开的。

4.1 信息存储

4.1.1 信息存储概述

信息存储是将获得的或加工后的信息保存起来，以备将来应用。信息存储不是一个孤立的环节，它始终贯穿于信息处理工作的全过程。信息存储和数据存储应用的设备是相同的，但信息存储强调存储的思路，即为什么要存储这些数据、以什么方式存储这些数据、存在什么介质上、将来有什么用处、对决策可能产生的效果是什么等。

信息存储的作用主要表现在以下四个方面。

（1）方便检索。将加工处理后的信息存储起来，形成信息库，为用户从中检索所需信息提供极大的方便。

（2）延长寿命。信息存储还可以有效地延长信息的使用寿命，提高信息的使用效益。

（3）利用与共享。将信息集中存储到信息库中，为用户共享使用其中的信息内容提供便利。人们可以反复使用其中的信息，提高信息的利用率。

（4）方便管理。将信息集中存储到信息库中，就可以采用先进的数据库管理技术定期对其中的信息内容进行更新和删除，剔除其中已经失效老化的信息内容。

信息存储时要遵循以下基本原则。

（1）统一性。统一性原则是指信息的存储形式应该在全国甚至全世界范围内保持一致，这就要求信息存储时需要遵守相关的国家标准或者国际标准。

（2）便利性。便利性原则是指信息的存储形式要以方便用户检索为前提，否则会影响用户使用该信息。

（3）有序性。有序性原则是指信息存储时要按一定规律进行排列，以方便用户检索。

（4）先进性。先进性原则是指信息的存储形式应该尽量采用计算机以及其他新兴材料作为信息存储的载体。

信息存储时需要遵守的基本要求包括以下几点。

（1）求全。所谓"全"，是指信息存储要尽可能做到全面系统，应有尽有。

（2）求新。所谓"新"，是指存储的信息要新颖。越是新颖的信息，其使用价值越大。

（3）求省。所谓"省"，是指信息存储过程中要尽量降低费用，以便最大限度地提高效益。

（4）求好。所谓"好"，是指要建设和管理好与信息存储相关的设备和设施。

4.1.2　信息存储的过程

1）信息的收集

为保证信息收集的质量和利用价值，应注意以下几点。

（1）准确性原则。该原则要求所收集到的信息要真实、可靠。当然，这个原则是信息收集工作最基本的要求。为符合要求，信息收集者必须对收集到的信息进行反复核实并不断检验，力求把误差减小到最低限度。

（2）全面性原则。该原则要求所收集到的信息要广泛、全面、完整。只有广泛、全面地收集信息，才能完整地反映管理活动和决策对象发展的全貌，为决策的科学性提供保障。

（3）时效性原则。信息的利用价值还取决于该信息是否能及时地提供，即它的时效性。信息只有及时、迅速地提供给它的使用者才能有效地发挥作用，特别是决策对信息的要求应是事前的消息和情报，而不是"马后炮"。所以，只有信息是事前的，对决策才是有效的。

2）信息的加工

信息加工是对收集来的信息进行去伪存真、去粗取精、由表及里、由此及彼的加工过程。它是在原始信息的基础上，生产出价值含量高、方便用户利用的二次信息的活动过程。这一过程将使信息增值。只有在对信息进行适当处理的基础上，才能产生新的、用以指导决策的有效信息或知识。信息加工的基本内容包括以下几个方面。

（1）信息的筛选和判别。信息的筛选和判别是指对原始信息有无作用的筛检和挑选，或是对原始信息真伪的判断和鉴别。

（2）信息的分类和排序。信息的分类是指根据选定的分类表，对杂乱无章的原始信息进行分门别类。信息的排序是指在信息分类的基础上，按照一定规律前后排列成序。

（3）信息的计算和研究。信息的计算和研究是指对分类排序后的信息进行计算、分析、比较和研究，以便创造出更为系统、更为深刻、更具使用价值的新信息的活动。

（4）信息的著录和标引。信息的著录是指按照一定的标准和格式，对原始信息的外表特征（如名称、来源、加工者等）和物质特征（如载体形式等）进行描述并记载下来的活动。信息的标引是指对著录后的信息载体按照一定规律加注标识符号的活动。

（5）信息的编目和组织。信息的编目和组织，是指按照一定的规则将著录和标引的结果另外编制成简明的目录，提供给信息需求者作为查找信息的工具的活动。

3）信息的结构编排

信息结构是收集、传递、处理、存储、检索和分析经济数据的机制和渠道。信息的结构编排主要有三种方式：①逐个编排，每条信息给一个顺序编码，号码是唯一的，信息按照号码的顺序排列；②分类编排，对信息进行分类，并赋予每类信息一个分类号，信息按照分类号的顺序进行编排；③分主题编排，将信息按主题进行划分，并赋予每个主题一个主题编号，信息按照主题编号的顺序进行排列。

4.1.3　信息存储技术

磁存储技术、缩微存储技术与光盘存储技术已成为现代信息存储技术的三大支柱。现代信息存储技术不但使信息存储高密度化，而且使信息存储与快速检索结合起来，已成为信息工作发展的基础。

1）磁存储技术

磁存储系统，尤其是硬磁盘存储系统是当今各类计算机系统最主要的存储设备，在信息存储技术中占据统治地位。磁存储介质都是在带状或盘状的带基上涂上磁性薄膜制成的，常用的磁存储介质有计算机磁带、计算机磁盘（软盘、硬盘）、录音机磁带、录像机磁带等。

磁能存储声音、图像和热机械振动等一切可以转换成电信号的信息，它具有以下特点：存储频带宽广，可以存储从直流到 2MHz 以上的信号；信息能长久保持在磁带中，可以在需要的时候重放；能同时进行多路信息的存储；具有改变时基的能力。磁存储技术广泛地应用于科技信息工作、信息服务之中。磁存储技术为中小文献信息机构建立较大的数据库或建立信息管理系统提供了物质基础，为建立分布式微机信息网络创造了条件。

2）缩微存储技术

缩微存储技术是缩微摄影技术的简称，是现代高技术产业之一。缩微存储是利用缩微摄影机，采用感光摄影原理，将文件资料缩小拍摄在胶片上，经加工处理后作为信息载体保存起来，供以后复制、发行、检索和阅读之用。

缩微制品按其类型可分为卷式胶片与片式胶片两大类。卷式胶片采用 16mm 和 35mm 的卤化银负片缩微胶卷作为记录介质，胶卷长度一般为 30.48~60.96m，卷式胶片成本低、存储容量大、安全可靠，适用于存储率低的大批量资料。片式胶片可分为缩微平片、条片、封套片、开窗卡片等。缩微制品按材料可以分为卤化银胶片、重氮胶片、微泡胶片三种。卤化银胶片是将含有感光溴化银或氯化银晶粒的乳胶涂在塑料片基上制成的，它是最早，也是目前使用广泛的胶片，一般用于制作母片。供用户使用的拷贝片一般采用价格较低的重氮胶片或微泡胶片。

20 世纪 70 年代以来，缩微技术发展很快，应用相当广泛。其特点有：缩微品的信息存储量大，存储密度高；缩微品体积小、重量轻，可以节省大量的存储空间，需要的存储设备较少；缩微品成本低，价格便宜；缩微品保存期长，在常温下可以保存 50 年，在适当的温度下可以保存 100 年以上；缩微品忠实于原件，不易出差错；采用缩微技术存储信息，可以将非统一规格的原始文件规格化、标准化，便于管理，便于计算机检索。

缩微技术的应用最引人注目的就是它与微电子、计算机和通信技术相结合而产生的许多性能优异的新技术和新设备。把微电子和复印技术与传统的缩微阅读器相结合，可以生成自动检索的阅读复印机：组件对象模型（component object model，COM）技术能将计算机输出的二进制信息转换成人读缩微影像，并直接把它们记录在缩微片上；计算机集成制造（computer integrated manufacturing，CIM）技术能将计算机输出的人读影像资料转换成计算机可读二进制信息介质，从而扩大缩微品的应用范围；计算机图像识别（computer image recognition，CIR）是一种能将计算机、缩微品和纸三者的长处融为一体的影像资料自动管理系统；网络流量监管技术具有在一分钟内从一百万页以上的资料中检索出任意一页的能力；视频缩微系统是由缩微、视频和计算机三种技术结合在一起生成的影像资料全文存储检索系统，从中找出任意一页原文文献只需 14 秒；缩微技术与光盘技术相结合能生成复合系统。

3）光盘存储技术

光盘是用激光束在光记录介质上写入与读出信息的高密度数据存储载体，它既可以存储音频信息，又可以存储视频（图像、色彩、全文信息）信息，还可以用计算机存储与检索。

光盘产品的种类比较多，按其读写数据的性能可分为以下种类：一是只读式光盘（compact disc read-only memory，CD-ROM），已成为存放永久性多媒体信息的理想介质；二是一次写入光盘（write-once/read many，WORM），也称追记型光盘。用户可根据自己的需要自由地进行记录，但记录的信息无法抹去。WORM 的存储系统由 WORM 光盘、光盘驱动器、计算机、文件扫描器、高分辨率显示器、磁带或磁盘驱动器、打印机、软件等部分组成；三是可擦重写光盘，这种光盘在写入信息之后，还可以擦掉重写新的信息。用于这类光盘的介质有晶相结构可变化的记录介质和磁光记录介质等。

在信息工作中，可以利用光盘存储技术建立多功能多形式的数据库，如建立二次文献数据库、专利文献数据库、声像资料数据库等；在信息检索中，用 CD-ROM 信息检索系统检索信息，可反复练习、反复修改检索策略，直到检索结果令人满意为止。利用光盘可以促进联机检索的发展，可以建立分布式的原文提供系统，节省通信费用，取得较好的经济效果。咨询服务人员也可以利用各类光盘数据库系统为用户提供多种信息检索与快速优质的咨询服务。

4.1.4　信息存储的方法

信息存储的方法主要包括顺序存储方法、链接存储方法、索引存储方法、散列存储方法四种，下面对其进行简单介绍。

顺序存储方法把逻辑上相邻的节点存储在物理位置相邻的存储单元中，节点间的逻辑关系由存储单元的邻接关系来体现，由此得到的存储表示称为顺序存储结构，通常借助程序语言的数组描述。该方法主要应用于线性的数据结构。非线性的数据结构也可通过某种线性化的方法实现顺序存储。简单来说，如果数据存储介质的存储方法是顺序存储，如顺序是从前往后，那么数据丢失后，新存入的数据也是按照从前往后的顺序写入的。

链接存储方法不要求逻辑上相邻的节点在物理位置上也相邻，节点间的逻辑关系由附加的指针字段表示，由此得到的存储表示称为链接存储结构，通常借助于程序语言的指针类型描述。这种存储方法是没有顺序可言的，可以简单理解成数据呈点状存储在磁盘中。

索引存储方法通常在存储节点信息的同时，还建立附加的索引表。索引表由若干索引项组成。若每个节点在索引表中都有一个索引项，则该索引表称为稠密索引。若一组节点在索引表中只对应一个索引项，则该索引表称为稀疏索引。索引项的一般形式是：（关键字、地址）。关键字是能唯一标识一个节点的那些数据项。稠密索引中索引项的地址指示节点所在的存储位置；稀疏索引中索引项的地址指示一组节点的起始存储位置。

散列存储方法，又称哈希存储方法，是一种力图将数据元素的存储位置与关键码之间建立确定对应关系的查找技术。散列存储的基本思想是：由节点的关键码值决定节点的存储地址。散列技术除了可以用于查找，还可以用于存储。散列是数组存储方式的一种发展，相比数组，散列的数据访问速度要高于数组，因为可以依据存储数据的部分内容找到数据在数组中的存储位置，进而能够快速实现数据的访问，理想的散列访问速度是非常迅速的，而不像在数组中的遍历过程，采用存储数组中内容的部分元素作为映射函数的输入，映射函数的输出就是存储数据的位置，这样的访问速度就省去了遍历数组的实现，因此时间复杂度可以认为是 $O(1)$，数组遍历的时间复杂度为 $O(n)$。

以上四种基本存储方法，既可单独使用，也可组合起来对数据结构进行存储映像。同一逻辑结构采用不同的存储方法，可以得到不同的存储结构。选择何种存储结构来表示相应的逻辑结构，视具体要求而定，主要考虑运算方便及算法的时空要求。

4.2 信息索引

4.2.1 概述

索引最早出现于西方，主要是中世纪欧洲宗教著作的索引。18世纪以后西方开始有主题索引，至19世纪末，内容分析索引被广泛使用。中国的索引出现较晚。一般认为，明末傅山所编的《两汉书姓名韵》是现存最早的人名索引。清代乾隆、嘉庆时期，章学诚曾力倡编纂群书综合索引。20世纪20年代，随着西方索引理论与编制技术的传入，中国现代意义上的索引编制与研究才蓬勃展开。1930年钱亚新发表《索引和索引法》，1932年洪业发表《引得说》，标志着具有中国特色的现代索引理论、技术已迅速发展起来。20世纪50年代，计算机技术被运用于索引编制。此后，机编索引的大量出现，使索引编制理论、技术、索引载体形式发生了深刻变革。

目前索引已经成为关系数据库非常重要的部分，它们被用作包含所关心数据的表指针。一个索引能从表中直接找到一个特定的记录，而不必连续顺序扫描这个表，一次一个地去查找。简而言之，在计算机信息检索中，索引是为了加速对表中数据行的检索而创建的一种分散的存储结构。索引是针对表而建立的，它是由数据页面以外的索引页面组成的，每个索引页面中的行都会含有逻辑指针，以便加速检索物理数据。

4.2.2　索引的种类

索引按不同标准可划分为不同的类型，依据检索途径，常见的索引是主题索引、著者索引、关键词索引、引文索引。按照索引结构来分，可分为倒排索引（inverted index）、前向索引、签名档和后缀树，其中倒排索引是目前搜索引擎广泛采用的索引构建方法，所以本章后续内容将主要围绕倒排索引展开介绍。

1.　依据检索途径的索引分类

1）主题索引

主题索引也称主题途径。这是按照文献的主题内容查找文献的途径。使用的检索语言是"主题语言"，使用的检索系统是"主题索引""关键词索引""叙词索引"等。这种途径以文字作为检索标识，索引按照主题词或关键词的字顺排列，检索时就像查字典一样，不必考虑学科体系。用主题索引检索的优点是用文字作为检索标识，表达概念准确、灵活，能把同一主题内容的文献集中在一起，便于特性检索。例如，在中国生物医学文献光盘数据库中采用主题词检索"心肌梗死的护理"就属于主题索引。

2）著者索引

著者索引是描述文献外表特征的一种索引语言，是指将文献上署名的著者、译者、编者的姓名或机关团体名称作为存储文献的标识和依据的索引系统。由于著者的类型不同，著者索引包括个人著者索引、团体著者索引、机构名称索引等。著者索引通过著者名称的指引，使读者获取有价值的相关主题文献，在国外检索工具中被大量采用，被认为是一种仅次于主题索引的索引系统。

3）关键词索引

关键词索引是指以文献的标题或摘要中能表征文献主题内容的具有实质意义的词语作为索引标目，并按字顺排列的索引。关键词来源于文献的题目或摘要，没有词表，也未规范化，所以也称非规范化的主题词。此类索引分为：①题内关键词索引；②题外关键词索引；③双重关键词索引；④单纯关键词索引；⑤增补关键词索引；⑥词对式关键词索引；⑦简单关键词索引。

4）引文索引

引文索引是利用文献的引用和被引用关系建立起来的一种新型索引。20 世纪 50 年代由美国情报学家尤金·加菲尔德根据法律上的"谢泼德引文"（Shepard's citation）的引证原理而研制的。它在编制原理、体例结构、检索方法等方面与常规的索引不同，具有独特的性能与功用，是常规索引的一种重要补充。其编制原理是将引文本身作为检索词，标引所有引用过某一引文的文献。检索时，是从被引用文献去检索引用过该文献的其他文献。它能够理顺科学著作之间的"引文网"，揭示文献之间的引证关系，检索到一批相关文献。引文索引既可以用于进行多种类型的检索，也可以通过引文分析成为评价核心期刊、核心出版社、科学家、科学团体甚至国家的科研能力与水平的工具。引文索引在社会科学和人文科学中的应用，比在大部分自然科学中的应用更为普遍。

2. 依据索引结构的索引分类

依据索引结构可将索引分为倒排索引、前向索引、签名档和后缀树四种，其中最常用的是倒排索引，所以本节将重点介绍倒排索引的相关知识，其他索引作为了解只做简单介绍。

1）倒排索引

倒排索引源于实际应用中需要根据属性的值来查找记录，这种索引表中的每一项都包括一个属性值和具有该属性值的各记录的地址。因为不是由记录来确定属性值，而是由属性值来确定记录的位置，所以称为倒排索引。搜索引擎的关键步骤就是建立倒排索引，倒排索引一般表示为一个关键词，然后是它的频度（出现的次数）、位置（出现在哪一篇文章或网页中，以及有关的日期、作者等信息），它相当于为互联网上几千亿页网页做了一个索引，就像一本书的目录、标签一般。

为更好地理解倒排索引，我们先来了解单词-文档矩阵。单词-文档矩阵是表达两者之间所具有的一种包含关系的概念模型，表 4-1 展示了其含义。表 4-1 的每列代表一个文档，每行代表一个词汇，打对勾的位置代表包含关系。

表 4-1   单词-文档矩阵

词汇	文档				
	文档 1	文档 2	文档 3	文档 4	文档 5
词汇 1	√			√	
词汇 2		√			
词汇 3				√	
词汇 4	√				
词汇 5		√			
词汇 6			√		

从纵向即文档这个维度来看，每列代表文档包含了哪些词汇，如文档 1 包含了词汇 1 和词汇 4，而不包含其他词汇。从横向即词汇这个维度来看，每行代表了哪些文档包含了某个词汇。例如，对于词汇 1 来说，文档 1 和文档 4 中出现过词汇 1，而其他文档不包含词汇 1。矩阵中其他的行列也可做此种解读。

搜索引擎的索引其实就是实现单词-文档矩阵的具体数据结构。可以通过不同的方式来实现上述概念模型，如倒排索引、签名档、后缀树等方式。但是各项实验数据表明，倒排索引是实现单词到文档映射关系的最佳实现方式，所以下面主要介绍倒排索引的技术细节。

倒排索引中涉及的基本概念主要包括以下几个。

文档（document）：一般搜索引擎的处理对象是互联网网页，而文档这个概念要更宽泛些，代表以文本形式存在的存储对象，相比网页来说，涵盖更多的形式，如 Word、便携式文档格式（portable document format，PDF）、HTML、可扩展标记语言（extensible markup language，XML）等不同格式的文件都可以称为文档。又如，一封邮件、一条短信、一条微博也可以称为文档。在本书后续内容中，很多情况下会使用文档来表征文本信息。

文档集合（document collection）：由若干文档构成的集合称为文档集合。例如，海量的互联网网页或者大量的电子邮件都是文档集合的具体例子。

文档编号（document ID）：在搜索引擎内部，会给文档集合内每个文档赋予唯一的内部编号，以此编号来作为这个文档的唯一标识，这样方便内部处理，每个文档的内部编号称为"文档编号"，后面有时会用 DocID 来便捷地代表文档编号。

单词编号（word ID）：与文档编号类似，搜索引擎内部以唯一的编号来表征某个单词，单词编号可以作为某个单词的唯一表征。

倒排索引：倒排索引是实现单词-文档矩阵的一种具体存储形式，通过倒排索引，可以根据单词快速获取包含这个单词的文档列表。倒排索引主要由两个部分组成：单词词典和倒排文件。

单词词典（lexicon）：搜索引擎的通常索引单位是单词，单词词典是由文档集合中出现过的所有单词构成的字符串集合，单词词典内每条索引项记载单词本身的一些信息以及指向倒排列表的指针。

倒排列表（posting list）：倒排列表记载了出现过某个单词的所有文档的文档列表及单词在该文档中出现的位置信息，每条记录称为一个倒排项（posting）。根据倒排列表，即可获知哪些文档包含某个单词。

倒排文件（inverted file）：所有单词的倒排列表往往顺序地存储在磁盘的某个文件里，这个文件称为倒排文件，倒排文件是存储倒排索引的物理文件。

图 4-1 为倒排索引示意图。

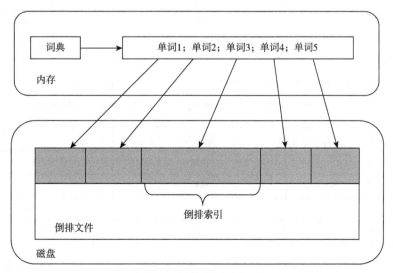

图 4-1　倒排索引示意图

下面举一个实例说明倒排索引的实现过程。倒排索引从逻辑结构和基本思路上来讲非常简单。下面通过具体实例来进行说明,使读者能够对倒排索引有一个宏观而直接的感受。

假设文档集合包含五个文档,每个文档内容如表 4-2 所示,第一列是每个文档对应的文档编号。我们的任务就是对这个文档集合建立倒排索引。

表 4-2   文档集合

文档编号	文档内容
1	谷歌地图之父跳槽 Facebook
2	谷歌地图之父加盟 Facebook
3	谷歌地图创始人拉斯离开谷歌加盟 Facebook
4	谷歌地图之父跳槽 Facebook 与 Wave 项目取消有关
5	谷歌地图之父拉斯加盟社交网站 Facebook

中文和英文等语言不同,单词之间没有明确的分隔符号,所以首先要用分词系统将文档自动切分成单词序列。这样每个文档就转换为由单词序列构成的数据流,为了系统后续处理方便,需要对每个不同的单词赋予唯一的单词编号,同时记录下哪些文档包含这个单词,在如此处理结束后,我们可以得到最简单的倒排索引(表 4-3)。在表 4-3 中,"单词 ID"一列记录了每个单词的单词编号,第二列是对应的单词,第三列即每个单词对应的倒排列表。例如,单词"谷歌",其单词编号为 1,倒排列表为{1,2,3,4,5},说明文档集合中每个文档都包含这个单词。

表 4-3   最简单的倒排索引

单词 ID	单词	倒排列表（DocID）
1	谷歌	1, 2, 3, 4, 5
2	地图	1, 2, 3, 4, 5
3	之父	1, 2, 4, 5
4	跳槽	1, 4
5	Facebook	1, 2, 3, 4, 5
6	加盟	2, 3, 5
7	创始人	3
8	拉斯	3, 5
9	离开	3
10	与	4
11	Wave	4
12	项目	4
13	取消	4

续表

单词 ID	单词	倒排列表（DocID）
14	有关	4
15	社交	5
16	网站	5

之所以说表 4-3 所示的倒排索引是最简单的，是因为这个索引系统只记载了哪些文档包含某个单词，而事实上，索引系统还可以记录除此之外的更多信息。表 4-4 是一个相对复杂些的倒排索引，与表 4-3 的基本索引系统相比，在单词对应的倒排列表中不仅记录了文档编号，还记载了单词频率（term frequency，TF）信息，即这个单词在某个文档中的出现次数。之所以要记录这个信息，是因为单词频率信息在搜索结果排序时，是计算查询和文档相似度的很重要的一个计算因子，所以将其记录在倒排列表中，以方便后续排序时进行分值计算。在表 4-4 的例子里，单词"创始人"的单词编号为 7，对应的倒排列表内容为（3；1），其中的 3 代表文档编号为 3 的文档包含这个单词，数字 1 代表单词频率信息，即这个单词在 3 号文档中只出现过 1 次，其他单词对应的倒排列表所代表的含义与此相同。

表 4-4　带有单词频率信息的倒排索引

单词 ID	单词	倒排列表（DocID）
1	谷歌	（1；1），（2；1），（3；2），（4；1），（5；1）
2	地图	（1；1），（2；1），（3；1），（4；1），（5；1）
3	之父	（1；1），（2；1），（4；1），（5；1）
4	跳槽	（1；1），（4；1）
5	Facebook	（1；1），（2；1），（3；1），（4；1），（5；1）
6	加盟	（2；1），（3；1），（5；1）
7	创始人	（3；1）
8	拉斯	（3；1），（5；1）
9	离开	（3；1）
10	与	（4；1）
11	Wave	（4；1）
12	项目	（4；1）
13	取消	（4；1）
14	有关	（4；1）
15	社交	（5；1）
16	网站	（5；1）

实际搜索系统的索引结构基本如此，区别无非是采取哪些具体的数据结构来实现上

述逻辑结构。有了这个索引系统，搜索引擎可以很方便地响应用户的查询，如用户输入查询词 Facebook，搜索系统查找倒排索引，从中可以读出包含这个单词的文档，这些文档就是提供给用户的搜索结果，而利用单词频率信息、文档频率信息即可对这些候选搜索结果进行排序，计算文档和查询的相似性，按照相似性得分由高到低排序输出，此即搜索系统的部分内部流程。

2）前向索引

前向索引又称为直接索引，其将文档编号映射到文档中词项的列表中。前向索引补充了倒排索引。它们通常不用于实际的搜索过程，而是用于在查询阶段获得文档词项分布的信息，这也是查询扩展技术如伪相关反馈和产生结果片段所需要的。对比于直接从原始文本中提取出这些信息，前向索引的好处是文本已经被分好词了，并且相关数据的提取会更有效。

3）签名档

签名档是另一种文档编号索引。与布隆过滤器相似，签名档可用于获得一个可能包含词项的文档列表。为了找出词项是否真的出现在一个文档中，文档本身（或前向索引）需要被考虑进去。通过改变签名档的一些参数，就有可能实现以时间换速度。

4）后缀树

后缀树和后缀数组可用于找出给定 N-Gram 序列在指定文档集中所有出现的位置。它既可以用于索引字后缀树对词组搜索，也可以用于正则表达式搜索，它是一种很有吸引力的数据结构，但通常比倒排索引要大，并且存储在磁盘而不是内存的时候搜索操作的性能比较低。

4.2.3　倒排索引的组成部分

倒排索引的基本组成主要有词典和位置信息列表两个部分。对于文档集中的每个词项，都有一个位置信息列表记录该词项在文档集中出现的位置。系统将根据这个信息列表中的信息处理检索查询。词典是建立在位置信息列表上用于索引的数据结构。对于当前查询中的每个词项，搜索引擎在开始处理查询之前，首先需要找到每个词项对应的位置信息列表。词典就提供了查询词到索引中的对应位置信息列表的映射。

1）词典

词典是用于管理文档集中词项集的核心数据结构，它提供了一个从索引词项到其对应位置信息列表地址的映射。在查询阶段，当处理当前关键词查询的时候，定位查询词项在索引中的位置信息列表是其中一个首要步骤。在索引阶段，词典的查找功能使搜索引擎很快就能获得每个当前词项的倒排列表在内存中的地址，并在该列表后添加一个新的位置信息。

搜索引擎中的词典通常支持以下操作。

（1）插入一个词项 T 的新记录。

（2）查找并返回词项 T 的记录（如果存在）。

（3）查找并返回所有前缀是 P 的词项的记录。

在为文档集建立索引时，搜索引擎执行第 1 种和第 2 种操作在词典中查找当前词项，并在索引中添加这些词项的位置。索引建立之后，搜索引擎执行第 2 种和第 3 种操作为所有的查询词项寻找位置信息列表，从而实现检索查询的处理。尽管第 3 种词典操作并不是必需的，但是该操作非常有用，因为能让搜索引擎支持形式为 "inform*" 的前缀查询（prefix query），并匹配出所有包含前缀为 inform 的词项的文档。

对于一个典型的自然语言文档集，词典相对于整个索引所占的空间要小得多。表 4-5 中给出的样例文档集上的数据就很好地说明了这一点。对于相同的文档集，未经压缩的词典所占的空间仅是模式独立索引所占空间的 0.6%~7%（事实上，根据齐普夫定律，文档集越大，词典相对于整个索引所占的空间越小）。因此，我们目前可以假设，词典所占空间足够小，可以完全把其存储在内存中。

表 4-5 样例文档集上不同索引类型压缩前与压缩后的大小

索引类型	莎士比亚文集	TREC45
词条数/个	3.0×10^8	3.0×10^8
词项数/个	2.3×10^4	1.2×10^6
词典（未压缩）	0.4MB	24MB
文档编号索引	none	578MB / 200MB
词频索引	none	1110MB / 333MB
位置索引	none	2255MB / 739MB
模式独立索引	5.7MB / 2.7MB	1190MB / 532MB

实现常驻内存词典的两种最常见的方法如下。

（1）基于排序的词典：文档集中所有的词项都以字母（即按字母排序）存放在一个有序数组或一棵搜索树中，如图 4-2 所示。查找操作通过遍历树（当使用搜索树时）或者二分查找（当使用有序表时）实现。

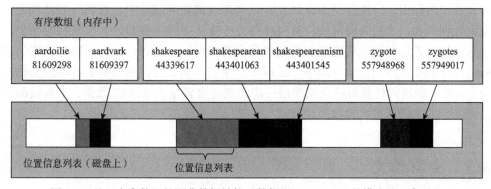

图 4-2 基于有序数组的词典数据结构（数据源于 TREC45 的模式独立索引）

（2）基于哈希的词典：所有索引词项在哈希表中都有一个对应的记录。哈希表中的冲突（即两个词项有相同的哈希值）可以通过链表方式解决——有相同哈希值的词项都存放到一个链表中，如图 4-3 所示。

在图 4-3 中，有相同哈希值的词项都存放到同一链表中，每个词项信息描述块包含该词项本身、它的信息列表地址和一个指向链表中下一个记录的指针。

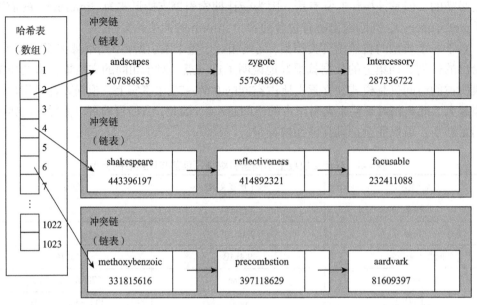

图 4-3　基于哈希表（$2^{10}=1024$）的词典数据结构（数据源于 TREC45 的模式独立索引）

2）位置信息列表

查询处理中使用到的实际索引数据，其实存放在索引的位置信息列表中，通过搜索引擎的词典来访问。每个词项的位置信息列表中存储着该词项在文档集中出现的位置信息。根据索引的类型（文档编号、词频、位置或模式独立），词项的位置信息列表中可以包括更多或更少的内容，相应所需的存储空间也将增加或减少。即使不考虑索引的具体类型，位置信息数据仍然是索引数据的主要部分。总体来说，位置信息非常大，以至于无法存放在内存中，只能存储到磁盘上。只有在查询处理过程中，在需要的基础上，作为查询处理例程，才把查询词的位置信息列表（或其中的一小部分）加载到内存中。

为了使位置信息列表从磁盘加载到内存中的传输尽量高效，每个词项的位置信息列表都应该存储在磁盘的连续空间中。这样才能使访问列表时，所需的磁盘寻道操作次数最少。实验中使用的计算机磁盘驱动器一次磁盘寻道就读入 0.5MB 数据，不连续的位置信息列表会大大降低系统的查询性能。

4.3　索引构建

4.3.1　硬件基础

构建信息检索系统时，很多决策都依赖于系统所运行的硬件环境。因此，本节将首先简单介绍计算机硬件的性能特点，2007 年度的典型计算机系统的参数如表 4-6 所示。

表 4-6　2007 年度的典型计算机系统的参数

参数	值
平均寻道时间	$5\text{ms} = 5 \times 10^{-3}\text{s}$
每字节的传输时间	$0.02\mu\text{s} = 2 \times 10^{-8}\text{s}$
处理器时钟频率	10^9Hz
底层操作时间（如字的比较或交换）	$0.01\mu\text{s} = 10^{-8}\text{s}$
内存大小	几千字节
磁盘大小	1TB 或更大

表 4-6 中的寻道时间指的是将磁头移到新位置所花的时间。每字节的传输时间指的是磁头就位以后从磁盘到内存的传输速率。结合表 4-6，综合相关知识，可知与信息检索系统的设计相关的硬件基本性能参数包括以下几个。

（1）访问内存数据比访问磁盘数据快得多，只需要几个时钟周期（大概 $5 \times 10^{-3}\text{s}$）便可以访问内存中的一字节，与此形成鲜明对照的是，从磁盘传输一字节所需要的时间则长得多（大概 $2 \times 10^{-8}\text{s}$）。因此，我们会尽可能地把数据放在内存中，特别是那些访问频繁的数据。这种将频繁访问的磁盘数据放入内存的技术称为高速缓存。

（2）进行磁盘读写时，磁头移到数据所在的磁道需要一段时间，该时间称为寻道时间，对典型的磁盘来说平均在 5ms 左右。寻道期间并不进行数据的传输。于是，为使数据传输率最大，连续读取的数据块也应该在磁盘上连续存放。

（3）操作系统往往以数据块为单位进行读写。因此，从磁盘读取一字节和读取一个数据块所耗费的时间可能一样多。数据块的大小通常为 8KB、16KB、32KB 或 64KB。我们将内存中保存读写块的那块区域称为缓冲区。

（4）数据从磁盘传输到内存是由系统总线而不是处理器来实现的，这意味着在磁盘输入/输出（input/output，I/O）时处理器仍然可以处理数据。我们可以利用这一点来加速数据的传输过程，如将数据进行压缩然后存储在磁盘上。假定采用一种高效的解压缩算法，那么读磁盘压缩数据再释压所花的时间往往会比直接读取未压缩数据的时间要少。

（5）信息检索系统的服务器往往有数吉字节甚至数十吉字节的内存，其可用的磁盘空间大小一般比内存大小要高几个数量级。

4.3.2　基于块的排序索引方法

建立不包含位置信息的索引的基本步骤如下。
（1）扫描文档集合得到所有的词项 ID-文档 ID 对。
（2）以词项为主键，文档 ID 为次键进行排序。
（3）将每个词项的文档 ID 组织成倒排记录表。
对于小规模的文档集，上述过程均可以在内存中完成。然而，对大规模文档集来说，上述方法却无能为力。现在将词项用其 ID 来代替，每个词项的 ID 都是唯一的。对大规模文档集而言，将所有词项 ID-文档 ID 放在内存中进行排序是非常困难的。对于很多大型语料库，即使经过压缩后的倒排记录表也不可能全部加载到内存中。由于内存不足，我们必须使用基于磁盘的外部排序算法。对该算法的核心要求就是：在排序时尽量减少磁盘随机寻道的次数。

基于块的排序索引（blocked sort-based indexing，BSBI）算法就是解决上述困境的一种办法，该算法的主要过程如下。

（1）将文档集分割成几个大小相等的部分。

（2）对每个部分的词项 ID-文档 ID 对排序。

（3）将第（2）步产生的临时排序结果存放到磁盘中。

（4）将所有的临时排序文件合并成最终的索引。

在该算法中，我们选择合适的块大小，将文档解析成词项 ID-文档 ID 对并加载到内存，在内存中快速排序，将排序后的结果转换成倒排索引格式后写入磁盘，然后将每个块索引同时合并成一个索引文件。以该算法应用到 Reuters-RCV1 语料库为例，它要构建的倒排记录数目大概有 1 亿条，假定内存每次能加载 1000 万个词项 ID-文档 ID，那么算法最后产生 10 个块，然后将 10 个块索引同时合并成一个索引文件。合并时，同时打开所有块对应的文件，内存中维护了为 10 个块准备的读缓冲区和一个为最终合并索引准备的写缓冲区。每次迭代中，利用优先级序列（即堆结构）选择最小的未处理词项 ID 进行处理。读入词项的倒排记录表并合并，合并结果写回磁盘。

4.3.3 内存式单遍扫描索引构建方法

基于块的排序索引算法有很好的可扩展性，但缺点是：需要将词项映射成其 ID，因此在内存中保存词项与其 ID 的映射关系，对于大规模的数据集，内存可能存储不下。内存式单遍扫描索引（single-pass in memory indexing，SPIMI）算法更具可扩展性，它使用的是词项而不是其 ID，它是将每个块的词典写入磁盘，对下一个块则重新采用新的词典。SPIMI 算法的主要过程如下。

（1）算法逐一处理每个词项 ID-文档 ID，若词项是第一次出现，则将其加入词典（最好通过哈希表实现），同时建立一个新的倒排记录表；若该词项不是第一次出现，则直接返回其倒排记录表。值得注意的是：倒排记录表都是在内存中的。

（2）向得到的倒排记录表增加新的文档 ID。值得注意的是：这里并没有对词项 ID-文档 ID 排序。

（3）内存耗尽时，对词项进行排序，并将包含词典和倒排记录表的块索引写入磁盘。这里，排序的目的是方便以后对块进行合并。

（4）重新采用新的词典，重复以上过程。

相关学者认为：SPIMI 算法和 BSBI 算法并没有太多的区别，它们都是基于块来做索引构建，然后将块合并得到整体的倒排索引表。不同的是，BSBI 需要在内存维护词项和其 ID 的映射关系，另外 BSBI 的倒排记录表是排序过的，而 SPIMI 没有排序。

4.3.4　分布式索引构建方法

实际中，文档集通常都很大。尤其是 Web 搜索引擎，Web 搜索引擎通常使用分布式索引（disturbed indexing）构建算法来构建索引，往往按照词项或文档进行分割后分布在多台计算机上。大部分搜索引擎更倾向于采用基于文档分割的索引。

本节介绍的分布式索引构建方法是 MapReduce 的一个应用。MapReduce 是一个通用的分布式计算架构，它面向大规模计算机集群而设计。MapReduce 中的 Map 阶段和 Reduce 阶段是将计算任务划分成子任务块，以便每个工作节点在短时间内快速处理。图 4-4 给出了 MapReduce 的具体步骤。首先，输入数据被分割成 n 个数据片（split），数据片大小的选择一定要保证任务的均匀、高效分布。

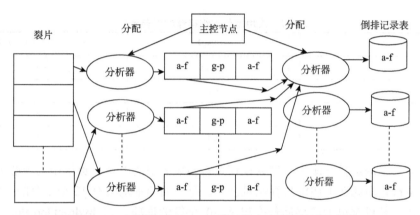

图 4-4　一个使用 MapReduce 进行分布式索引构建的例子

MapReduce 的 Map 阶段将输入的数据片映射成键-值对，即（词项 ID，文档 ID），这个 Map 阶段对应于 BSBI 和 SPIMI 算法中的分析任务，因此也将执行 Map 过程的机器称为分析器（parse），每个分析器将输出结果存在本地的中间文件。在 Reduce 阶段，我们将同一个键（词项 ID）的所有值（文档 ID）集中存储，以便快速读取和处理。

4.4　索引压缩

当待搜索的数据量极为庞大时，数据所对应的索引的数据量也会非常大。以倒排索引为例，当用户查询的关键词是常用词时，这些词所对应的倒排列表可以达到几百兆字节，而将这样庞大的索引由磁盘读入内存，势必会大大增加检索响应时间，影响用户的搜索体验。因此，为建立高效的信息检索系统，需要对索引进行压缩。由于信息检索系统中的两个主要数据结构是词项词典和倒排记录表，本节主要对这两个数据结构的压缩技术进行介绍。

4.4.1 词典压缩

1）将词典看成单一字符串的压缩方法

最简单的词典的数据结构是，整个词典采用定长数组来存储且所有词项按照词典序排序，如表 4-7 所示。假定对每个词项采用 20B 的固定长度（因为英文中很少有长度大于 20B 的词）存储，文档频率采用 4B 存储，词项到倒排记录表的地址指针也采用 4B 存储。这里的 4B 的指针能够访问 4GB 的地址空间。当然，像 Web 一样的超大文档集需要更大的字节数来存储指针。对于表 4-7 所示的数组，显然可以采用二分法来查找词典中的词项。在上述压缩机制下，Reuters-RCV1 文档集的词典存储空间总共为 $M \times (20B + 4B + 4B) = 400\,000 \times 28B \approx 11.2MB$。

表 4-7 采用定长数组存储的词典示意

词项	文档频率	指向倒排记录表的指针
a	656265	→
aachen	65	→
…	…	→
zulu	221	→

很显然，采用定长方法来存储词项存在着明显的空间浪费。英语中词项的平均长度大概是 8 字符，因此在上述定长存储机制下，每个词项平均会有 12 个字符的空间浪费。另外，上述定长机制也无法存储长度超过 20 字符的词项（如 hydrochlorofluorocarbons 和 supercalifragilisticexpialidocious）。一种解决上述缺陷的方法是，将所有的词项存成一个长字符串并给每个词项增加一个定位指针，它在指向下一词项的指针的同时也标识着当前词项的结束（图 4-5）。与以往一样，仍然可以通过二分查找法定位所需的词项，但是现在的表更小。

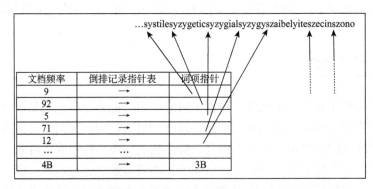

图 4-5 将整个词典看成一个长字符串的词典存储方式

其中指向下一词项的指针同时也标识着当前词项的结束。例子中的前 3 个词项是 systile、syzygetic 及 syzygial

因为每 20B 能够节省下 12B，所以相对于前面的定长机制而言，这种机制能够在词项存储上节省大约 60% 的空间。当然，以上计算没有包括指向每个词项的指针所消耗的空间。所有这些指针寻址的空间大小为 $400\,000 \times 8 = 3.2 \times 10^6$，因此一个指针可以用 $\log_2 3.2 \times 10^6 \approx 22(\text{bit})$ 或 3B 来表示。

2）按块存储

我们可以对上述字典进行进一步压缩：将字符串中的词项进行分组，变成大小为 k 的块（即 k 个词项一组），然后对每个块只保留第一个词项的指针（图 4-6）。同时，我们用一个额外字节将每个词项的长度存储在每个词项的首部。因此，对每个块而言，可以减少 $k-1$ 个词项指针，但是需要额外的 kB 来保存 k 个词项的长度。对 $k=4$，词项指针的存储将会减少 $(k-1) \times 3 = 9(\text{B})$，但是同时需要增加 $k=4(\text{B})$ 来存储词项的长度。因此，在采用按块存储的方式下，每 $k=4$ 个词项就会节省 5B，所以对于 Reuters-RCV1 来说，总共节省的空间为 $400\,000 \times \dfrac{1}{4} \times 5\text{B} \approx 0.5\text{MB}$。这样，原来的 7.6MB 存储空间可以进一步降低到 7.1MB。

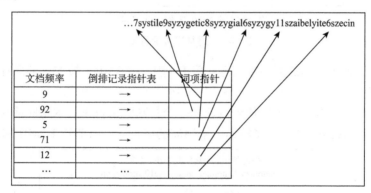

图 4-6 将每 4 个词项组成一个块的按块存储方式

第一个块包含 systile、syzygetic、syzygial 及 syzygy，它们的长度分别是 7B、9B、8B 和 6B。
每个词项的前面都有一字节来存储该词项的长度，根据这个长度可以跳到下一个词项

显然，k 越大，压缩率越高。但是，在压缩和词项查找速度之间必须要保持某种平衡。当词典未压缩时，可以采用二分查找方法搜索词项［图 4-7（a）］。在压缩后的词典中，首先通过二分查找得到块的入口位置，然后在块内进行线性查找得到最后的词项位置［图 4-7（b）］。假定图 4-7（a）中每个后续词项的出现概率都相等，那么在未压缩的词典中查找的平均时间为 $\dfrac{0+1+2+3+2+1+2+2}{8} \approx 1.6(\text{步})$。例如，查找 aid 及 box 两个词项，就分别需要 3 步和 2 步。如果块的大小为 4，则在图 4-7（b）所示的结构中的平均查找时间为 $\dfrac{0+1+2+3+4+1+2+3}{8} = 2(\text{步})$，和前面相比，多花费了近 25% 的时间。例如，寻找 den 需要 1 步二分搜索加上 2 步块内搜索。通过增加 k，可以把词典压缩到无限趋近于最小 $400\,000 \times (4+4+1+8)\text{B} \approx 6.48\text{MB}$，但此时词典的查找会因为 k 很大而慢得不可忍受。

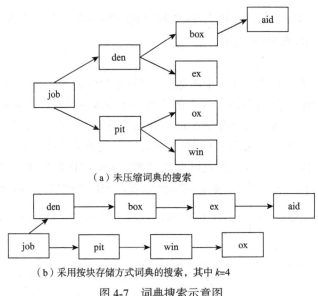

（a）未压缩词典的搜索

（b）采用按块存储方式词典的搜索，其中 $k=4$

图 4-7　词典搜索示意图

迄今为止，词项之间的冗余性信息还没有利用，实际上，按照词典顺序的连续词项之间往往具有公共前缀。因此，可以采用一种称为前端编码的技术（图 4-8）。公共前缀被识别出来之后，后续的词项中便可以使用一个特殊的字符来表示这段前缀。我们在实验中发现，对于 Reuters-RCV1 文档集，采用前端编码又可以节省 1.2MB 的存储空间。

图 4-8　前端编码示意图

图中多个连续词项具有公共前缀 automat，那么在前缀的末尾用"*"号标识，在后续的词项中用"◇"表示该前缀。和前面一样，每个词项的前面第一字节存储了该词项的长度

还有一些其他的更高效的高压缩率方法如完美哈希，该哈希函数将 M 个词映射到 $[1,\cdots,M]$ 上，并且不会发生任何冲突。但是，当插入新词项时，显然会发生冲突，此时不能对原有的完美哈希结果进行增量式修改而只能重新构造新的完美哈希函数。因此，完美哈希的方法无法在动态环境下使用。

即使采用最好的压缩方法，在很多情况下（如文档集规模很大而内存很小时）要将所有词典存入内存也是不可能的。如果不得不把词典划分成不同页存储在磁盘上，可以采用 B 树对每页的第一个词项进行索引。在处理大多数查询时，搜索系统必须要到磁盘获取倒排记录表，而在分页方式下还需要首先从磁盘获取词项所在的词典页，这会显著增加查询处理的时间，不过这种增加是可以忍受的。

表 4-8 总结了采用四种不同词典数据结构对 Reuters-RCV1 文档集的压缩结果。

表 4-8　Reuters-RCV1 文档集在不同压缩方法下的词典压缩结果

数据结构	压缩后的空间大小/MB
词典、定长数组	11.2
词典、长字符串+词项指针	7.6
词典、按块存储，$k=4$	7.1
词典、按块存储+前端编码	5.9

4.4.2　倒排记录表的压缩

在本章中，每个倒排记录仅仅用文档 ID 来定义，也就是说，这里暂不考虑此项在文档内的频率和位置信息。

为设计出一个更高效的倒排文件表示方式，可以考虑每篇文档采用少于 20bit 的表示方式，观察中发现，高频词出现的文档 ID 序列值之间相差不大。为理解这一点，想象一下在文档集中遍历文档来寻找某个高频词项（如 computer）的过程：我们会找到一篇包含 computer 的文档，然后可能会跳过几篇不包含它的文档，之后又会找到另一篇包含 computer 的文档，这个过程可以不断循环下去。这里面最关键的思路就是（一些词项对应的）倒排记录表中文档 ID 之间的间距（gap）不大，因此可以考虑用比 20bit 短很多的位数来表示它。实际上，对于出现的一些高频词（如 the 和 and）来说，绝大部分间距都是 1。当然，对于只在文档集中出现一两次的罕见词（如表 4-9 中的 arachnocentric），其间距的数量级和文档 ID 的数目是一样的，因此仍然需要 20bit。为了对这种间距分布的情况进行空间压缩，需要使用一种变长编码方法，它可以对短间距采用更短的位数来表示。

表 4-9　对文档 ID 的间距而不是文档 ID 进行编码

词	编码对象	倒排记录表			
the	文档 ID	... 283042	283043	283044	283045 ...
	文档 ID 间距	1	1	1	...
computer	文档 ID	... 283047	283154	283159	283202 ...
	文档 ID 间距	107	5	43	...
arachnocentric	文档 ID	252000		500100	
	文档 ID 间距	252000		248100	

注：例如，对于 computer，存储间距序列 107、5、43、…，而不是文档 ID 序列 283047、283154、283159、…。当然，第一个文档 ID 仍然被保留（表中显示了 arachnocentric 的两个文档 ID）。

为了对小数字采用比大数字更短的编码方式，本章主要考查了两类方法：按字节压缩及按位压缩。正如它们的名字所体现的那样，它们试图对间距分别采用最短的字节方式或位方式进行编码。

1）可变字节编码

可变字节（variable byte，VB）编码利用整数字节来对间距编码。字节的后 7 位是间距的有效编码区，而第 1 位是延续位（continuation bit）。如果该位为 1，则表明本字节是某个间距编码的最后一字节，否则不是。要对一个 VB 编码进行解码，可以读入一段字节序列，其中前面的字节的延续位都为 0，而最后一字节的延续位为 1。根据上述标识可以把每字节的 7 位部分抽取出来并连接在一起形成编码。图 4-9 给出了 VB 编码和解码的过程，表 4-10 给出了一个采用 VB 编码的例子。

```
VBENCOMENUMBER(n)
1 bytes←<>
2 while ture
3 do PREPEND(bytes, n mod 128)
4    if n<128        then BREAK
6    n←n div 128
7 bytes[LENGTH(bytes)] +=128
8 return bytes

VBENCODE(numbers)
1 bytestream←<>
2 for each n∈numbers
3 do bytes←ENCOMENUMBER(n)
4    bytes←ETEND(bytestream,bytes)
5 return bytestream

VBDECODE bytestream
1 numbers←<>
2 n←0
3 for i←1 to LENGTH(bytestream)
4 do if bytestream[i]<128
5    then n←128×n+bytestream[i]
6    else  n←128×n+(bytestream[i]-128)
7        APPEND(numbers,n)
8        n←0
9 return numbers
```

图 4-9 采用 VB 的编码和解码过程

表 4-10 VB 编码

文档 ID	824	829	215406
间距	—	5	214577
VB 编码	00000110 10111000	10000101	00001101 0000110010110001

注：间距采用整数字节进行编码。每字节中第一位为延续位，标识本次编码的结束（1）与否（2）。

采用 VB 编码压缩，我们在实验中发现，Reuters-RCV1 语料库的索引可以压缩到 116MB，相对于未压缩的索引，压缩率超过了 50%。

VB 编码的思想也可以应用于比字节更大或更小的单位上，如 32bit、16bit 和 4bit（4bit 组成一个 nibble，也称半字节）等。编码单位越长，所需的位操作次数越少，但是同时压缩率会降低甚至没有压缩。更短的编码单位会得到更高的压缩率，但同时位操作的次数也更多。总而言之，以字节为单位在压缩率和解压缩的速度之间提供了一个很好的平衡点。

2）γ 编码

VB 编码能够根据间距的大小采用合适的字节数来编码。而基于位的编码能够在更细的位粒度上，进行编码长度的自适应调整。最简单的位编码是一元编码（unary code）。

数 n 的一元编码为 n 个 1 后面加个 0 组成的字符串（参考表 4-11 的前两列）。很显然，这种编码的效率不高，但是它会在后面用到。

表 4-11　一些一元编码和 γ 编码的例子

数字	一元编码	长度	偏移	γ 编码
0	0			
1	10	0		0
2	110	10	0	10,0
3	1110	10	1	10,1
4	11110	110	00	110,00
9	1111111110	1110	001	1110,001
13		1110	101	1110,101
24		11110	1000	11110,1000
511		111111110	11111111	111111110,11111111
1025		11111111110	0000000001	11111111110,0000000001

注：表中只给出了小数字的一元编码结果，γ 编码结果中的逗号只是为了方便阅读，并不是编码的内容。

一个明显的问题就是，某种编码在理论上能够达到怎样的性能？假定有 2^n 个间距，每个间距 G 满足 $1 < G < 2^n$，且 G 取其中每个值的可能性相等，那么对每个 G 的最优编码长度是 n 位。因此，有些间距（这里是 $G = 2^n$）的编码不可能少于 $\log_2 G$ 位。我们的压缩目标就是尽可能地接近这个下界。

一个和最优编码长度差距在常数倍之内的方法是 γ 编码。γ 编码将间距 G 表示成长度（length）和偏移（offset）两个部分进行变长编码。G 的偏移实际上是 G 的二进制编码，但是前端的 1 被去掉。例如，对 13（二进制为 1101）进行编码，其偏移为 101。G 的长度指的是偏移的长度，并采用一元编码。对于刚才的例子，偏移的长度是 3 位，因此其长度部分的编码是 1110。因此，13 的整个 γ 编码是 1110101，即长度部分 1110 和偏移部分 101 的连接。表 4-11 给出了一些其他数的 γ 编码的例子。

对 γ 编码解码时，首先读入元编码直至遇到 0 结束，如在对 1110101 解码时，会一开始读入前 4 位 1110。然后便知道后面的偏移部分的长度是 3，因此，再正确读入后续的 3 位编码 101，补上原来去掉的前端的 1，最后可以得到 $101 \to 1101 = 13$。

很显然，偏移部分的编码长度是 $\log_2 G$ 位，而长度部分的编码长度为 $\log_2 G + 1$ 位，因此，全部编码的长度为 $2 \times \log_2 G + 1$ 位。γ 编码的长度永远都是奇数位，而且它与我们前面提到的最优编码长度 $\log_2 G$ 只相差一个因子 2。然而，我们是在 $1 \sim 2^n$ 的所有 2^n 个间距是均匀分布的假设条件下得到上述最优结果的。实际中的情况往往并非如此。一般而言，我们事先并不知道间距的先验分布。

对于离散的概率分布 P，它的熵 $H(P)$ 决定其编码性质（包括某个编码是否最优），其定义如下：

$$H(P) = -2\sum_{x \in X} P(x)\log_2 P(x) \tag{4-1}$$

式中，X 是所有需要编码的数字集合（因此，$\sum_{x \in X} P(x)=1.0$）。熵是不确定性的一种度量方式。可以证明，在某些条件成立时，编码长度 L 的期望 $E(L)$ 的下界是 $H(P)$。可以进一步证明，对于 $1 < H(P) < \infty$，γ 编码方法的长度在最优编码长度的 3 倍之内，如果 $H(P)$ 较大，那么这个值接近 2 倍：

$$\frac{E(L_r)}{H(P)} \leqslant 2 + \frac{1}{H(P)} \leqslant 3 \tag{4-2}$$

上述结果的一个不平凡之处在于它对任何概率分布 P 都成立。因此，即使对间距的分布事先一无所知，也可以利用 γ 编码方式达到最优编码的 2 倍左右（最优编码对应的分布的熵较大）。对于任意分布，像 γ 编码这种编码长度在最优编码长度的某个倍数之内的编码方式，被称为通用性编码（universal code）。

除了通用性之外，γ 编码还具有两种适合索引压缩的性质。第一个性质是 γ 编码方法是前缀无关码（prefix-free code），即一个 γ 编码不会是另一个 γ 编码的前缀。这也意味着对于一个 γ 编码序列来说，只可能有唯一的解码结果，不需要对编码进行切分，而如果切分，则会降低解码的效率。γ 编码方法的第二个性质是参数无关性（parameter free）。对于很多其他高效的编码方式，需要对模型（如二项式分布模型）的参数进行拟合使之适合于索引中间距的分布情况，而这样做会加大压缩和解压缩的实现复杂性，例如，必须对这些参数进行存储和检索。另外，在动态索引环境下，间距的分布会变化，因此原有的参数可能不再合适。而对于参数无关编码方法来说，上述问题就不存在。

那么，采用 γ 编码对倒排索引进行压缩能够得到多高的压缩率？按照该定律，文档集频率 cf_i 正比于其序列值的倒数，也就是说，存在常数 c' 使式（4-3）成立：

$$cf_i = \frac{c'}{i} \tag{4-3}$$

可以选择另一个合适的常数 c，使所有的 c/i 成为相对频率，总和为 1：

$$\sum_{i=1}^{m} \frac{c}{i} = c\sum_{i=1}^{m} \frac{1}{i} = cH_M = 1 \tag{4-4}$$

$$c = \frac{1}{H_M} M \tag{4-5}$$

式中，M 是不同词项的个数；H_M 是第 M 个调和数（harmonic number）。对于 Reuters-RCV1 文档集来说，$M = 400\,000$，因为 $H_M = \ln M$，所以有

$$c = \frac{1}{H_M} \approx \frac{1}{\ln M} = \frac{1}{\ln 400\,000} \approx \frac{1}{13} \tag{4-6}$$

因此，频率排名第 i 位的词项的相对频率大约是 $1/(13i)$，其在长度为 L 的文档中出现的期望次数为

$$L\frac{c}{i} \approx \frac{200 \times \frac{1}{13}}{i} \approx \frac{15}{i}$$

上述变换中，词项的相对频率可看成其出现的概率，而 200 是 Reuters-RCV1 文档集每篇文档的平均词条数目。

迄今为止，我们已经推导出了文档集中的词项分布情况，并且进一步推出了倒排记录表的间距分布情况。通过这些统计数字可以计算出采用 γ 编码进行倒排索引压缩的空间需求。首先，将所有词汇表划分成段，每段有 Lc=15 个词汇。从上面的推导可以得出，第 i 个词项在每篇文档中出现的平均次数是 15/i。因此，对于词汇表的第 1 段词汇（即前 15 个词）来说，其在每篇文档中出现的平均次数 $\overline{f}$ 满足 $1/2 \leqslant \overline{f} \leqslant 1$，也就是说对于这些词汇来说，产生的间距个数为 N/2。同样，以此类推，对于词汇表中第 2 段词汇来说，其在每篇文档中出现的平均次数 $\overline{f}$ 满足 $1/2 \leqslant \overline{f} \leqslant 1$，也就是说对于这些词汇来说，产生的间距个数为 N/2。对于词汇表中第 3 段词汇来说，其在每篇文档中出现的平均次数 $\overline{f}$ 满足 $1/3 \leqslant \overline{f} \leqslant 1/2$，也就是说对于这些词汇来说，其产生的间距个数为 N/3，以此类推。需要注意的是，为了后面计算简便，上述推导中我们都只采用了下界值。当然，后面我们就会看到，即使在这样的假设条件下，最终的估计也过于保守。我们给出的另外一个并不符合实际情况的假设就是，假设对于给定的词项，所有的间距都具有相同的值，如表 4-12 所示，在这种均匀分布的假设下，可以认为第 1 段词汇的间距值为 1，第 2 段为 2，以此类推。

表 4-12　基于词项分段对倒排索引进行 γ 编码压缩的大小估计

不同词项	N 篇文档
Lc 个最高频词项	N 个值为 1 的间距
Lc 个次高频词项	N/2 个值为 2 的间距
Lc 个次次高频词项	N/3 个值为 3 的间距
...	...

对于间距值为 j 的 $\frac{N}{j}$ 个间距采用 γ 编码方法，对于第 j 段的每个词项的倒排记录表进行压缩所需要的空间开销为

$$\text{bits-per-row} = \frac{N}{j} \times (2 \times \lfloor \log_2 j \rfloor + 1) \approx \frac{2M\log_2 j}{j}$$

对每段进行编码需要 $L_c \times (2M\log_2 j)/j$（其中 L_c 表示每段中的词语个数）位，总共有 M/L_c 个段，因此，所有的倒排记录表所占的空间为

$$\sum_{j=1}^{\frac{M}{L_c}} \frac{2NL_c \log_2 j}{j}$$

对于 Reuters-RCV1 文档集，$\frac{M}{L_c} \approx \frac{400\,000}{15} \approx 27\,000$，因此：

$$\sum_{j=1}^{27\,000} \frac{2\times10^6\times15\log_2 j}{j} \approx 224(\text{MB})$$

因此，960MB 原始文档集的倒排索引能够压缩到大约 224MB，差不多是原始文档集大小的 1/4。

实际中采用 γ 编码对 Reuters-RCV1 文档集进行索引压缩时得到的索引更小，只有约 101MB，差不多是原始文档集大小的 1/10。造成这种预期大小和实际大小不一致的主要原因包括以下两点。

（1）齐普夫定律对 Reuters-RCV1 文档集的词项频率实际分布的估计并不是非常准确。

（2）间距并不满足均匀分布。

表 4-13 概括了本章中所有的压缩技术。对于 Reuters-RCV1 文档集来说，词项关联矩阵所占据的空间有 $40\,000\times800\,000 = 4\times8\times10^9\,(\text{bit})$。

表 4-13　Reuters-RCV1 中的索引及词典压缩

数据结构	压缩后的空间大小/MB
词典，定长数组	11.2
词典，长字符串+词项指针	7.6
词典，按块存储，$k=4$	7.1
词典，按块存储+前缀编码	5.9
文档集（文本、XML 标签等）	3 600.0
文档集（文本）	960.0
词项关联矩阵	40 000.0
倒排记录表，未压缩（32 位）	400.0
倒排记录表，未压缩（20 位）	250.0
倒排记录表，可变字节码	116.0
倒排记录表，γ 编码	101.0

注：压缩率取决于文本集中真实文本的比例。对于 Reuters-RCV1 文档集而言，它包含了大量 XML 标记。倒排记录和词典分别采用最好的两种压缩编码——γ 编码及按块存储前缀编码。

对 Reuters-RCV1 文档集进行编码，可以获得非常高的压缩率（压缩后索引大小与原始文档集大小的比值，也常常称为压缩比）：（101.0+5.9）/3600 ≈ 0.03。

对于 Reuters-RCV1 文档集，γ 编码技术能取得比 VB 编码更高的压缩率，提高的比率大约是 15%，但是解压的消耗会更高，主要原因是采用位编码时，两个编码之间的分界点可能在某个机器字当中，因为在对 γ 编码序列解码时需要很多移位或者位掩码之类的位操作。随之而来的结果就是，在查询处理时，采用 γ 编码的消耗也比采用 VB 编码要大。实际中到底采用哪种编码方式取决于应用的特点，例如，在具体应用时，节省磁盘空间与提高查询响应时间这两者在应用中到底孰轻孰重。

在表 4-13 中，未压编的原始倒排索引的每条倒排记录都采用 32 位存储，因此，整个索引的大小是 400.0MB。而采用 γ 编码压缩后的索引大小为 101.1MB，采用 VB 编码压缩后的索引大小为 116.0MB，因此两种方式下的索引压缩率都大约为 25%，这也表明上述两种编码方式都能达到本章一开始所提到的压缩率为 1/4 的目标。通过减少索引的磁盘存储空间、增加高速缓存中的信息存放量和加快从磁盘到内存的数据传输速度，索引压缩能够大大提高索引的时空效率。

【本章小结】

本章内容属于本书两大知识模块中的信息处理模块，主要涉及信息的存储和索引，难度相对而言比较小。要求学生通过学习本章内容，在掌握信息存储和信息索引基本概念的基础上，掌握信息存储的相关技术，包括实现流程。对于信息索引部分重点掌握倒排索引，包括其原理、实现方法，能根据信息检索的具体要求，建立文档的倒排索引，其他索引方法学生可作为扩展知识了解。

【课后思考题】

1. 简述信息存储的过程。
2. 什么是信息索引？在信息检索中为什么要建立索引？
3. 依据索引结构可将索引分为几类？
4. 简述倒排索引的实现过程。
5. 简述常用的索引构建方法有哪些。
6. 在索引构建的过程中，为什么要进行索引压缩？
7. 简述索引压缩的实现方法。

第5章　信息检索模型

【本章导读】

信息检索过程可以简单地浓缩为三步：信息处理、相似度计算和阈值判断，前面章节已经介绍了检索对象处理、用户查询处理、索引建立、特征选择与抽取等相关知识，均属于信息处理范畴。本章标题为信息检索模型，实际上属于信息检索中的相似度计算知识，本章知识点比较多，难度也比较大。主要介绍三类信息检索模型：布尔检索模型、向量空间检索模型、概率检索模型，每种模型的介绍采用由易到难的思路，首先介绍每类模型的基本模型，然后分别介绍几种扩展模型。针对布尔检索模型，介绍基本布尔检索模型、P范式模型和模糊集合论模型三种；针对向量空间检索模型介绍基本向量空间检索模型，包括模型的描述和相似度计算方法（内积和余弦夹角），在基本理论的基础上介绍潜在语义模型和神经网络检索模型；概率检索模型是目前应用较多的一种信息检索模型，它基于概率匹配的思想实现对待检索文档的排序，基于不同的概率理论，本章介绍二元独立概率模型、语言模型、隐狄利克雷分布（latent Dirichlet allocation，LDA）模型和基于贝叶斯网络的信息检索模型，针对基于贝叶斯网络的信息检索模型，介绍推理网络模型、信念网络模型、简单贝叶斯网络检索模型。

信息检索的数学模型，简称信息检索模型，是对信息检索任务及其实现方法的一种抽象描述。经典的信息检索模型包括布尔检索模型、向量空间检索模型和概率检索模型。布尔检索模型是很多商业信息检索系统采用的基本理论，在布尔检索模型中，文档和查询都被表示为索引项的集合，因此布尔检索模型也常被称作基于集合论的信息检索模型；在向量空间检索模型中，将查询和文档用向量来表示，二者的相似度用两个向量之间的距离来度量，该模型也被称作代数模型；在概率检索模型中，把信息检索看作待检索文档和查询之间匹配成功的概率，文档和查询的构建基于概率论。下面以这三种模型的基本模型为出发点，详细介绍相关的信息检索模型。

5.1　布尔检索模型

5.1.1　基本布尔检索模型

布尔检索模型是一种经典的集合论模型，它用逻辑表达式表示用户的查询，通过对文献标识和提问式的比较来检索文献，对某一个特定的文献，在标准的布尔检索模型中，用户提问可以表示为由逻辑与（*）、逻辑或（+）、逻辑非（−）连接起来的表达式，标引词之间的逻辑运算可表示为 $t_1 \wedge t_2$、$t_1 \vee t_2$、$\neg t_1$，在文氏图中可以很直观地表示这些关系，如图 5-1 所示。从图中可以看到，布尔运算实际上是集合之间的交集、并集和补集，所以说布尔检索模型是基于集合论的检索模型。

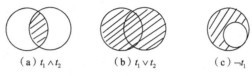

(a) $t_1 \wedge t_2$ (b) $t_1 \vee t_2$ (c) $\neg t_1$

图 5-1   布尔运算的文氏图表示

布尔检索模型是一种严格的匹配模型，在标准的布尔检索模型中，文献采用如下形式表示：

$$d_i = (w_{i1}, w_{i2}, \cdots, w_{in}) \tag{5-1}$$

式中，n 是特征项的个数；$w_{ik}(k = 1, 2, \cdots, n)$ 为 1 或者 0，分别表示对应的特征项 k 在文献 d_i 中出现和不出现两种情况，由此可以看出，布尔检索模型中的文献表示是向量空间检索模型中文档向量的一种特殊形式，采用的是二元权值表示。布尔检索模型中的用户查询是由特征项和布尔运算符构成的布尔表达式。在实际应用中，常采用逻辑或连接同义关系，短语关系采用逻辑与，限定关系采用逻辑与或者逻辑非。

布尔检索模型中的检索判断，就是确定文档中的特征项能够使一个查询的表达式为真，查询文档的相似度计算过程包括两个步骤。

（1）将查询 Q 中的查询项 q_j 用函数 $F(d_i, q_j)$ 替换，如果查询项 q_j 在文档 d_i 中出现，则 $F(d_i, q_j)$ 的值为 1，否则为 0。

（2）设 t 和 s 为任意的特征项，则有

$$F(d_i, t \text{ and } s) = \min(F(d_i, t), F(d_i, s)) \tag{5-2}$$

$$F(d_i, t \text{ or } s) = \max(F(d_i, t), F(d_i, s)) \tag{5-3}$$

$$F(d_i, \text{not } t) = 1 - F(d_i, t) \tag{5-4}$$

下面举实例说明上述过程，假设用户查询 $Q = (t \text{ or } s) \text{ and not } r$，某文档 D 中包含特征项 t 但是不包含特征项 s 和 r，则依据上述内容可知：

$$F(D, t) = 1, \quad F(D, s) = 0, \quad F(D, r) = 0$$

依据上述的第（2）步，我们得到：

$$F(D, t \text{ or } s) = \max(F(t), F(s)) = 1$$

$$F(D, \text{not } r) = 1 - F(D, r) = 1$$

$$F(D, Q) = F(D, (t \text{ and } s) \text{ and not } r) = \min(F(D, t \text{ or } s), F(D, \text{not } r)) = \min(1, 1) = 1$$

上述计算结果中 $F(D, Q) = 1$ 说明文档 D 满足用户查询 Q 的需求。

图 5-2 简述了基于布尔理论的检索示例。

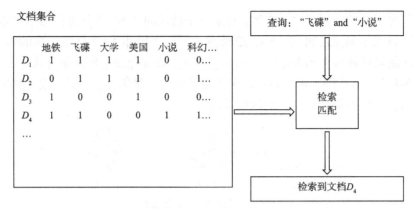

图 5-2   布尔检索示例

5.1.2   P 范式模型

P 范式模型实际是扩展的布尔检索模型。针对标准的布尔检索模型中文档的表达形式过于简单、检索条件过于严格等问题，人们对其采取了有效的扩充和修改，提出了扩展的布尔检索模型，P 范式模型是 1983 年由 Salton 等提出的，它对文档向量和查询向量中的特征项加权，而且允许对布尔表达式中的连接符加权，二者的取值范围分别为[0,1]和[1,∞]。设文档向量依然为 $d_i = (w_{i1}, w_{i2}, \cdots, w_{in})$，$q_t$ 与 q_s 分别表示特征项 t 和 s 在用户查询中的权值，沿用标准布尔检索模型中的相似度计算方法：

$$F(d_i, t) = w_{it} \tag{5-5}$$

$$F(d_i, t \text{ or } s) = \left(\frac{F(d_i,t)^p q_t^p + F(d_i,s)^p q_s^p}{q_t^p + q_s^p} \right)^{\frac{1}{p}} \tag{5-6}$$

$$F(d_i, t \text{ and } s) = 1 - \left(\frac{(1-F(d_i,t))^p q_t^p + (1-F(d_i,s))^p q_s^p}{q_t^p + q_s^p} \right)^{\frac{1}{p}} \tag{5-7}$$

$$F(d_i, \text{not } t) = 1 - F(d_i, t) \tag{5-8}$$

式中，p 是查询布尔表达式中连接符的权值，其取值范围为[1，∞]。现在分三种情况讨论，分别是 $p = \infty$、$p = 1$ 和 $1 < p < \infty$。

1）当 $p = \infty$ 时

$$\begin{aligned} F(d_i, t \text{ and } s) &= 1 - \left(\frac{(1-F(d_i,t))^p q_t^p + (1-F(d_i,s))^p q_s^p}{q_t^p + q_s^p} \right)^{\frac{1}{p}} \\ &= 1 - \frac{\max\big((1-F(d_i,t)q_t),(1-F(d_i,s)q_s)\big)}{\max(q_t, q_s)} \end{aligned} \tag{5-9}$$

如果采用二元权值，$q_t = q_s = 1$，式（5-9）可变为

$$F(d_i, t \text{ or } s) = 1 - \max\big(F(d_i,t), F(d_i,s)\big) = \min\big(F(d_i,t), F(d_i,s)\big) \tag{5-10}$$

显然此时的式（5-9）、式（5-10）与标准布尔检索模型中的式（5-2）、式（5-3）相符。

2）当 $p=1$ 时

此时，式（5-6）、式（5-7）可表示为

$$F(\boldsymbol{d}_i, t\ \text{and}\ s) = F(\boldsymbol{d}_i, t\ \text{or}\ s) = \frac{q_t F(\boldsymbol{d}_i, t) + q_s F(\boldsymbol{d}_i, s)}{q_t + q_s} = \frac{1}{q_t + q_s} \sum_{k=1}^{n} w_{ik} q_k \qquad （5\text{-}11）$$

与向量的内积公式相比，式（5-11）多了系数 $\dfrac{1}{q_t + q_s}$，因此当 $p=1$ 时，P 范式模型相当于向量空间检索模型。

3）当 $1 < p < \infty$ 时

此时，P 范式模型兼具布尔检索模型和向量空间检索模型的特征，p 值较大时，该模型的性能接近于标准的布尔检索模型，p 值较小时，该模型的性能接近于向量空间检索模型。

综上，P 范式模型消除了标准布尔检索模型过于严格的缺点，并结合了向量空间检索模型的优点，P 范式模型的缺点是与标准的布尔检索模型和向量空间检索模型相比，其计算量比较大，但是随着计算机技术的发展，该缺点已经不再明显。相关实验证明当 p 取值为 1 或者 2 时的平均查准率最高，在基于 P 范式的信息检索系统中，p 的实际取值一般为 1.5~9。

5.1.3　模糊集合论模型

模糊集合论模型基于美国自动控制专家 Zadeh 的模糊集合理论，其出发点是利用"隶属函数"的概念来描述差异的中间过渡，并通过隶属函数对经典集合论加以推广。

1.　模糊集合理论

模糊集合理论处理的是边界不明确的集合，其中心思想是把集合中的元素和隶属函数结合起来，隶属函数的取值范围为[0, 1]，0 表示元素不隶属于该集合，1 表示完全隶属于该集合，值在 0 和 1 之间表示元素为该集合的边际元素。

定义 5-1　给定论域 U，U 的模糊子集 A 可定义为 U 到闭合区间[0, 1]上的一个映射，即

$$\mu_A : U \to [0,1], \quad \mu_A \text{为} A \text{的隶属度}$$

正如经典集合论是传统精确数学的基础一样，模糊子集论是模糊理论的基础，同样可以定义模糊子集上的运算，常见的三种运算分别是模糊集合的补运算，两个或多个集合的并、交运算。

定义 5-2　给定论域 U，A 和 B 是 U 的两个模糊子集，$\bar{A}$ 是 A 关于 U 的补集，u 为 U 中的元素，则有

$$\mu_{\bar{A}}(u) = 1 - \mu_A(u) \qquad （5\text{-}12）$$

$$\mu_{A \cup B}(u) = \max(\mu_A(u), \mu_B(u)) \qquad （5\text{-}13）$$

$$\mu_{A \cap B}(u) = \min(\mu_A(u), \mu_B(u)) \qquad （5\text{-}14）$$

2. 模糊检索

对于基于集合论的模糊检索，本书从三个方面介绍，首先介绍标引的建立，其次介绍查询的描述，最后介绍文档和查询的相似度计算。

1）标引的建立

模糊检索是将文档看成与提问在一定程度上的相关，对于每一个标引词，都存在一个模糊的文档集合与之相关。对于某一个给定的标引词，用隶属函数表示每一篇文档与该词的相关程度，即隶属度，其取值范围为[0，1]。设有文档 d 和标引词 t ，则 d 对 t 的隶属度可以定义为

$$\mu_F : D \times T \to [0,1] \tag{5-15}$$

$$(d,t) \to \mu_F(d,t), \quad \forall(d,t) \in D \times T \tag{5-16}$$

在信息检索系统中，文档 d 和标引词 t 的二元模糊关系 F 可描述为

$$F = \{<(d,t), \mu_F(d,t) >\, | \, d \in D, t \in T\} \tag{5-17}$$

因为用户通常希望检索出的文档能较高地满足其需求主题，式（5-17）中的 $\mu_F(d,t)$ 表示文档 d 涉及标引词 t 所达到的程度，而不是标引词 t 反映文档 d 的主题内容的程度。标引词的模糊集合是在标引过程中建立的，标引人员不是简单地把标引词赋予文档，还要指出标引词与文档的相关程度，例如，$d = \{(t_1, 0.5), (t_2, 0.8)\}$ 中，0.5、0.8 分别表示文档 d 对标引词 t_1 和 t_2 的隶属度，数值越大表示隶属度越大。当全部文档标引完毕时，也就为每一个标引词定义了一种隶属函数，表明每一个文档对于每一个标引词标引的相关程度。

2）查询的描述

用户的提问，即查询，通常由布尔逻辑表达式表示。设 D 为文档集合，Q 为提问集合，$\forall d \in D, q \in Q$，$Q \times D$ 上的模糊关系 R 可表示为

$$R = \{q, d, \mu(q,d) \, | \, q \in Q, d \in D\} \tag{5-18}$$

式中，$\mu(q,d)$ 是文档 d 对查询 q 的相关程度，其计算方法下一步介绍，这里先介绍查询的描述。

首先依据模糊集合的运算规则，对布尔运算中三个逻辑运算符在模糊检索中的意义进行简述。

如果 $q = a \vee b$，则 $\mu(q,d) = \max(\mu(d,a), \mu(d,b))$，其中 $a \in T$，$b \in T$，$\mu(d,a)$、$\mu(d,b)$ 分别表示文档 d 论述标引词 a 和 b 的程度。

如果 $q = a \wedge b$，则 $\mu(q,d) = \min(\mu(d,a), \mu(d,b))$。

如果 $q = \neg a$，则 $\mu(q,d) = 1 - \mu(d,a)$。

在基于模糊集合的检索中，对于布尔检索模型的用户信息需求的处理通常是把表达用户需求的布尔逻辑表达式转换成析取范式的形式，例如，对于查询 $q = t_a \wedge (t_b \vee (\neg t_c))$，可以写成与之等价的如下析取范式的形式：

$$\overline{q}^{\,\mathrm{dnf}} = (t_a \wedge t_b \wedge \neg t_c) \vee (t_a \wedge \neg t_b \wedge \neg t_c) \vee (t_a \wedge t_b \wedge t_c) \tag{5-19}$$

即

$$\overline{q}^{\text{dnf}} = (1,1,0) \vee (1,0,0) \vee (1,1,1)$$

式中，每个分量都是(t_a, t_b, t_c)的一个二值加权向量，它们构成$\overline{q}^{\text{dnf}}$的析取分量。假设$\text{CC}_i$表示查询析取范式中的第$i$个分量，则上式可表示为

$$\overline{q}^{\text{dnf}} = \text{CC}_1 \vee \text{CC}_2 \vee \text{CC}_3 \tag{5-20}$$

3）文档和查询的相似度计算

计算文档和查询的相似度的过程类似于经典的布尔检索模型中的计算，不同的是在模糊检索中处理的对象是模糊集合而不是普通的集合。对于上述的查询$q = t_a \wedge (t_b \vee (\neg t_c))$，$D_a$表示标引词$t_a$在文献集合上的模糊子集，由隶属度大于指定阈值的文献组成。类似地，可以定义标引词t_b和t_c的模糊子集D_b和D_c，由于所有的集合都是模糊不确定的，即使文献d不包括索引词t_a，该文献也有可能隶属于集合D_a，如图 5-3 所示。

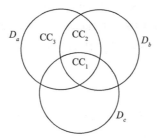

图 5-3 查询$q = t_a \wedge (t_b \vee (\neg t_c))$的模糊文献集

图 5-3 中查询模糊集合$D_q = \text{CC}_1 + \text{CC}_2 + \text{CC}_3$，其是三个析取分量的模糊集合的并运算，则此时$D_q$中文献$d$的隶属度为

$$
\begin{aligned}
\mu(q,d) &= \mu_{\text{CC}_1 + \text{CC}_2 + \text{CC}_3, d} \\
&= 1 - \prod_{i=1}^{3} (1 - \mu_{\text{CC}_i, d}) \\
&= 1 - (1 - \mu(d,a)\mu(d,b)\mu(d,c)) \times (1 - \mu(d,a)\mu(d,b)(1 - \mu(d,c))) \\
&\quad \times (1 - \mu(d,a)(1 - \mu(d,b)(1 - \mu(d,c))))
\end{aligned} \tag{5-21}
$$

对于用户的查询q，如果针对某个待检索文献d，$\mu(q,d)$的值大于给定的相似度阈值θ，则该文献将会视为相关文献被检索到。

基于模糊集合模型的检索结果是建立在文献集合上的，且其隶属度就是文献集合对用户查询的相关程度的模糊子集，就目前的研究而言，还无法十分精确有效地确定这个隶属函数。

5.2 向量空间检索模型

向量空间检索模型于 20 世纪 60 年代由 Salton 首次提出，并成功应用于 SMART 系统中。这个模型由于简单、直观而引人注目，实现的框架便于进行特征词加权、排序和

相关反馈等，人们对它的有效性已经进行过多年的实验验证。但是，作为一个信息检索模型，它还是有一些缺点的，例如，对于特征加权和排序算法对如何影响最终的相关性，并没有进行详细的说明。本章以基本向量空间检索模型为基础，介绍与之相关的另外两个模型：潜在语义模型和神经网络检索模型，这两个模型均以向量空间检索模型为理论基础，如查询的表示依然采用向量表示等。

5.2.1　基本向量空间检索模型

在基本向量空间检索模型的构建过程中主要涉及四个步骤：文档向量的构建、查询向量的构建、查询与文档的匹配函数的选择以及相似度阈值的确定。

在向量空间检索模型中，文档、查询和特征词都被假设为一个 t 维向量空间的一部分，其中 t 表示特征词的个数，一篇文档可以表示成特征词的向量：

$$\boldsymbol{d}_i = (w_{i1}, w_{i2}, \cdots, w_{it}) \tag{5-22}$$

式中，w_{ij} 表示第 j 个特征词在文档 $\boldsymbol{d}_i$ 中的权重。一个包含 n 篇文档的数据集合，可以表示为一个特征词权重的矩阵，如下所示，其中每一行表示一篇文档 $\boldsymbol{d}_i$，每一列表示某个特征词 k_j 在不同文档中的权重：

$$
\begin{array}{c}
\begin{array}{cccc} k_1 & k_2 & \cdots & k_t \end{array} \\
\begin{array}{c} \boldsymbol{d}_1 \\ \boldsymbol{d}_2 \\ \vdots \\ \boldsymbol{d}_n \end{array}
\begin{pmatrix}
w_{11} & w_{12} & \ldots & w_{1t} \\
w_{21} & w_{22} & \ldots & w_{2t} \\
\vdots & \vdots & & \vdots \\
w_{n1} & w_{n2} & \ldots & w_{nt}
\end{pmatrix}
\end{array}
$$

查询采用与文档相同的形式表示，即查询 $\boldsymbol{q}$ 表示为 t 个权值的如下向量形式：

$$\boldsymbol{q} = (w_{q1}, w_{q2}, \cdots, w_{qt}) \tag{5-23}$$

如果要获得上述的文档和查询的向量，则需要解决两个问题：如何选择特征词？特征词的权重如何计算？特征项也称为标引词，这些标引词是相互独立的，或者说是不相关的、正交的。标引词在文档中的重要程度，即权重，是根据标引词对文档表示的贡献大小来度量的，最基本的度量依据包括词频 tf_{ij}、文档频度 df_j、逆文档频度 idf_j，其中 tf_{ij} 表示特征词 k_j 在文档 $\boldsymbol{d}_i$ 中的出现频率（次数），df_j 表示整个文档集合中出现特征词 k_j 的文档数目，idf_j 用于表征特征词 k_j 的文档区分能力，其计算方法为

$$\mathrm{idf}_j = \log_2\left(\frac{N}{\mathrm{df}_j}\right) \tag{5-24}$$

基于上述指标，可以得到计算特征词重要程度的方法之一：TF-IDF 方法，计算公式为

$$w_{ij} = \mathrm{idf}_j \times \mathrm{tf}_{ij} \tag{5-25}$$

实际上，在文本特征选择过程中，计算特征词权重的方法很多，本书在第 4 章详细介绍了常用的特征选择方法，上述方法属于基于信息度量的特征选择方法。下面举例说明上述指标的计算方法。

例如，有三篇文档 d_1：湖畔的夏天常常很凉爽……；d_2：湖畔有家"湖畔"啤酒花园，花园中常常是蛙鸣一片……；d_3："蛙鸣"禅让举办"蛙鸣"诗会的消息……

依据上述三篇文档，可以构建出如表 5-1 所示的文档频度和倒排文档频度表格。

表 5-1　文档频度和倒排文档频度计算示例

词项	湖畔	夏天	的	常常	蛙鸣	禅让	诗会
df	2	1	3	2	2	1	1
idf	0.176	0.477	0	0.176	0.176	0.477	0.477

基于上述这种表示方法，文档可以通过计算表示文档和查询的点之间的距离来进行排序，通常使用相似度度量的方法，得分最高的文档被认为和查询具有最高的相似度。为此，有很多相似度函数先后被提出和测试，其中较为常用的是内积和余弦夹角度量的方法，下面对这两种方法进行简单介绍。

假设两个文档 d_1、d_2，查询 q 与三个特征词 k_1、k_2、k_3 的关系为 $d_1 = 2k_1 + 3k_2 + 5k_3$，$d_2 = 3k_1 + 7k_2 + k_3$，$q = 0k_1 + 0k_2 + 2k_3$，三者的向量表示如图 5-4 所示（注：这里的数字并不是按照上述 TF-IDF 方法计算出来的特征词权重，只是词频，故在下面的示例演示中也是按照词频计算，即简单地采用词频来衡量文档中特征词的权重，有兴趣的学生可以先采用 TF-IDF 方法计算特征词权重，然后按照后面叙述的两种相似度计算方法度量查询和文档的相似度，其思想是一样的，差别就是计算出的数字大小是不同的）。

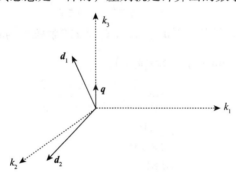

图 5-4　文档和查询的向量表示

如何度量图 5-4 中 d_1、d_2 和查询 q 的距离呢？可采用内积的方法，计算公式为

$$\text{sim}(d_j, q) = \sum_{i=1}^{n}(w_{iq} \times w_{ij}) \tag{5-26}$$

式中，w_{iq} 表示特征词 k_i 在查询中的权重；w_{ij} 表示特征词 k_i 在文档 d_j 中的权重。依据式（5-25），上例给出的文档 d_1、d_2 和查询 q 的内积相似度分别为

$$\text{sim}(d_1, q) = 2 \times 0 + 3 \times 0 + 5 \times 2 = 10$$
$$\text{sim}(d_2, q) = 3 \times 0 + 7 \times 0 + 1 \times 2 = 2$$

内积相似度度量方法的特点包括：内积值是没有界限的；内积对长文档的度量更为有效，因为长文档包含大量的独立词项，每个词项均多次出现，因此一般而言，和查询式中的词项匹配成功的可能性要比短文档大。

　　另一种相似度度量方法是余弦夹角相似度，余弦夹角相似度是指查询项和文档分别对应的向量形成的夹角的余弦值，两个完全相同的向量的夹角的余弦值是 1（角度为 0），即二者完全重合，两个完全没有相同特征词的向量的夹角余弦值为 0，还以上例为例，假设文档 d_1、d_2 和查询 q 的夹角分别为 θ_1、θ_2，如图 5-5 所示。

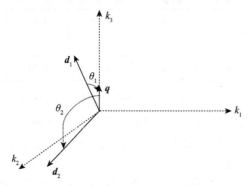

图 5-5　文档和查询的向量、夹角表示

余弦夹角的计算公式为

$$\cos(d_j, q) = \frac{\sum_{i=1}^{n}\left(\left(w_{iq} \times w_{ij}\right)\right)}{\sqrt{\sum_{i=1}^{n} w_{iq}^2} \times \sqrt{\sum_{i=1}^{n} w_{ij}^2}} \qquad (5\text{-}27)$$

依据式（5-27），则上例中文档 d_1、d_2 和查询 q 的余弦夹角相似度分别为

$$\begin{aligned}
\operatorname{sim}(d_1, q) &= \cos(d_1, q) \\
&= \frac{2 \times 0 + 3 \times 0 + 5 \times 2}{\sqrt{0^2 + 0^2 + 2^2} \times \sqrt{2^2 + 3^2 + 5^2}} \\
&= \frac{10}{2 \times \sqrt{38}} \\
&\approx 0.81
\end{aligned}$$

$$\begin{aligned}
\operatorname{sim}(d_2, q) &= \cos(d_2, q) \\
&= \frac{3 \times 0 + 7 \times 0 + 1 \times 2}{\sqrt{0^2 + 0^2 + 2^2} \times \sqrt{3^2 + 7^2 + 1}} \\
&= \frac{2}{2 \times \sqrt{59}} \\
&\approx 0.13
\end{aligned}$$

　　上述余弦夹角相似度法的特点包括：余弦值是有界限的，其取值范围为[0,1]，文档向量与查询向量的夹角越小，其余弦值越大，认为文档和查询的相似度越高。

　　虽然在向量空间检索模型中没有关于相关性的显式定义，但是一个隐含的假设就是相关性是和查询向量与文档向量的相似度有关联的。换句话说，和查询越接近的文档就越相关，虽然与用户查询相关的特征能够融合到向量表示中，但是这个模型主要服务于主题相关性，目前没有任何关于相关性是二值的或者多值的假设。

5.2.2 潜在语义模型

潜在语义索引（latent semantic indexing，LSI）是 Dumais 提出来的。其基本思想是文本中的词语之间存在某种联系，即存在某种潜在的语义结构，因此采用统计的方法来寻找该语义结构，并用语义结构来表示词和文本，这样的结果可以达到消除词之间的相关性，化简文本向量的目的。

潜在语义索引算法基于矩阵的奇异值分解（singular vector decomposition，SVD），对于任意秩为 r 的 $t \times d$ 的矩阵，存在如下分解：

$$A_0 = T_0 \times S_0 \times D_0^{\mathrm{T}}$$

式中，T_0、D_0 各列正交，$T_0 T T_0 = I$，$D_0 T D_0 = I$，$S_0 = \mathrm{diag}(\lambda_1, \lambda_2, \cdots, \lambda_r)$，且 $\lambda_1 \geqslant \lambda_2 \geqslant \cdots \geqslant \lambda_r > 0$。选择适当的 K 值，在 S_0 中删除适当的行和列得到 S，删除 T_0、D_0 中的行和列分别得到 T、D，进而得到新的矩阵：

$$A = T \times S \times D^{\mathrm{T}}$$

可用得到的新矩阵 A 去近似原始矩阵 A_0，即在最小平方意义上，秩为 K 的新矩阵接近于原始矩阵，即 $A_0 \approx A = T \times S \times D^{\mathrm{T}}$。

潜在语义索引与其他相关模型相比，其优点在于：①它是一种可调节的表示能力；②它是特征项和文本在同一空间内的确定性表示；③对于大型数据集合计算简便。

奇异值分解的重要意义在于将特征项和文本映射在同一个 K 维的语义空间内，与传统的单模式因子分析相比，它的基础不再是同一类型的两个事物的相似矩阵，而是任意的矩阵，其结果将特征项和文本表示为 K 个因子的形式，而且保持了原始的大部分信息。奇异值分解并不是为了描述这些潜在的语义结构，而是利用潜在的语义结构来表示特征项和文本，克服单纯项表示产生的同义、多义以及斜交的现象。

利用奇异值分解不仅能够分析传统的特征项与特征项或者文本与文本之间的相似关系，更关键的是能够分析特征项与文本之间的关系。在新的语义空间分析计算特征项与特征项或者文本与文本之间的相似系数，比直接利用原始的特征向量进行点积的效果要好。

5.2.3 神经网络检索模型

神经网络检索模型是在神经网络的基础上构建信息检索模型。神经网络是由具有适应性的简单单元组成的广泛并行互连的网络，它的组织能够模拟生物神经系统对真实世界物体所做出的交互反应（Kohonen，1988）。神经网络中最基本的成分是神经元（neuron）模型，也就是其"简单单元"。而刻画这一过程的最简单模型就是经典的"M-P 神经元模型"，如图 5-6 所示。其中神经元连接 n 个其他神经元传递过来的信号，这些输入信号通过带权重的连接进行传递，神经元接收的总输入值将与神经元的阈值进行比较，然后通过激活函数处理以产生神经元的输出。理想中的激活函数一般是将输入值映射成"0"或者"1"，而实际一般将 Sigmoid 函数作为激活函数。典型的 $\text{Sigmoid}(x) = \dfrac{1}{1 + e^{-x}}$ 函数如图 5-7 所示，它把较大变化范围的输入值挤压到（0，1）输出范围内。

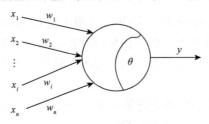

图 5-6   M-P 神经元模型

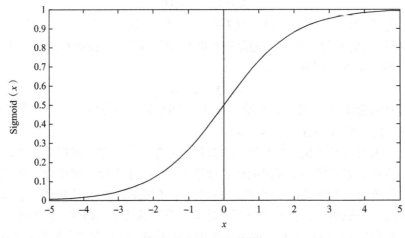

图 5-7   Sigmoid 函数

将上述的神经元按照一定的层次结构连接起来，就得到了神经网络。

首先介绍由两层神经元组成的感知机，如图 5-8 所示，输入层接收外界输入信号后传递给输出层，输出层是一个 M-P 神经元。感知机能够轻易地实现逻辑与、或、非的运算。但是由于其只有输出层神经元进行激活函数处理，只有一层功能神经元，其学习分类能力有限。事实上，感知机只能处理线性可分问题，对于存在异常点或者简单的非线性问题，都无法解决。

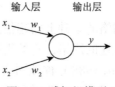

图 5-8   感知机模型

要解决非线性可分问题，需要考虑多层功能神经元。在输出层和输入层之间还存在一层神经元，称为隐层或者隐含层，隐层和输出层神经元都是拥有激活函数的功能神经元。更一般地，常见的神经网络的层级结构如图 5-9 所示，每层神经元与下一层神经元互连，神经元之间不存在同层相连，也不存在跨层相连。这样的神经网络结构通常称为多层前馈神经网络，其中输入层神经元接收外界输入，隐层和输出层神经元对信号进行加工，最终结果由输出层神经元输出。输入层仅是接收输入，不进行函数处理，隐层和输出层包含功能神经元。

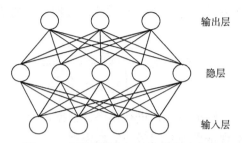

图 5-9　多层前馈神经网络结构示意图

如果基于神经网络理论实现信息检索，首先需要构建检索的拓扑结构图，如图 5-10 所示，图中分三层：查询词语层、文档词语层以及文档层。依据检索模型的拓扑结构，其信息检索过程可以简述为以下步骤。

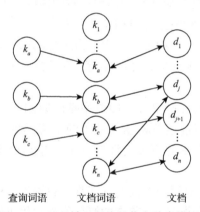

图 5-10　基于神经网络的信息检索模型

（1）由第一层的查询词语 k_a、k_b、k_c 分别向对应的第二层文档词语节点发出信号。

（2）文档词语节点 k_a、k_b、k_c 又产生信号并向第三层的相关文档节点传送。

（3）文档节点在收到文档词语节点发送的信号后，产生新的信号并返回到文档词语节点。

（4）步骤（3）将会重复进行直到信号不断衰减而终止。

其中，查询词语节点向文档词语节点发送信号，其作用强度分量 $\overline{w}_{iq}$ 由向量模型中查询词语的权重派生出来，其计算方法为

$$\overline{w}_{iq} = \frac{w_{iq}}{\sqrt{\sum_{i=1}^{n} w_{iq}^2}} \tag{5-28}$$

文档词语节点向文档传递信号，其作用分量由向量模型中文档词语的权重派生出来，其计算方法如下：

$$\bar{w}_{ij} = \frac{w_{ij}}{\sqrt{\sum_{i=1}^{n} w_{ij}^2}} \tag{5-29}$$

信号传递第一阶段结束后，与文档 d_j 相关联的文档节点的活跃值可以表示为

$$\sum_{i=1}^{n} \bar{w}_{iq} \times \bar{w}_{ij} = \frac{\sum_{i=1}^{n} w_{iq} \times w_{ij}}{\sqrt{\sum_{i=1}^{n} w_{iq}^2} \times \sqrt{\sum_{i=1}^{n} w_{ij}^2}} \tag{5-30}$$

最终可以依据获得的活跃值对文档进行排序，根据提前设置好的活跃度阈值，确定哪些文档将被检索到，实现基于神经网络的信息检索。

5.3　概率检索模型

检索模型的特点之一，就是应该针对模型的假设提供一个基于假设基础的清晰说明，布尔检索模型和向量空间检索模型都对相关性和文本表示采用了隐含的假设，并影响到了排序算法的设计和效果。信息检索过程中，最理想的情况是当给定假设后，基于排序算法的检索模型能够超过其他任何方法的性能，在信息检索领域中，这种证明是极为困难的。

一个早期关于有效性的理论说明，即概率排序原则，这个原则推动了概率模型的发展，并使概率模型成为目前信息检索领域中的主流模型，究其原因，是因为概率论为表示和实现信息检索过程中的不确定性打下了很好的基础。原始的概率排序原则的表述如下。

如果一个参考检索系统对每个查询的反馈都是数据集中所有文档根据和用户查询的相关性概率值降序排列的结果，并且其中的概率值都被尽可能精确地估计出来，那么该系统对于其用户的整体效果就是基于这些数据能够获得的更好效果。

基于上述假设，例如，一篇文档对于一个查询的相关性独立于其他文档，就可以证明这段话的陈述是正确的。从这种意义上说，根据相关性概率的排序会在任何给定的排序上使精确率最大化。但是，概率排序原则并没有告诉我们如何进行概率计算。目前，有各种概率检索模型，它们分别提出了不同的概率估计方法，本章重点叙述二元独立概率模型、语言模型、贝叶斯网络模型和 LDA 模型。

5.3.1　二元独立概率模型

二元独立概率模型也称为二值独立概率模型，为了能够在实际应用中对概率函数 $P(R|d,q)$（其中 q 表示查询，d 表示文档集合中的一篇文档，R 表示查询 q 和文档 d 是否相关）进行正确的估计，在二元独立概率模型中引入了一些简单的假设。二元也就是二值，等价于布尔值，即文档 d 可表示为向量 $\boldsymbol{d} = (x_1, x_2, \cdots, x_n)$，当特征词 k_i 出现在文档中时，则 $x_i = 1$，否则 $x_i = 0$，很显然，这种表示方法是不考虑词频和词序的，那么这种

情况下，就会有很多文档采用相同的向量来表示。类似地，我们将查询 q 表示为特征词向量 $\boldsymbol{q}$；"独立性"指的是词项在文档中的出现是相互独立的，不识别词项之间的关联性。

在二元独立概率模型中，基于贝叶斯定理可以得到

$$P(R=1|\boldsymbol{x},\boldsymbol{q}) = \frac{P(\boldsymbol{x}|R=1,\boldsymbol{q})P(R=1|\boldsymbol{q})}{P(\boldsymbol{x}|\boldsymbol{q})} \qquad (5\text{-}31)$$

$$P(R=0|\boldsymbol{x},\boldsymbol{q}) = \frac{P(\boldsymbol{x}|R=0,\boldsymbol{q})P(R=0|\boldsymbol{q})}{P(\boldsymbol{x}|\boldsymbol{q})} \qquad (5\text{-}32)$$

式中，$P(R=1|\boldsymbol{x},\boldsymbol{q})$ 和 $P(R=0|\boldsymbol{x},\boldsymbol{q})$ 分别表示当返回一篇相关或不相关文档时，文档表示为 $\boldsymbol{x}$ 的概率；$P(R=1|\boldsymbol{q})$、$P(R=0|\boldsymbol{q})$ 分别表示对于查询而言，返回一篇相关文档和不相关文档的先验概率，如果我们知道文档集合中相关文档的百分比，就可以估计出该值。例如，假设文档集合中共有 100 篇文档，针对某个查询 $\boldsymbol{q}$，相关文档有 40 篇，不相关文档有 60 篇，则可认为 $P(R=1|\boldsymbol{q}) = \dfrac{40}{100} = 0.4$，$P(R=0|\boldsymbol{q}) = \dfrac{60}{100} = 0.6$。在信息检索中，一篇文档和给定的查询要么相关，要么不相关，故：

$$P(R=1|\boldsymbol{x},\boldsymbol{q}) + P(R=0|\boldsymbol{x},\boldsymbol{q}) = 1 \qquad (5\text{-}33)$$

依据上述知识，在二元独立概率模型中，如果给定查询 $\boldsymbol{q}$，则首先针对每篇文档 $\boldsymbol{d}$ 计算 $P(R=1|\boldsymbol{d},\boldsymbol{q})$，然后依据计算的结果，从高到低对所有文档进行排序，返回满足给定阈值的文档给检索用户。

在保证文档排序不变的前提下，为了简化计算，二元独立概率模型采用文档相关性的优势率 $O(R|\boldsymbol{x},\boldsymbol{q})$ 对文档排序，优势率的计算方法如下：

$$O(R|\boldsymbol{x},\boldsymbol{q}) = \frac{P(R=1|\boldsymbol{x},\boldsymbol{q})}{P(R=0|\boldsymbol{x},\boldsymbol{q})} = \frac{P(R=1|\boldsymbol{q})}{P(R=0|\boldsymbol{q})} \times \frac{P(\boldsymbol{x}|R=1,\boldsymbol{q})}{P(\boldsymbol{x}|R=0,\boldsymbol{q})} \qquad (5\text{-}34)$$

式中，$\dfrac{P(R=1|\boldsymbol{q})}{P(R=0|\boldsymbol{q})}$ 是一个常数，因为我们只关注文档排序，所以这个数在排序计算中可以忽略，因此只需要估计 $\dfrac{P(\boldsymbol{x}|R=1,\boldsymbol{q})}{P(\boldsymbol{x}|R=0,\boldsymbol{q})}$ 即可，为计算其值，引入朴素贝叶斯条件独立性假设，即在给定查询的情况下，认为任何一个词 k_i 的出现与否与其他词的出现是相互独立的，即

$$\frac{P(\boldsymbol{x}|R=1,\boldsymbol{q})}{P(\boldsymbol{x}|R=0,\boldsymbol{q})} = \prod_{i=1}^{n} \frac{P(x_{k_i}|R=1,\boldsymbol{q})}{P(x_{k_i}|R=0,\boldsymbol{q})} \qquad (5\text{-}35)$$

综合上述内容，可得

$$O(R|\boldsymbol{x},\boldsymbol{q}) = O(R|\boldsymbol{q}) \times \prod_{i=1}^{n} \frac{P(x_{k_i}|R=1,\boldsymbol{q})}{P(x_{k_i}|R=0,\boldsymbol{q})} \qquad (5\text{-}36)$$

由于每个 x_{k_i} 的取值要么是 0，要么是 1，式（5-36）可以转化为

$$O(R|\boldsymbol{x},\boldsymbol{q}) = O(R|\boldsymbol{q}) \times \prod_{i:x_{k_i}=1} \frac{P(x_{k_i}=1|R=1,\boldsymbol{q})}{P(x_{k_i}=1|R=0,\boldsymbol{q})} \times \prod_{i:x_{k_i}=0} \frac{P(x_{k_i}=0|R=1,\boldsymbol{q})}{P(x_{k_i}=0|R=0,\boldsymbol{q})} \qquad (5\text{-}37)$$

为了简化符号，将 $P(x_{k_i}=1|R=1,\boldsymbol{q})$ 记为 P_t，即特征词 k_i 出现在一篇相关文档中的概

率，同样，令 $u_t = P\left(x_{k_i} = 1 | R = 0, \boldsymbol{q}\right)$，表示特征词出现在一篇不相关文档中的概率，这些值之间的关系如表 5-2 所示。

表 5-2　二元独立概率模型中相关符号表示意义

词项是否出现	文档	相关文档中（$R=1$）	不相关文档中（$R=0$）
词项 k_i 出现	$x_{k_i} = 1$	P_t	u_t
词项 k_i 不出现	$x_{k_i} = 0$	$1-P_t$	$1-u_t$

依据表 5-2 中的符号可以对式（5-35）继续简化，假定没有在查询中出现的词项在相关和不相关文档中出现的概率相等，即当 $q_{k_i} = 0$ 时，$P_t = u_t$，因此在排序计算中，只需要考虑在查询中出现的词项的概率的乘积即可：

$$O(R | \boldsymbol{x}, \boldsymbol{q}) = O(R | \boldsymbol{q}) \times \prod_{i:x_{k_i} = q_{k_i} = 1} \frac{P_t}{u_t} \times \prod_{i:x_{k_i} = 0, q_{k_i} = 1} \frac{1-P_t}{1-u_t} \quad （5-38）$$

式中，$\prod_{i:x_{k_i} = q_{k_i} = 1} \frac{P_t}{u_t}$ 计算的是出现在文档中的查询词项的概率的乘积，而第三个因子计算的是不出现在文档中的查询词项的概率的乘积，对上述公式进一步转化，有

$$O(R | \boldsymbol{x}, \boldsymbol{q}) = O(R | \boldsymbol{q}) \times \prod_{i:x_{k_i} = q_{k_i} = 1} \frac{P_t(1-u_t)}{u_t(1-P_t)} \times \prod_{i:q_{k_i} = 1} \frac{1-P_t}{1-u_t} \quad （5-39）$$

式中，$\prod_{i:x_{k_i} = q_{k_i} = 1} \frac{P_t(1-u_t)}{u_t(1-P_t)}$ 仍然基于出现在文档中的查询词项来计算；$\prod_{i:q_{k_i} = 1} \frac{1-P_t}{1-u_t}$ 考虑的是所有查询词项，对于给定的查询，此时的第三个因子是一个常数，要进行文档排序，仅需要顾及 $\prod_{i:x_{k_i} = q_{k_i} = 1} \frac{P_t(1-u_t)}{u_t(1-P_t)}$ 即可，最终这个被用于排序的量，在二元独立概率模型中称为检索状态值（retrieval status value，RSV），其计算方法为

$$\text{RSV}_d = \lg \prod_{i:x_{k_i} = q_{k_i} = 1} \frac{P_t(1-u_t)}{u_t(1-P_t)} = \sum_{i:x_{k_i} = q_{k_i} = 1} \lg \frac{P_t(1-u_t)}{u_t(1-P_t)} \quad （5-40）$$

综上，文档的排序计算最终归结为 RSV 的计算，再定义一个新的因子 c_t（查询词项的优势率比率的对数），其计算方法为

$$c_t = \lg \frac{P_t(1-u_t)}{u_t(1-P_t)} = \lg \frac{P_t}{1-P_t} + \lg \frac{1-u_t}{u_t} \quad （5-41）$$

当查询词项出现在相关文档中时，优势率为 $\frac{P_t}{1-P_t}$，当查询词项出现在不相关文档中时，优势率为 $\frac{1-u_t}{u_t}$，优势率比率是上述两个优势率的比值，对比值取对数运算就成为加和。如果词项在相关和不相关文档中的优势率相等，则其比值为 1，求对数为 0，故此时 $c_t = 0$，如果词项更可能出现在相关文档中，则 c_t 为正数。下面说明在给定文档集合和查询的情况下如何估计 c_t。

对于每个词项 k_i，在整个文档集中如何计算 c_t 呢？表 5-3 给出了计算过程中涉及的

符号，其中 df_{k_i} 表示词项 k_i 的文档数目。

表 5-3 文档集中不同类项文档数目的列联表

词项是否出现	文档	相关	不相关	总计
词项出现	$x_{k_i}=1$	s	$\mathrm{df}_{k_i}-s$	df_{k_i}
词项不出现	$x_{k_i}=0$	$S-s$	$\left(N-\mathrm{df}_{k_i}\right)-(S-s)$	$N-\mathrm{df}_{k_i}$
总计		S	$N-S$	N

基于表格中的数据，结合本章前面介绍的相关知识，有

$$P_t = \frac{s}{S} \tag{5-42}$$

$$P_t = \frac{\mathrm{df}_{k_i}-s}{N-S} \tag{5-43}$$

$$c_t = K(N,\mathrm{df}_{k_i},S,s) = \lg\frac{s/(S-s)}{(\mathrm{df}_{k_i}-s)((N-\mathrm{df}_{k_i})-(S-s))} \tag{5-44}$$

为了避免概率是 0 的情况（如所有的相关文档都包含或者不包含某个特定的词项），一种平滑的方法是在式（5-44）的基础上，每个因子加 0.5，于是可以得到

$$\hat{c}_t = K(N,\mathrm{df}_{k_i},S,s) = \lg\frac{(s+0.5)/(S-s+0.5)}{(\mathrm{df}_{k_i}-s+0.5)((N-\mathrm{df}_{k_i})-(S-s)+0.5)} \tag{5-45}$$

5.3.2 语言模型

1. 基本理论

语言模型在很多语言技术中用来表示文本，最简单的语言模型是一元语言模型，即依据前面的一个词语预测当前词语，显然，利用前面多个词预测后面的词的准确性高于利用前面 1 个词预测后面的词的准确性，但是这种准确性的提高要付出计算量的代价。为降低计算 $P(k_i|k_1k_2\cdots k_{i-1})$ 的时间和空间消耗，出现了 n 元语言模型，即第 i 个词 k_i 的出现仅与其前面的 $n-1$ 个词有关，其计算方法如下：

$$P(k_i|k_1k_2\cdots k_{i-1}) \approx P(k_i|k_{i-n+1}k_{i-n+2}\cdots k_{i-1}) \tag{5-46}$$

下面举例说明上述公式的应用，如果文档集合中只包含四个不同的词语，分别是"计算机""苹果""猫""教师"，每个词语出现的概率分别为 0.20、0.30、0.15、0.35，形成的语言模型为（0.20，0.30，0.15，0.35），那么在这个模型中如果采用二元模型估计，则序列"计算机 苹果"中，如果依据"计算机"来估计下一个词"苹果"出现的概率，则计算方法为

$$P(苹果|计算机) = \frac{P(苹果,计算机)}{P(计算机)} = \frac{0.20\times0.30}{0.20} = 0.30$$

语言模型认为句子 S 是词语的集合，句子的估计概率 $P(S)$ 的计算方法为

$$P(S) = \prod_{i=1}^{k} P(k_i|k_{i-n+1}k_{i-n+2}\cdots k_{i-1}) \tag{5-47}$$

2. 查询似然语言模型

将语言模型应用到信息检索领域，更多的是采用一元语言模型，即所有词语出现的概率都是独立的，不受其他词汇的影响。语言模型在信息检索中的应用称为查询似然语言模型，即根据文档语言模型生成查询文本的概率实现对文档的排序，换句话说，就是要计算从表示文档的"桶"中取出查询项词语的概率，这是一个主题相关模型，因为查询项的生成概率是文档在同样话题上和查询项的接近程度的概率。在给定查询 Q 的前提下，可以通过计算条件概率 $P(D|Q)$ 来实现对文档的排序，根据贝叶斯法则，计算公式如下：

$$P(D|Q) \overset{\text{rank}}{=} P(Q|D) \times P(D) \qquad (5\text{-}48)$$

式中，$\overset{\text{rank}}{=}$ 表示左右两侧的排序是等价的，即得到的文档的排序是相同的；$P(D)$ 是文档的先验概率；$P(D|Q)$ 是给定文档 D 后，查询的似然函数。很多情况下，假设所有文档出现的概率是相同的，即 $P(D)$ 是等概率事件，所以它也不会影响文档的最终排序，故上述模型只需要通过计算 $P(D|Q)$ 就可以实现对待检索文档的排序，这个概率值可以借鉴前述的一元语言模型来计算：

$$P(D|Q) = \prod_{i=1}^{n} P(q_{k_i}|D) \qquad (5\text{-}49)$$

式中，q_{k_i} 是查询中的词，假设查询中有 n 个词，$P(q_{k_i}|D)$ 可采用式（5-50）计算：

$$P(q_{k_i}|D) = \frac{f_{q_{k_i},D}}{|D|} \qquad (5\text{-}50)$$

式中，$P(q_{k_i}|D)$ 称为文档语言模型，也记作 $M_d^{\text{ml}}(k_i)$；$f_{q_{k_i},D}$ 表示词语 q_{k_i} 在文档 D 中出现的次数；$|D|$ 表示文档中词语的数量，对于多项式分布，这是一个极大似然估计，这个估计存在的一个主要问题是，如果查询项中任何一个词语没有在文档集合中出现，那么 $P(Q|D)$ 值将为 0（因为是乘积的关系）。显然上述方法不适合于较长的查询，因为查询越长，词语越多，查询中越可能包含文档集中不包含的词汇。为了避免这个问题，研究者针对语言模型提出了平滑技术。

平滑技术除了可以避免上述的估计问题，还可以解决数据稀疏的问题，该技术一般的方法是降低文档中出现词语的估计概率，并对文档中没有出现的词语赋予"剩余"的概率，未出现的词语的概率基于整个文档集合中出现的词语的频率进行估计。假设 $P(q_{k_i}|C)$ 是整个文档集合中出现查询词语 q_{k_i} 的概率，那么当前待排序文档 D 中未出现 q_{k_i} 的估计概率为 $\alpha_D P(q_{k_i}|C)$，其中 α_D 为用于控制赋予未出现词语概率的系数。为了保证概率值的和为 1，文档中一个出现过的词语的概率被估计为 $(1-\alpha_D)P(q_{k_i}|D) + \alpha_D P(q_{k_i}|C)$，下面举例说明该平滑方法。

假设索引库中有三个词语 k_1、k_2、k_3，假如这三个词语基于极大似然估计的数据集概率 $P(q_{k_i}|C)$ 分别为 0.3、0.5、0.2，基于极大似然估计的文档概率 $P(q_{k_i}|D)$ 分别为 0.5、0.5、

0，那么对于文档语言模型，平滑后的概率估计分别为

$$P(k_1 \mid D) = (1-\alpha_D) \times 0.5 + \alpha_D \times 0.3 = 0.5 - 0.2\alpha_D$$
$$P(k_2 \mid D) = (1-\alpha_D) \times 0.5 + \alpha_D \times 0.5 = 0.5$$
$$P(k_3 \mid D) = (1-\alpha_D) \times 0.0 + \alpha_D \times 0.2 = 0.2\alpha_D$$

观察上面三个计算结果，虽然词语 k_3 并没有出现在文档 D 中，但仍然具有非 0 的概率，将这三个计算后的概率值相加，可以得到

$$P(k_1 \mid D) + P(k_2 \mid D) + P(k_3 \mid D)$$
$$= 0.5 - 0.2\alpha_D + 0.5 + 0.2\alpha_D$$
$$= 1$$

所以进行了上述平滑后，可依然保证概率是一致的。

平滑后的概率估计计算中系数 α_D 的不同赋值方式可以产生不同的估计形式，最简单的方法是将 α_D 设置为常数，即 $\alpha_D = \lambda$，集合语言模型概率估计中，估计词语 q_{k_i} 的概率计算方法为

$$P(q_{k_i} \mid C) = \frac{c_{q_{k_i}}}{|C|} \tag{5-51}$$

式中，$c_{q_{k_i}}$ 是文档集合中查询词语 q_{k_i} 出现的次数；$|C|$ 是文档集合中所有词语出现的次数的总和，此时对概率 $P(q_{k_i} \mid D)$ 的估计可变为

$$P(q_{k_i} \mid D) = (1-\lambda)\frac{f_{q_{k_i},D}}{|D|} + \lambda\frac{c_{q_{k_i}}}{|C|} \tag{5-52}$$

这种形式的平滑就是著名的 Jelinek-Mercer 方法（即 J-M 平滑），将式（5-52）代入式（5-49）可以得到

$$P(Q \mid D) = \prod_{i=1}^{n}\left((1-\lambda)\frac{f_{q_{k_i},D}}{|D|} + \lambda\frac{c_{q_{k_i}}}{|C|}\right) \tag{5-53}$$

由于连乘会导致很小的数值影响精确率的问题，可以使用对数的方法将上述排序计算值转换为求和的形式，即

$$\lg(P(Q \mid D)) = \sum_{i=1}^{n}\lg\left((1-\lambda)\frac{f_{q_{k_i},D}}{|D|} + \lambda\frac{c_{q_{k_i}}}{|C|}\right) \tag{5-54}$$

较小的 λ 将会导致较小的平滑，如果 λ 的值接近于 1，相对性权值会变得更加不重要，TREC 评测显示对于短查询，λ 接近 0.1 时平滑效果较好，对于长查询，λ 接近于 0.7 时性能较好。

3. Kullback-Leibler 距离

在信息检索领域，另一种使用语言模型方法的理论框架是 Kullback-Leibler 距离（KL 距离），也称为相对熵，是一种比较两个概率分布的方法。给定两个连续的概率分布 $f(x)$ 和 $g(x)$，它们之间的 KL 距离可定义为

$$\int_{-\infty}^{\infty} f(x) \times \lg \frac{f(x)}{g(x)} \mathrm{d}x \tag{5-55}$$

在信息检索中一般不采用连续的形式，常采用离散的形式，此时可将 KL 距离按照以下形式计算：

$$\sum_{x} f(x) \times \lg \frac{f(x)}{g(x)} \tag{5-56}$$

其值越大，说明二者的差异越大，当 $f(x)$ 和 $g(x)$ 表示相同分布时，它们的距离为 0，即 KL 距离为 0。KL 距离是不对称的，互换 $f(x)$ 和 $g(x)$ 的值将会产生不同的值。为了能将 KL 距离应用于排名，在信息检索中，我们使用从文档中构造出语言模型类似的方法，从查询中也构造出语言模型，最简单的查询语言模型是极大似然语言模型，即词语 k_i 在查询中出现的次数与查询长度的比值，即

$$M_q^{\mathrm{ml}}(k_i) = \frac{q_{k_i}}{n} \tag{5-57}$$

与文档语言模型的处理相同，也可以通过一定的平滑技术或者其他处理来构造更为复杂的查询语言模型，然后通过计算查询语言模型和文档语言模型的差异，将得到的 KL 距离值用于文档排名：

$$\sum_{k_i \in V} M_q(k_i) \cdot \lg \frac{M_q(k_i)}{M_D(k_i)} = \sum_{k_i \in V} M_q(k_i) \cdot \lg M_q(k_i) - \sum_{k_i \in V} M_q(k_i) \cdot \lg M_D(k_i) \tag{5-58}$$

左边的累加项对于所有文档而言是相同的，所以不影响排序，可以去掉，右边的累加项如果去掉负号，那么其值将会随着距离的减小而增大，适合作为一个排名公式：

$$\sum_{k_i \in V} M_q(k_i) \cdot \lg M_D(k_i) \tag{5-59}$$

将式（5-57）代入式（5-59）可得

$$\sum_{k_i \in V} M_q(k_i) \cdot \lg M_D(k_i) = \frac{1}{n} \cdot \sum_{k_i \in q} q_{k_i} \cdot \lg M_D(k_i) \tag{5-60}$$

式中，常数 $\frac{1}{n}$ 不影响排序，将其删除，可以得到等价的排序公式：

$$\sum_{k_i \in q} q_{k_i} \cdot \lg M_D(k_i) \tag{5-61}$$

上面介绍的就是基于语言模型的两种检索模型，分别是查询似然语言模型和 KL 距离，这两种方法都存在一定的弊端，研究者陆续对它们进行了不同的改进，期望得到更好的检索性能。

5.3.3 贝叶斯网络模型

贝叶斯网络是一种不确定性知识表达与推理模型，是现阶段处理不确定信息技术的主流。在计算机智能科学、医疗诊断等领域中得到了重要的应用，特别是以其良好的知识表现形式以及处理不确定性问题的能力在信息检索领域开始有了比较广泛的应用。

1. 贝叶斯网络的概率基础

贝叶斯网络是一种概率网络，它是基于概率推理的图形化网络，以下是贝叶斯网络中涉及的概率知识。

（1）条件概率：设 A、B 是两个事件，且 $P(A) > 0$，称 $P(B|A) = \dfrac{P(AB)}{P(A)}$ 为在事件 A 发生的条件下事件 B 发生的条件概率。

（2）联合概率：设 A、B 是两个事件，且 $P(A) > 0$，它们的联合概率为 $P(AB) = P(B|A)P(A)$。

（3）全概率公式：设实验的样本空间为 S，A 为 E 的事件，$B_1, B_2, \cdots, B_n$ 为 E 的一组事件，满足 $\sum_{i=1}^{n} B_i = S$；$B_1, B_2, \cdots, B_n$ 互不相容；$P(B_i) > 0$，$i = 1, 2, \cdots, n$；则有全概率公式 $P(A) = \sum_{i=1}^{n} P(B_i)P(A|B_i)$。

（4）根据（1）、（2）和（3），很容易得到贝叶斯公式：$P(B_i|A) = \dfrac{P(A|B_i)P(B_i)}{\sum_{j=1}^{n} P(A|B_j)P(B_j)}$，$i = 1, 2, \cdots, n$。

（5）先验概率：根据历史资料或主观判断所确定的各种事件发生的概率，该概率没能经过实验证实，属于检验前的概率，称为先验概率。

（6）分隔定理（d-seperation）：设 A、B、C 为网络节点中三个不同的子集，当且仅当 A 与 C 间不存在以下情况的路径时，称 B 隔离了 A 和 C，记作 $<A|B|C>_D$。

①所有含有聚合弧段的节点或其子节点是 B 的元素。

②其他节点不是 B 的元素。

（7）条件独立性假设：依据分隔定理，如果 B 隔离了 A 和 C，则认为 A 和 C 是关于 B 条件独立的，即 $P(A|C,B) = P(A|B)$。

2. 贝叶斯网络的结构及推理

贝叶斯网络又称信念网络，一个典型的贝叶斯网络由两部分组成：第一部分是一个有向无环的图形结构 G，其中每个节点代表一个变量，节点之间的有向弧段反映了变量间的依赖关系，指向节点 X 的所有节点称为 X 的父节点，图 5-11 为一个贝叶斯网络的拓扑结构；另一部分是与每个节点相关的条件概率表（conditional probability table, CPT），该表列出了此节点相对于其父节点的所有可能的条件概率。

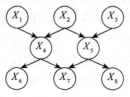

图 5-11 贝叶斯网络

贝叶斯网络规定以节点 X_i 的父节点为条件，X_i 与任意非 X_i 子节点条件独立，按此约定有 n 个节点的贝叶斯网络的联合概率分布为

$$P(X_1, X_2, \cdots, X_n) = \prod_{i=1}^{n} P(X_i \mid \pi(X_i)) \tag{5-62}$$

式中，$\pi(X_i)$ 是网络中 X_i 父节点集合 $\prod(X_i)$ 中的变量取值后的一个组合。若 X_i 没有父节点，则集合 $\prod(X_i)$ 为空，即 $P(X_i \mid \pi(X_i)) = P(X_i)$。

贝叶斯网络的推理通常是从先验知识入手，按贝叶斯规则沿网络弧线层层演进而计算出我们感兴趣的概率。依据贝叶斯学派的观点，概率推理本质上就是信任度的传播，按推理方向，贝叶斯网络有三种重要的推理模式。

1）因果推理或自上而下的推理

此模式是从先验概率开始的正向推理过程。之所以称为因果推理，是因为贝叶斯网络中相连的两节点表达了一种直接的因果关系。以图 5-11 为例，求概率 $P(X_4 \mid X_1)$：$P(X_4 \mid X_1) = \sum_{V_2} P(X_4, X_2 \mid X_1) = \sum_{V_2} P(X_4 \mid X_2, X_1) P(X_2 \mid X_1)$，因果推理的过程可总结如下。

（1）将询问节点（X_4）的其他父节点（未在条件中出现）加入询问节点，条件不变，对新节点的所有状态求和。

（2）利用贝叶斯规则将和式中的每一项展开，因为伴随询问节点的 CPT 只提供了形式为 $P(X_i \mid \pi(X_i))$ 的概率。

2）诊断推理或自下而上的推理

此模式是在已知结论的前提下，推断出可能引发该结论的原因。以图 5-11 为例，求概率 $P(X_1 \mid X_4)$ 的过程为 $P(X_1 \mid X_4) = \dfrac{P(X_4 \mid X_1) P(X_1)}{P(X_4)}$，其中 $P(X_4 \mid X_1)$ 需利用因果推理求得，所以诊断推理的重要一步是将概率转换为因果推理的形式。

3）解释推理

问题中已经包含了原因和结果，这时如果要推断其他导致该结果的原因，就需要运用解释推理。解释推理可概括为：诊断推理中运用因果推理。例如，求 $P(X_1 \mid X_4, X_2)$ 的过程为 $P(X_1 \mid X_4, X_2) = \dfrac{P(X_4, X_2 \mid X_1) P(X_1)}{P(X_4, X_2)} = \dfrac{P(X_4 \mid X_2, X_1) P(X_2 \mid X_1) P(X_1)}{P(X_4 \mid X_2) P(X_2)}$，这就是解释推理，其中 $P(X_4 \mid X_2)$ 也需要利用因果推理，本质上解释推理是前两种模式的混合。

3. 基于贝叶斯网络的信息检索模型

信息检索过程中的每个阶段都包含了一定程度的不确定性，而贝叶斯网络已经成为人工智能领域处理不确定性问题的主要方法。因此，把贝叶斯网络应用于信息检索领域是很自然的事情，但是贝叶斯网络成功应用于信息检索领域有一段很长的过程，主要是因为贝叶斯网络存在以下两点不足：第一是概率估计需要的时间开销和存储这些信息需要的空间开销较大（每个节点需要估计的条件概率数目随着其父节点的数目呈指数级增长）；第二是执行推理的效率问题，贝叶斯网络中的推理一般是一个多项式复杂程度的非确定性（non-deterministic polynomial，NP）问题。为了使贝叶斯网络能够成功地应用于信息检索领域，研究者不断地寻找可以克服这两个缺点的方法。他们的研究取得了一些

成果，在传统的信息检索领域先后出现了三种基于贝叶斯网络的检索模型，分别是推理网络模型（inference network model）、信念网络模型（belief network model）和贝叶斯网络检索模型（Bayesian network retrieval model，BNR 模型）。

1）推理网络模型

推理网络模型采用的是信息检索认识论的观点，图 5-12 给出了一个用于信息检索的推理网络示例。其中文档节点用 d_j 表示，术语节点用 k_i 表示，查询节点用 q 表示。文档节点、术语节点、查询节点均与用相同符号表示的二进制随机变量相关。$U=\{k_1,k_2,\cdots,k_t\}$ 表示 t 维的向量空间，变量 $k_1,k_2,\cdots,k_t$ 为 U 定义了 2^t 种状态，u 表示其中一种状态。

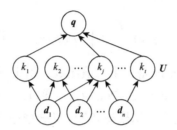

图 5-12　推理网络模型

推理网络将随机变量与索引术语、文献及用户查询联系在一起。与文档 d_j 相关的随机变量表示对这个文档观测的事件（即该模型假定这类文档是在检索相关文档时观测到的）。对文档 d_j 的观测可以为索引术语的随机变量给出一个信任度，对文档的观测会不断增加索引术语的信任度，因此在网络中文档节点与术语节点之间的弧是从文档节点指向索引它的术语节点。与用户查询相关的随机变量表示对由查询指定的信息需求的事件模型化。因为查询节点的信任度是与查询术语相关的节点的信任度的函数，所以网络中的弧是从术语节点指向查询节点。

根据查询 q 对文档进行排序，其结果可以用来度量 d_j 的观测值为查询 q 提供了多少证据支持。在推理网络中，文献 d_j 的排序可用 $P(q|d_j)$ 来计算，其计算方法如下：

$$P(q|d_j)=\frac{P(q,d_j)}{P(d_j)}=\alpha P(q,d_j) \tag{5-63}$$

式中，α 是一个常数因子，因为没有对任何文档给出特定的先验概率，所以一般采用一个统一的先验概率分布，在有关推理网络的早期著作中，规定观测一篇文档 d_j 的先验概率为 $\frac{1}{N}$，N 为系统中的文档总数，因而：

$$P(d_j)=\frac{1}{N}$$
$$P(\overline{d}_j)=1-\frac{1}{N} \tag{5-64}$$

利用基本条件及贝叶斯定理，式（5-63）可变为

$$P(\boldsymbol{q}\,|\,\boldsymbol{d}_j) = \alpha P(\boldsymbol{q}, \boldsymbol{d}_j)$$

$$= \alpha \sum_{\forall \boldsymbol{u}} P(\boldsymbol{q}, \boldsymbol{d}_j\,|\,\boldsymbol{u}) \times P(\boldsymbol{u})$$

$$= \alpha \sum_{\forall \boldsymbol{u}} P(\boldsymbol{q}, \boldsymbol{d}_j, \boldsymbol{u})$$

$$= \alpha \sum_{\forall \boldsymbol{u}} P(\boldsymbol{q}\,|\,\boldsymbol{d}_j, \boldsymbol{u}) \times P(\boldsymbol{d}_j, \boldsymbol{u})$$

$$= \alpha \sum_{\forall \boldsymbol{u}} P(\boldsymbol{q}\,|\,\boldsymbol{u}) \times P(\boldsymbol{u}\,|\,\boldsymbol{d}_j) \times P(\boldsymbol{d}_j)$$

$$= \beta \sum_{\forall \boldsymbol{u}} P(\boldsymbol{q}\,|\,\boldsymbol{u}) \times P(\boldsymbol{u}\,|\,\boldsymbol{d}_j)$$

$$= \beta \sum_{\forall \boldsymbol{u}} P(\boldsymbol{q}\,|\,\boldsymbol{u}) \times \left(\prod_{\forall i|g_i(\boldsymbol{u})=1} P(k_i\,|\,\boldsymbol{d}_j) \times \prod_{\forall i|g_i(\boldsymbol{u})=0} P(\overline{k_i}\,|\,\boldsymbol{d}_j) \right) \quad (5\text{-}65)$$

式中，β 是一个常数因子；$g_i(\boldsymbol{u})$ 是一个二值函数，用于返回状态向量 $\boldsymbol{u}$ 中术语 k_i 的状态（二值的即 0 或 1）；$P(\overline{k_i}\,|\,\boldsymbol{d}_j) = 1 - P(k_i\,|\,\boldsymbol{d}_j)$。通过对 $P(\boldsymbol{q}\,|\,\boldsymbol{u})$、$P(k_i\,|\,\boldsymbol{d}_j)$ 比较恰当的概率定义，可以使推理网络包含布尔模型和 TF-IDF 排序方法，具体定义方法请参考相关文献。

2）信念网络模型

信念网络模型也是基于概率认识论描述的，但是这种模型采用的是一个明确定义的样本空间，因而产生了一种不同于推理网络的网络拓扑，即将网络中的文档和查询分离开来。

在信念网络中，术语集合 $U = \{k_1, k_2, \cdots, k_t\}$ 是一个论域（discourse），同时为信念网络模型定义了样本空间。$u \subset U, u$ 是 U 的一个子集，且 $g_i(u) = 1 \Leftrightarrow k_i \in u$。每个索引术语可看作一个基本概念，因此 U 可看作一个概念空间，概念 u 是 U 的子集。文档和用户查询用概念空间 U 中的概念表示。

定义在样本空间 U 上的概率分布 P 如下所示，c 是空间 U 中的一个概念，表示一篇文档或一个用户查询：

$$P(c) = \sum_{\forall u} P(c\,|\,u) \times P(u) \quad (5\text{-}66)$$

$$P(u) = \left(\frac{1}{2} \right)^t \quad (5\text{-}67)$$

式（5-66）将 $P(c)$ 定义为空间 U 中 c 的覆盖度（degree of coverage），式（5-67）表示概念空间中的所有概念均是等概率发生的。

图 5-13 给出了信念网络模型的简单示例，查询 q 被模型化成一个与二进制随机变量相关的网络节点 q，构成查询概念的术语节点 k_i 指向该查询节点 q。文档 d_j 也被模型化成一个与二进制随机变量相关的网络节点 d_j，构成文档的术语节点 k_i 指向文档节点 d_j。

与给定查询 q 相关的文档 d_j 的排序被理解为一种概念匹配关系，它反映了概念 q 提供给概念 d_j 的覆盖度。因此在信念网络中用 $P(d_j\,|\,q)$ 计算文档 d_j 关于查询 q 的排序。根

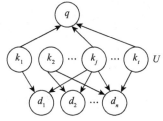

图 5-13　信念网络模型

据条件概率、式（5-6）及贝叶斯定理可得

$$P(d_j \mid q) = \alpha P(d_j, q)$$

$$= \alpha \sum_{\forall u} P(d_j, q \mid u) \times P(u)$$

$$= \alpha \sum_{\forall u} P(d_j \mid u) \times P(q \mid u) \times P(u)$$

$$= \eta \sum_{\forall u} P(d_j \mid u) \times P(q \mid u) \tag{5-68}$$

式中，η 是规范化因子，对概率 $P(d_j \mid u)$、$P(q \mid u)$ 的不同定义可使信念网络模型包括由各种经典信息检索模型（布尔模型、矢量模型、概率模型）产生的排序策略。

3）贝叶斯网络检索模型

贝叶斯网络检索模型是由 de Campos 等（2004）提出的一种基于贝叶斯网络的检索模型，本节将介绍这类模型中最基本的简单贝叶斯网络检索模型，其他的一些模型都是在它的基础上发展而来的，例如，贝叶斯网络检索模型是挖掘了文档集合中术语之间的关系，扩展的贝叶斯网络检索模型是挖掘了文档集合中文档或术语之间的关系等。

简单贝叶斯网络检索模型中的变量由两个不同的集合组成，$V = T \cup D$：集合 $T = \{T_1, T_2, \cdots, T_M\}$，集合 $D = \{D_1, D_2, \cdots, D_N\}$，$T$ 和 D 中的变量均是二值的。变量 D_j 取值集合为 $\{\bar{d}_j, d_j\}$，其中 $\bar{d}_j$ 和 d_j 分别表示在给定查询下文档 D_j 不相关和相关。变量 T_i 取值集合为 $\{\bar{t}_i, t_i\}$，其中 $\bar{t}_i$ 和 t_i 分别表示术语不相关和相关。

网络拓扑结构的建立基于以下三个假设。

（1）如果术语 T_i 属于文档 D_j，则术语节点 T_i 和文档节点 D_j 之间有弧。这反映了文档和其索引术语之间的依赖关系。

（2）文档节点之间没有弧，也就是说文档节点之间的关系只是通过索引它们的术语表示出来。

（3）已知文档 D_j 中索引术语是否相关的情况下，文档 D_j 和其他任何文档 D_k 是条件独立的，也就是说文档 D_j 是否相关只受索引它的术语的影响，而不受其他文档的影响。在网络中表现为弧的指向是由术语节点指向文档节点。

由这三个假设最终确定网络的拓扑结构如图 5-14 所示。可以看出该网络包括两个子网：术语子网和文档子网，弧是由第一个子网中的节点指向第二个子网中的节点。该模型与推理网络模型和信念网络模型最大的区别是在网络中没有包含查询节点，也就是说该模型是查询独立的，查询只是作为证据在网络中传播。

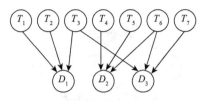

图 5-14 简单贝叶斯网络检索模型

简单贝叶斯网络检索模型各类节点中存储的条件概率计算如下。

（1）对根术语节点需要存储边缘相关概率 $p(t_i)$ 和不相关概率 $p(\overline{t_i})$，可以使用 $p(t_i) = \dfrac{1}{M}$ 得到（$p(\overline{t_i}) = 1 - p(t_i) = \dfrac{M-1}{M}$），其中 M 为集合中术语的数目。

（2）对丁文档节点需要估计条件概率分布 $p(d_j \mid \pi(D_j))$，其中 $\pi(D_j)$ 是 D_j 的父节点集 $\Pi(D_j)$ 取值后的任意一种组合。因为文档节点可能有大量的父节点，所以需要估计和存储的条件概率的数目是很大的。因此，简单贝叶斯网络检索模型采用了专门的正则模型来表示条件概率：

$$p(d_j \mid \pi(D_j)) = \sum_{T_i \in R(\pi(D_j))} w_{ij} \qquad (5\text{-}69)$$

式中，$R(\pi(D_j))$ 是 $\pi(D_j)$ 中相关术语的集合；权重 w_{ij} 满足 $w_{ij} \geqslant 0$ 且 $\sum_{T_i \in D_j} w_{ij} \leqslant 1$。这样在 $\pi(D_j)$ 中的相关术语越多，D_j 的相关概率越大。

图 5-14 所示的简单贝叶斯网络检索模型中节点的数目通常比较大，节点之间的连接也是多路径的，每个节点也可能包含大量的父节点，所以考虑到检索的效率问题，一般的推理算法是不能使用的。因此，简单贝叶斯网络检索模型设计了特殊的推理过程，可以非常有效地计算需要的概率，并且证明了得到的结果和在整个网络中实施精确推理得到的结果是一样的：

$$p(d_j \mid Q) = \sum_{T_i \in \Pi(D_j)} w_{ij} \cdot p(t_i \mid Q) \qquad (5\text{-}70)$$

根据术语子网的拓扑结构，当 $T_i \in Q$ 时 $p(t_i \mid Q) = 1$，当 $T_i \notin Q$ 时 $p(t_i \mid Q) = 1/M$，这时式（5-70）可改写为

$$p(d_j \mid Q) = \sum_{T_i \in \mathrm{Pa}(D_j) \cap Q} w_{ij} + \frac{1}{M} \sum_{T_i \in \mathrm{Pa}(D_j) \backslash Q} w_{ij} \qquad (5\text{-}71)$$

权重 w_{ij} 有多种计算方法，可参考本书前面章节讲解的内容。

5.3.4 LDA 模型

2003 年，Blei 等提出了应用于数据挖掘和自然语言处理的 LDA，其较强的文本表示能力使其在近几年得到了广泛的应用。图 5-15 为 LDA 模型的图形化表示。LDA 模型对语料集 D 中每一个文档 s 的产生过程做出如下假设。

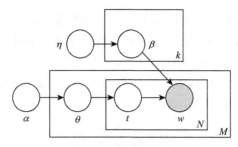

图 5-15　LDA 模型

（1）对语料集中的任一文档 s_i，生成文本长度 N（$N \sim \text{Possion}(\varepsilon)$）。

（2）对语料集中的任一文档 s_i，生成多项式 θ（$\theta \sim \text{Dir}(\alpha)$，$\alpha$ 为表示文档-话题分布的先验参数）。

（3）文档 s_i 中每个词 k_{si} 的生成过程如下。

①生成一个话题 $t_{si} \sim \text{Multinomial}(\theta)$。

②生成一个使条件概率 $p(w_i \mid T_{si}, \beta)$ 最大的词 w_i（β 表示话题-词分布的先验参数）。

一个 k 维的 LDA 随机变量 $\boldsymbol{\theta}$ 可以取 $k-1$ 个 simplex 上的值（若 $\theta_i > 0$，$\sum_{i=1}^{k} \theta_i = 1$，则 k 维向量 $\boldsymbol{\theta}$ 取决于 $k-1$ 个 simplex），狄利克雷分布可以写成下面的形式：

$$p(\boldsymbol{\theta} \mid \boldsymbol{\alpha}) = \frac{\Gamma\left(\sum_{i=1}^{k} \alpha_i\right)}{\prod_{i=1}^{k} \Gamma(\alpha_i)} \theta_1^{\alpha_1 - 1} \cdots \theta_k^{\alpha_k - 1} \tag{5-72}$$

式中，$\boldsymbol{\alpha}$ 是一个 k 维向量，分量 $\alpha_i > 0$；$\Gamma(\cdot)$ 为伽马函数。

给定参数 $\boldsymbol{\alpha}$ 和 $\boldsymbol{\beta}$，主题混合概率 $\boldsymbol{\theta}$，N 个主题 $\boldsymbol{t}$，则 N 个词 k_i 组成的文档 s 的联合概率分布为

$$p(\boldsymbol{\theta}, \boldsymbol{t}, \boldsymbol{s} \mid \boldsymbol{\alpha}, \boldsymbol{\beta}) = p(\boldsymbol{\theta} \mid \boldsymbol{\alpha}) \prod_{n=1}^{N} p(z_n \mid \boldsymbol{\theta}) p(k_n \mid z_n, \boldsymbol{\beta}) \tag{5-73}$$

整合 $\boldsymbol{\theta}$，并对主题 $\boldsymbol{t}$ 进行加和，可得到一篇文档 s 的如下边缘概率分布：

$$p(d \mid \boldsymbol{\alpha}, \boldsymbol{\beta}) = \int p(\boldsymbol{\theta} \mid \boldsymbol{\alpha}) \left(\prod_{n=1}^{N} \sum_{t_n} p(t_n \mid \boldsymbol{\theta}) p(k_n \mid t_n, \boldsymbol{\beta}) \right) \mathrm{d}\boldsymbol{\theta} \tag{5-74}$$

最后，对每篇文档的边缘概率分布乘积，可得到整个语料的概率：

$$p(D \mid \boldsymbol{\alpha}, \boldsymbol{\beta}) = \prod_{d=1}^{M} \int p(\boldsymbol{\theta}_d \mid \boldsymbol{\alpha}) \left(\prod_{n=1}^{N_d} \sum_{t_{sn}} p(t_{sn} \mid \boldsymbol{\theta}_s) p(k_{sn} \mid t_{sn}, \boldsymbol{\beta}) \right) \mathrm{d}\boldsymbol{\theta}_s \tag{5-75}$$

上面概率计算的基础是参数 $\boldsymbol{\alpha}$、$\boldsymbol{\beta}$ 是给定的，如何获得最优的参数，属于参数估计问题，Blei 等给出了如下参数估计方法：给定语料 $D = \{s_1, s_2, \cdots, s_M\}$，试图找到参数 $\boldsymbol{\alpha}$、$\boldsymbol{\beta}$，使所给语料的对数似然值最大化，即

$$\ell(\boldsymbol{\alpha}, \boldsymbol{\beta}) = \sum_{\pi=1}^{M} \lg p(s_{\pi} \mid \boldsymbol{\alpha}, \boldsymbol{\beta}) \tag{5-76}$$

虽然概率 $p(s_\pi | \alpha, \beta)$ 的计算难以实现，但变分推理方法容易得到对数似然值的一个下界，进而可依据参数 α、β 对这个下界值进行最大化。运用一个可交替的变分期望最大化（expectation-maximization，EM）过程和变分参数 γ、φ 可使下界最大化，进而获得 LDA 模型的近似经验贝叶斯估计。对于固定值的变分参数，可调整模型参数 α、β，使下界最大化，参数 β 的近似值为

$$\beta_{ij} \propto \sum_{s=1}^{M} \sum_{n=1}^{N_d} \varphi_{sni}^* \cdot k_{sn}^j \qquad (5\text{-}77)$$

通过使用一个有效的 Newton-Raphson 方法，可以实现对狄利克雷参数 α 的 M 次更新，得到参数 α 的估计值：

$$\alpha_{\text{new}} = \alpha_{\text{old}} - H(\alpha_{\text{old}})^{-1} g(\alpha_{\text{old}}) \qquad (5\text{-}78)$$

式中，$H(\alpha)$ 和 $g(\alpha)$ 分别表示在 α 下的黑塞矩阵和梯度。

LDA 模型由于在相关特征聚类以及主题表示方面具有优势，现已广泛应用于自然语言处理多个领域，包括信息检索领域。

5.4　三类信息检索模型的比较

本章前面介绍了三类信息检索模型：布尔检索模型、向量空间检索模型和概率检索模型，且围绕每个类别分别介绍了几个主流的检索模型，为了便于学习、梳理，表 5-4 列出了本章介绍的所有信息检索模型。

表 5-4　信息检索模型梳理

类别	代表模型
布尔检索模型	基本布尔检索模型
	P 范式模型
	模糊集合论模型
向量空间检索模型	基本向量空间检索模型
	潜在语义模型
	神经网络检索模型
概率检索模型	二元独立概率模型
	语言模型（查询似然语言模型、KL 距离）
	贝叶斯网络模型（推理网络模型、信念网络模型、简单贝叶斯网络检索模型）
	LDA 模型

从上面对三种检索模型的介绍可以看出，布尔检索模型是一种基于逻辑判断的检索模型，而后两种模型则都是把检索问题最后归结为一种数值的比较，两者在很多方面具有相似之处。概率检索模型和向量空间检索模型在文献表示方面，都是用特征词及其权值的组合来表示，不同之处在于概率检索模型的权值是自动标引时标引词在文献中出现的概率，而向量空间检索模型中，权重就是标引词反映主题的程度。另外，向量空间检

索模型和概率检索模型的用户查询也是一组词语及其权重的组合，只是在向量空间检索模型中将其视为向量。在文献匹配中，概率检索模型是计算条件概率，向量空间检索模型依据相似系数，最终根据阈值比较返回检索结果。二者相似的地方还是比较多的。下面从用户、文献操作、检索的实现方式、开发费用四个角度对本章介绍的三类信息检索模型进行比较。

5.4.1　用户的角度

对用户需求的表达，布尔检索模型采用布尔逻辑运算符并配合括号来构成一个逻辑关系清楚的提问表达式，而概率检索模型和向量空间检索模型则使用一组检索词及权重来表示。布尔检索模型的优点在于符合人们的逻辑思维习惯，逻辑性强，可以明确地表达用户的需求，另外这种表述思想和计算机逻辑运算是一致的。布尔检索的缺点包括三点：①它对于模糊的信息需求处理得不好，对于用户需求的表达比较呆板；②对于有多个检索词的、逻辑结构复杂的用户需求，表达式会更为复杂，可读性比较差；③不区分检索词的重要性，影响最终的查准率。

向量空间检索模型和概率检索模型的优点包括：①利于用户非结构化的形式表达信息需求，利于对模糊请求的表达；②即使使用多个检索词，其表达的复杂度也不会增加，可读性好；③对检索词采用权重的形式区分重要程度，可提高查准率。这两种模型从用户需求表达而言的缺点是需求表达的逻辑性差，与用户逻辑思维习惯不符合。

布尔检索模型为用户提供的检索手段单一，虽然在全文检索系统中采用相邻度检索技术，但除此之外，只有逻辑表达式，对多样性的信息需求显得力不从心。概率检索模型和向量空间检索模型提供了多样的检索手段。从操作界面的角度而言，布尔检索模型的操作界面比较呆板，而概率检索模型和向量空间检索模型的界面相对而言比较友好。

5.4.2　文献操作的角度

布尔检索模型无论采用传统的赋值标引还是自动标引都可满足用户的需求，但是如果采用自动标引，则难以充分利用自动标引带来的数据资源，另外，由于布尔检索模型本身的原因，它不可能处理大量的标引词，如果标引词的数量太大，检索表达式的可读性将会非常差。在概率检索模型和向量空间检索模型中，自动标引环境是其必要的条件，因为对于标引词频率的统计是其标引及权值计算、相似度计算的必要前提，大量的标引词可以提高检索的准确率。在文献表示形式方面，布尔检索模型的标引结果是一些孤立的词，词语之间的关系显示要么没有，要么是浅层次的、孤立的反映，对于词语之间深层次的联系显得束手无策。而向量空间检索模型和概率检索模型可以将文献和特征词表达为矩阵的形式，一方面采用多标引词索引，增加对文献内容的表述深度，另一方面通过权重来反映文献的重要内容，除此之外，还提供了许多词语之间关系计算的方法。

在对文献聚类的处理方面，布尔检索中的文献有两种组织形式：一种是顺排文档结构组织文献，对文献的聚类只是通过先行排列时逻辑或物理上的相邻关系来实现，聚类方法比较单一；另一种组织形式是倒排文档结构，文档间的联系较前者要好，但也是局部的。而概率检索模型和向量空间检索模型则不同，它以词间的内容相关实现文献聚类，特别是在基于可视化的向量空间检索模型中，以距离大小来反映文献的相似程度，距离越小，文献间的关联度越大，所有关联文献可在低维压缩后的空间中紧密地排列在一起，实现文献的聚类。

5.4.3　检索的实现方式的角度

布尔检索模型采用逻辑匹配法，能满足各检索词及其逻辑关系要求的为真，否则表示匹配失败。向量空间检索模型和概率检索模型采用数值匹配法，文献对查询的匹配程度以一个具体的数值来表示，而文献能否被检索到，取决于两个方面：一是所得数值的大小；二是用户提前设定的阈值的大小，如果最后计算的相似度值大于给定的阈值，则文献将被检索到，否则表示匹配失败。另外，基于向量空间检索模型的检索系统还能分析、综合利用相关提问的合效应，这为多层次、多视角、全方位地反映用户的真正需求奠定基础，而布尔检索模型则不可以。

5.4.4　开发费用的角度

布尔检索模型对硬件的要求不高，尽管联机系统比脱机系统在速度和存储空间方面要求高，但是目前的计算机均能满足要求，向量空间检索模型和概率检索模型则不同，因为它对文本的索引深度大，计算复杂度高，文本的标引方法占用空间多，检索结果要求可视化，所以对硬件水平的要求比较高，对并行处理的要求也比较高。

向量空间检索模型和概率检索模型对软件的要求也比布尔检索模型高，例如，在向量空间检索模型中会遇到大量稀疏矩阵的处理，这就迫切需要数据压缩技术的改进和提高。同样地，概率检索模型和向量空间检索模型相关算法的复杂度也比较高。

布尔检索模型、向量空间检索模型和概率检索模型长期以来经过多个回合的较量，其间各有胜负，到底孰优孰劣？经过长期的实验验证，三者各具特色，未来的检索模型的发展可能是三种模型的有效融合，如在布尔检索中融合概率检索模型和向量空间检索模型的优点，在向量空间检索模型中析取布尔逻辑的结构化等。

【本章小结】

本章属于本书非常重要的一章，围绕主流的信息检索模型——布尔检索模型、向量空间检索模型和概率检索模型展开讲解，知识点多、难度大，要求学生在熟练掌握相关模型的基本模型基础上，体会到信息检索模型在信息检索过程中的地位，能结合实际应用，运用学习的检索模型解释搜索引擎的实现过程。为了扩充相关知识的学习，建议读相关文献了解更多关于信息检索模型的知识。因为本章知识比较抽象，涉及的数学知识比较多，学生学起来难度较大，建议教师结合实例展开相关知识的讲解。

【课后思考题】

1. 简述信息检索模型在信息检索过程中的地位。
2. 简述布尔检索模型的实现原理。
3. 简述向量空间检索模型的实现原理。

4. 二元独立概率模型和布尔检索模型有关吗？简述二者异同。

5. 查询似然语言模型和语言模型是什么关系？为什么说查询似然语言模型是基于语言模型的信息检索模型，如何体现？

6. KL 距离是基于什么理论实现文档排序的？

7. 列举基于贝叶斯网络的信息检索模型有哪些。

8. 推理网络模型和信念网络模型的关键不同是什么？

9. 比较布尔检索模型、向量空间检索模型和概率检索模型的优缺点。

10. 你还知道其他信息检索模型吗？如果知道，请列举。

第6章 常用的信息检索

【本章导读】

本章介绍五种常用的信息检索，分别是文本检索、图像检索、多媒体检索、Web 检索、电商检索，它们的理论基础均为信息检索，本质上是相通的，但是由于应用领域不同，五种检索还是有所区别的。文本检索部分介绍了其内涵、类型及具体的应用；图像检索的对象不同于普通文本，从信息处理的角度而言二者是有区别的，该部分从介绍图像检索的内涵出发，详细阐述图像检索的基本原理；Web 检索的应用范围最广，典型工具是搜索引擎，后续章节会详细介绍有关搜索引擎的知识，本章介绍 Web 检索的基本模型及发展趋势；随着各种电商平台的出现，网络购物成为常态，购物中商品搜索是必不可少的操作，本章在电商检索部分以介绍其内涵为出发点，结合京东商城平台详细阐述其实现过程。

6.1 文本检索

6.1.1 文本检索的内涵

文本检索，是指根据文本内容，如关键词、语义等对文本集合进行检索、分类和过滤等操作。文本是指书面语言的表现形式，即任何被书写而固定下来的语言，通常被理解为由语句组成的具有完整且系统含义的句子、段落或篇章。文本是由一定的符号或符码组成的可以为人所见的信息结构体，具有不同的表现形态，包括语言、文字、影像等。文本作为文本检索的检索对象，决定了文本检索在包括文本检索、图像检索、多媒体检索以及 Web 检索在内的信息检索中的基础地位，也是信息检索的最早形式。文本检索不需要对文献进行任何标引而直接利用计算机以自然语言中的词语与对象文本进行匹配检索，因此文本检索也称为自然语言检索。文本检索可以对整篇文献（文章、报告、期刊、图书）的文本进行匹配，也可以对其中的一部分如摘要、引言或者只是文献的题名等进行匹配。

作为最早出现而普及的文献固定保管场所，图书馆的图书索引是最原始、最典型的文本检索，根据书名、作者、主题词、分类号、索书号等对馆藏图书进行检索，极大地提升了读者对于目标图书的查找速度与查准率。计算机的出现和使用在扩充文献容量的同时对于文献内容的标识也更加具体，因此促成了第一代文本检索的形成，将用户需求进行词语提取，将单个词语或词语组合与文献进行匹配检索，从而检索出包含此词语或词语组合的文献。此后，随着文献产出率的持续增长，运用第一代基于词语的文本检索的检索速率以及查准率下降，基于文本内容的第二代文本检索技术应运而生，即系统通过对文本和检索语句的理解，计算文本和检索语句的相似度，根据相似度对检索结果排序，将相似度最高的检索结果呈现给用户。此后，互联网的出现和发展给文本文献带来了无限的发展空间，文本数量级和文本结构发生了变化。文本数量的大幅度增长和文本的日益半结构化，给文本检索技术带来了更大的机遇与挑战，于是出现了在基于相似度的文本检索基础上，结合文本结构信息（如文本的网址、大小写、文本在页面中的位置、文本指向的其他文本、指向文本的其他文本等）对检索结果集进行排序的第三代文本检索技术。

随着社会信息化进程的加快，普通的信息检索已经难以针对性地满足特殊领域、特殊人群的精准化信息需求服务，从而使信息检索向垂直搜索发展，对文本信息进行结构化的信息提取，将非结构化数据抽取成特定的结构化信息数据，使检索结果更加深入和具体。现代文本检索技术正在向语义理解、领域本体等方向发展。通过构建本体库将文本转化为语义集合，从提炼的文本语义来进行语义层次的检索，同时也出现了针对特定领域的检索技术，并得到了广泛应用。

6.1.2　常用的文本检索

1.　布尔检索

布尔检索是指通过标准的布尔逻辑关系来表达关键词与关键词之间逻辑关系的一种检索方法，利用布尔逻辑运算符将检索词或代码进行逻辑组配构成布尔逻辑检索式，然后与检索文本对象进行匹配从而完成数据库中相关文献的定性选择。

常用的布尔逻辑运算符有逻辑与、逻辑或、逻辑非三种。

逻辑与，用 AND 或"*"表示，可用来表示所连接的两个检索项的交叉部分，也称交集部分。逻辑与用于获取数据库中同时包含检索词 A、检索词 B 的文献，布尔检索式为 A AND B 或 A * B，表示的集合为 A 与 B 的交集，即 $A \cap B$。这样的组配增加了限制条件，即增强检索的专指性，缩小了检索范围，减少了文献输出量，有利于提高查准率。

逻辑或，用 OR 或"+"表示，可用来表示两个检索项之间的并列关系。逻辑或用于获取数据库中含有检索词 A、含有检索词 B 或者同时含有检索词 A 和检索词 B 的文献，布尔检索式为 A OR B 或 A +B，表示的集合为 A 与 B 的并集，即 $A \cup B$。这样的组配放宽了检索范围，增加了文献输出量，有利于提高查全率。

逻辑非，用 NOT 或"－"表示，可用来连接排除关系的检索词，即排除不需要的或者影响检索结果的概念。逻辑非用于获取数据库中含有检索词 A 而不含有检索词 B 的文献，布尔检索式为 A NOT B 或 A－B，表示的集合为 B 的补集，即 $\bar{B}$。这样的组配能够缩小命中文献范围，提高检索的准确性。

异或逻辑运算符 XOR（exclusive OR）不属于布尔逻辑运算符，但在少数检索系统中会有应用。异或逻辑运算符用于获取数据库中只含有检索词 A 的文献和只含有检索词 B 的文献，而排除同时含有检索词 A 和检索词 B 的文献，检索式为 A XOR B。

布尔逻辑运算符在执行检索时遵循数学运算法则，同级运算自左向右运行；不同布尔逻辑运算符之间执行的优先顺序为 NOT、AND、OR；有括号时，先括号内，再括号外，对于多层括号，由内到外逐层进行；检索式中只有 AND 或 OR 时，前后检索词可交换；NOT 的前后检索词不可交换；当检索式含有截词符、限制符、位置符时，布尔运算最后进行。

另外，不同的检索系统和工具的布尔检索技术存在一些差异，在使用时，应先了解其使用规则。例如，支持布尔逻辑的程度可能不同；支持布尔逻辑关系的方式也可能不同，有的用符号来实现布尔逻辑关系，有的直接用表格和文字来体现不同的布尔关系，如以 all of the words 来表示 AND，以 any of the words 来表示 OR，以 none of the words 来表示 NOT。

对于较为复杂的检索课题，使用布尔逻辑运算符尤其是逻辑与和逻辑非时需要慎重。例如，要检索有关欧洲的标准方面的文献，若将检索式表达为 Europe AND standard，因 Europe 作为一个检索词只能代表其自身，而无法代表英、法、德、意等具体国家，这时就需要使用逻辑或来扩展检索式。

2. 截词检索

截词检索是指在检索词的合适位置进行截断，检索时，系统对已被截断的检索词进行查找匹配，将能够与此截断词汇相匹配的记录呈现给用户。截词检索是布尔检索技术框架基础上的一种常用检索技术，尤其在西文检索中得到了广泛应用。由于西文语言构词灵活，在词干上加上不同的前缀和后缀，即可派生出许多新词汇，截词检索可以根据截断的检索词词干检索出所有包含此词干派生词的记录，由此扩大检索范围，预防漏检，有效提高了查全率。

截词检索技术按截词的位置可以分为后截断、前截断、中截断三类；按截断的字符数量可分为有限截断和无限截断两类。截词检索需要使用专门的截词符号，不同的检索系统规定的截词符号有所差异，在使用前，应注意了解相关的使用规则。为方便举例，暂时规定"*"表示无限截断，"？"表示有限截断。

1）后截词检索

后截断是指将字符串的右方加上截词符，则其右的有限或无限个字符不影响该字符串的检索匹配。后截词检索结果中单词的前几个字符与关键词中截词符前面的字符相一致。从检索性质上讲，后截断属于"前方一致"的检索。后截词检索又包括有限后截词和无限后截词两种。

有限后截词主要用于词的单、复数，动词的词尾变化等。截词符"？"可用来代替 0 个或 1 个字符，如"book？"可检索出系统中存储的包含 book 或 books 的所有文献记录。"acid？？"可检索出系统中存储的包含 acid、acidic 或 acids 的文献记录。

无限后截词主要用于同根词，如 solubilit 用"solub*"处理，可检索出系统中存储的前 5 个字符为 solub 的所有词汇及其所对应的文献记录，如 solubilize、solubilization、soluble 等。

2）前截词检索

前截断是指将字符串的左方加上截词符，则其前面的有限或无限个字符不影响该字符串的检索匹配。前截词检索结果中单词的后几个字符与关键词中截词符后面的字符一致。从检索性质上讲，前截断属于"后方一致"的检索。例如，"*gram"可检索出系统中存储的后 4 个字符为 gram 的所有词汇及其所对应的文献记录，如 gram、kilogram、milligram、microgram 等，但检不出 grammar、grammy、milligramme 等。

有时前截断与后截断可以结合使用，如"*biolog*"，可检索出 biolog、biology、biologic、biologist、microbiology、microbiologist、marine-biology 等。

3）中截词检索

中截词也称屏蔽词，是将截词符置于一个检索词的中间，表示检索词的中间可有若干形式的变化。一般来说，中截词仅允许有限截词。中截词主要用于英、美拼写不同的词和单复数拼写不同的词，如"organi？ation"可检索出含有 organisation 和 organization 的记录。

3.　限制检索

限制检索是通过限制检索范围来提高查准率，优化检索结果的方法。限制检索的方式有多种，如进行字段检索、使用限制符、采用限制检索命令等。其中，最常用的限制检索方式是字段检索，字段检索是一种用于限定检索词在数据库记录中出现的区域，控制检索的相关性，提高检索效果的检索方法。

在检索系统中，数据库设置、提供的可供检索的字段通常分为主题字段与非主题字段两大类。主题字段又称基本检索字段，是反映文献内容特征的字段，提供从主题内容特征查找文献的途径，如标题（Title）、主题词（Controlled Term）、关键词（Keyword）和文摘（Abstract）等；非主题字段即辅助检索字段，是反映文献的外部特征的字段，提供从文献的外部特征查找文献的途径，如作者（Author）、作者单位（Author Affiliation）、文献类型（Document Type）、使用语言（Language）等字段。在数据库中，每个字段都有一个用两位字母表示的代码，如 AB 表示"文摘（Abstract）"，AU 表示"作者（Author）"。检索时，可利用前缀或后缀形式的字段代码，对检索词、检索式或代表检索步骤的检索步号的查找区域加以限定。

表 6-1 是 Web of Science 数据库中的检索字段及其代码。

表 6-1　Web of Science 数据库中的检索字段及其代码

字段名称	代码	字段名称	代码
Topic（主题）	TS	Suborganization（下属机构）	SG
Title（标题）	TI	Street Address（街道地址）	SA
Author（作者）	AU	City（城市）	CI
Author Identifiers（作者标识符）	AI	Province/State（省/州）	PS

续表

字段名称	代码	字段名称	代码
Group Author（团体作者）	GP	Organization（机构）	OO
Editor（编者）	ED	Country（国家/地区）	CU
Publication Type（出版物名称）	PT	Zip/Postal Code（邮政编码）	ZP
DOI	DO	Funding Agency（基金资助机构及授权号）	FU
Published Year（出版年）	PY	Funding Text（基金资助信息）	FT
Conference（会议）	CF	Supplement（增刊）	SU
Address（地址）	AD	Web of Science（分类）	WC
Organization-Enhanced（机构扩展）	OG	ISSN/ISBN	IS

检索时，用户可以通过指定检索词在主题字段或者非主题字段的出现情况来实现字段限制检索，具体指定方式有两种。

（1）菜单选择方式：即从检索界面上设置的字段列表菜单中直接选择。

（2）检索命令方式：即使用系统中规定的字段代码和字段检索符号表达检索式。

【例6-1】检索式：AD=（Humboldt Univ SAME Berlin SAME Germany）。

在检索文本框中输入即可在 Web of Science 中查找文献的"地址"字段中包含 Humboldt Univ、Berlin、Germany 的记录。

【例6-2】检索式 TS=（Sul*ur AND Nitra*）AND#1 NOT#3。

在检索文本框中输入以上检索式即可查找"主题"字段中包含检索词 sulfur（或 sulphur）和 nitrate（或 nitrates），同时包含检索式#1 中的检索词，排除包含检索式#3 中的检索词的所有记录。

在 Web of Science 中，AND、OR、NOT、SAME 和 NEAR 都是可用的布尔运算符，其中 SAME 仅"地址"检索中使用，在其他检索中使用时，SAME 和 AND 的作用完全相同。

不同的检索系统所提供的字段代码和检索符号不同，在实施检索前，应注意阅读系统的说明文件，以避免检索误差。

4. 位置检索

位置检索也叫邻近检索，是用一些特定的算符（位置算符）来表达检索词与检索词之间的邻近关系，并且可以不依赖主题词表而直接使用自由词进行检索的技术方法。不同检索系统提供的位置检索方式一般不同，总的来说，可划分为四种：邻接检索、同句检索、同字段检索和同记录检索。

1）邻接检索

邻接检索对于若干检索词在自然语言文本中出现的具体组合形式包括前后位置和中间字符数量限定。不同检索系统的位置检索运算符一般不同，在 DIALOG 数据库系统中邻接检索的位置算符包括：（W）与（nW）、（N）与（nN）。

（1）（W）与（nW）算符。（W）算符是 with 的缩写，表示其两侧的检索词必须紧密相连，中间除可以有一个空格、一个标点符号或一个连接号外，不得插入其他单词或字母，且词序不可以颠倒。（nW）算符中 W 的含义是 word，表示此算符两侧的检索词必须按此前后邻接的顺序排列，顺序不可颠倒，而且检索词之间最多有 n 个其他单词。

【例 6-3】modern（W）society，系统只检索出包含词组 modern society 的记录。

【例 6-4】laser（1W）printer，可检索包含 laser printer、laser color printer 和 laser and printer 的记录。

（W）和（nW）可连续使用组成一个检索式，如 feature（2W）modern（W）society。

（2）（N）与（nN）算符。（N）算符是 near 的缩写，表示其两侧的检索词必须紧密相连，中间除可以含有一个空格、一个标点符号或一个连接号外，不得插入其他单词或字母，两词的词序可以颠倒。（nN）算符表示其两侧的检索词之间可以有最多 n 个单词（或汉字），词序可颠倒。

【例 6-5】ship（N）repair，系统可检索出包含 ship repair 或 repair ship 的记录。

【例 6-6】resources（2N）waste，系统可检索出包含 resources waste、waste of resources、waste of water resources 等不同词组的记录。

当（N）连接两个以上检索词时，系统从左往右进行运算检索。例如，A（N）B（N）C，系统首先执行 A（N）B，执行第二个（N）时，C 只能出现在 AB 或 BA 的前面或后面。

2）同句检索

同句检索要求被连接的检索词必须同时出现在记录的同一句子（同一子字段）中，不限制它们在此子字段中的相对次序，中间插入词的数量也不限。在 DIALOG 系统中同句检索的位置算符为（S），是 sentence 的缩写。

【例 6-7】speech（S）emphasis，则含有语句 That emphasis on brevity applies even more when you are delivering a speech 的记录就会被检索出来。

3）同字段检索

同字段检索要求其连接的检索词必须在同一字段（如题目字段或文摘字段）中出现，词序不限，中间可插任意词汇。在 DIALOG 系统中同字段检索的位置算符为（F），是 field 的缩写。

【例 6-8】living（F）standard/TI，AB，表示 living 和 standard 必须同时出现在标题字段或摘要字段内。

4）同记录检索

同记录检索要求被连接的检索词必须同时出现在同一记录中。在书目数据库中，一篇文献即一条记录，而在全文数据库中，某些文献因为篇幅过长而被分割成不同记录，所以两种数据库其同字段检索不同。在 DIALOG 系统中同字段检索的位置算符为（C），是 citation 的缩写。

上述位置算符按照限制程度的大小排序如下：

W　nW　nN　N　S　F　C
大 ————————————→ 小

从左往右，严密性依次递减，检索结果记录依次增多，误检率也越来越高。若同时使用两种以上的位置算符，应将严密性高的放在前面，以提高查准率，节省查找时间。

5. 加权检索

加权检索是某些检索系统中提供的一种定量检索技术。加权检索和布尔检索、截词检索等一样，也是文献检索的一个基本检索手段，但与它们不同的是，加权检索的侧重点在于判定检索词或字符串在满足检索逻辑后对文献命中与否的影响程度。运用加权检索可以命中核心概念文献，因此它是一种缩小检索范围、提高查准率的有效方法。不同检索系统提供的加权检索在权的定义、加权方式、权值计算和检索结果的判定等方面可能不同。下面介绍几种常见的加权检索。

1）词加权检索

词加权检索是最常见的加权检索技术。首先，检索者根据对检索需求的理解提取检索词，并对每一个检索词给定一个数值表示其重要性程度，即权（weight）。检索时，系统首先检索出包含检索词的文献记录，然后计算相关文献记录的权值总和并排序，与预先设定的阈值比较，大于或等于阈值的记录即命中文献，最后按权值总和从大到小排列输出。

【**例 6-9**】以"工厂污水处理"为检索课题，给检索词"工厂""污水""处理"分别赋予权值 3、6、4，设定阈值为 6。检索时，在检索文本框中输入"工厂/3*污水/6*处理/4"进行查询，则依据所含检索词权重输出结果记录，命中文献按权值递减排列如下：

工厂，污水，处理	权和=13≥6
工厂，污水	权和=9≥6
污水，处理	权和=10≥6
工厂，处理	权和=7≥6
污水	权和=6≥6

词加权检索通过检索词重要性赋予其相应权值，使检索更有针对性。另外，通过提高或降低阈值的设定来缩小或扩大检索范围，以此对于查全率和查准率的控制更加主动。但是，词加权检索也有其不足之处：检索者对于检索词的权值设置带有一定主观性；加权检索是对检索词所对应的概念加权，当用同义词进行扩检时，同一概念词具有相同权值，但在计算权值总和时，只能计算其中一个词的权值，由此可能造成漏检。

2）词频加权检索

词频加权检索是建立在文摘数据库或全文数据库基础上，根据检索词在记录中出现的频率来决定该词的权值，以此杜绝词加权检索中检索者设定权值的人工干预因素。

下面介绍词频加权检索中比较有代表性的权值设定方法。

（1）简单词频加权检索。简单词频加权检索通过检索词在记录中出现的次数决定其权值，然后累计该记录中每个检索词权值之和以判定是否命中文献。该方法无论文章长短、词频高低都采用统一的词频标准，容易造成部分能表征文献研究内容的低频词无法检出，因此，出现了相对词频加权检索。

（2）相对词频加权检索。相对词频加权检索是综合考量每一个检索词在某一篇文献中词频和在整个数据库中的词频来进行加权的一种方法，它可以采用两种统计方式：

$$文内频率=\frac{指定词在某文献中的频次}{该文献的词汇总频次}\qquad（6-1）$$

$$文外频率=\frac{指定词在某文献中的频次}{该词在整个数据库中的总频次}\qquad（6-2）$$

文内频率解决了短文章中词频过低的问题，文外频率解决了新词、专有词的低频问题。相对词频加权检索的前提是数据库统计并记载了每篇文献的词汇频次以及每一个词汇在数据库中出现的频次。

3）加权标引检索

加权标引检索是在对文献进行标引时，根据标引词在文献中的重要程度为其赋予权值，检索时，给出检索词及其检索阈值即可根据检索词的标引权值总和来筛选命中文献，并排序输出。

检索阈值的设定一般可从两方面考虑：第一，给每个检索词设定一个阈值，若某文献中该标引词权重大于阈值，则为命中文献，这样可避免检出次要内容；第二，给总的检索结果设定一个阈值，若某文献中与检索词相关的标引词权值之和大于阈值，则为命中文献，这样可保证命中文献的综合相关度。

加权标引需要统一的标引词赋权标准和规则，并且需要标引者熟悉这些标准与规则，否则就会影响检索速度与质量，因此，加权标引检索技术一般应用于计算机自动标引的系统。

6. 全文检索

全文检索是将存储于数据库中整本书、整篇文章中的任意内容信息查找出来的检索，它可以根据用户需要获取全文中有关章、节、段、句、词等信息，类似于给整本书的每个字词添加标签，以便于快速查找匹配，也可以进行各种统计分析。

全文检索以全文数据库存储为基础。全文数据库是将一个完整信息源的全部内容转化为计算机可以识别、处理的信息单元而形成的数据集合。全文检索系统还必须对全文数据库进行词（字）、句、段落等更深层次的编辑、加工，同时，允许用户采用自然语言表达，借助截词、邻词等匹配方法直接查阅文献原文信息。

全文检索系统的基本功能可以从系统设计与检索两个角度来看。

1）从系统设计角度看

从系统设计角度看，全文检索系统的基本功能包括以下几点。

（1）全文本规模的处理，这一功能很重要，包括全文本的标引、抽词、排序及索引编制。

（2）设置二级检索机制，其中第一级检索满足作为标引词的检索，查找模式为布尔逻辑检索；第二级检索为二次检索，其对象可以是未经标引的词或字符串，采用顺序扫描方式，找出与输入词匹配的段落或记录。

（3）具备二级词表机制，即关键词表与后控词表。前者利用文本中已有标识，通过加注标引，提取关键词的词表形式显示出来；后者由专家事先准备，由系统自动捕捉，在自然语言标引的同时备有后控词表机制，满足簇性检索要求。

（4）多级输出方式，即屏幕显示、打印机打印、机读形式数据等，甚至可以配备格式化语言供用户控制输出格式等。

2）从检索角度看

从检索角度看，全文检索系统的基本功能包括以下几点。

（1）内容与外部特征组合检索，即满足某一外部特征或某一内容特征的单独检索，也可以是两种特征的组合检索，还可以进行外部特征和内容特征各自之间或更多组合的检索。

（2）全文分类专题检索和二次检索，即用户可以在某一分类专题表中选择专题号进行检索，凡被赋予该号的文献均被命中输出；还可以在专题检索基础上进行二次检索，即由用户通过输入的某一关键词，利用在专题检索中获得的有限文献集合内直接进行义中的扫描匹配检索。

（3）全文关键词单汉字检索，即当用户需要检索的关键词未在标引短句库和后控词表中出现时，可以通过全文关键词单汉字检索，将所有包含关键词的文献检索出来。

（4）位置限定检索，即包括同句、同段、同篇位置的限定检索。

（5）后控词表检索，是指具备后控关键词智能检索及后控关键词分类检索的功能。

6.1.3　文本检索的新兴应用

1）语义搜索

语义搜索是语义技术在信息检索领域的应用。在语义网环境下实现语义检索，实际上就是要将知识本体所描述的语义关系应用到对信息资源的标引和检索中。具体来讲就是要通过对本体文件的解析和推理在语义层面上实现信息检索，并以适当的形式和友好的界面与用户进行交互。将语义技术应用到信息检索主要有两种方式。一是利用语义网数据补充传统文本检索的检索结果，以及利用语义网改进检索技术本身。但其研究对象仍是传统信息资源，而非语义网信息资源。二是提出以向量空间模型为基础设计基于本体的检索模型，支持检索结果排序。该方法需要将关键字查询转化为结构查询，而不是在结构查询中结合对内容的检索。

2）概念搜索

概念搜索是指使用语义标注的方法将信息半结构化，把传统意义上的搜索转变为对概念进行推理，挖掘信息之中的隐含知识。概念搜索在传统的关键词搜索的基础上添加了语义层。用户输入某个关键词进行搜索时，系统通过该关键词涉及的多个概念在语义本体中定位，并进行语义扩展，形成一个新的搜索概念集，进而以此搜索概念集对处理对象进行精确搜索，从而获得搜索结果。在语义标注的框架下搜索信息，将有助于发现数据间的各种显式和潜在的关联。

3）个性化搜索

个性化搜索技术是从用户的角度出发，根据用户的搜索习惯，并以此为依据返回用户可能最为关心的搜索结果。个性化搜索的原理是根据搜索及访问记录，来预测用户进行新的搜索时的真实目的。个性化搜索技术是一项综合性的搜索技术应用。根据数据源、用户范围和实际的需求不同，个性化搜索实现的方式多种多样。但其实现的核心技术是基本一致的，主要包括用户建模技术、智能检索技术、信息过滤技术、用户交互技术等。

在应用方面，个性化搜索根据不同的应用级别而有所差异。按照应用的范围不同，目前主流的个性化搜索应用可以分为三类。

（1）通用级个性化搜索系统。该系统不具体细分使用用户，而是将潜在用户定位为所用的互联网用户，数据源也是以广度采集为优先。目前，多数搜索引擎开发的个性化搜索功能都属于这一类，如谷歌个性化搜索工具。

（2）企业级个性化搜索系统。该系统的用户为特定的企业群体，而数据来源为 Web 数据和企业内外相关的业务数据。使用企业级个性化搜索系统的多为大型企业。

（3）图书馆级个性化搜索工具。该搜索工具的用户群体是图书馆读者。读者群作为一个松散化的群体，数量、类型都具有一定的不确定性，因此同时具有通用级和企业级的特点。图书馆的数据来源广泛，具有异构性特点。

6.2　图像检索

6.2.1　图像检索的内涵

近年来，随着多媒体技术和计算机网络的飞速发展，全世界数字图像的容量正在以惊人的速度增长。无论军用还是民用设备，每天都会产生数千兆字节容量的图像。这些图像包含了大量有用的信息。如果我们不对它们进行有效的组织，就无法达到高效率的浏览与检索。这就要求有一种能够快速而且准确地查找访问图像的技术，也就是图像检索技术。

从 20 世纪 70 年代开始，有关图像检索的研究就已开始，早期的图像检索使用的是文本标注的方法，即基于文本的图像检索技术。基于文本的图像检索沿用了传统文本检索技术，回避对图像可视化元素的分析，而是从图像名称、图像尺寸、压缩类型、作者、年代等方面标引图像，一般以关键词形式提问查询图像，或者是以等级目录的形式浏览查找特定类目下的图像。当时流行的图像检索系统是将图像作为数据库中存储的对象，用关键字或自由文本对其进行描述。查询操作是基于该图像的文本描述进行精确匹配或概率匹配。有些系统的检索模型还有词典支持。另外，图像数据模型、多维索引和查询评价等技术都在这样的一个框架之下发展起来。然而，完全基于文本的图像检索技术存在着严重的问题。首先，目前的计算机视觉和人工智能技术都无法对图像自动进行文本标注，必须依赖人工对图像进行标注。这项工作不但费时费力，而且手工标注往往不准确或不完整，不可避免地带有主观性。也就是说，不同的人对同一幅图像有不同的理解，这种主观理解的差异将导致图像检索中的失配。此外，图像中所包含的丰富的视觉特性（颜色或纹理等）往往无法用文本进行客观的描述。

到 20 世纪 90 年代以后，随着大规模数字图像库的出现，上述问题变得越来越尖锐。

为克服这些问题，出现了对图像的内容语义，如图像的颜色、纹理、布局等进行分析和检索的图像检索技术，即基于内容的图像检索（content-based image retrieval，CBIR）技术。目前基于内容的图像检索已经成为主要的图像检索方法。

接下来，我们将从图像检索系统及其类型等方面对基于内容的图像检索技术进行分析探讨。

6.2.2 基于内容的图像检索

基于内容的图像检索，就是利用图像本身包含的不同层次结构与语义信息进行检索，如图像的颜色、纹理、形状和空间位置等视觉特征和组合特征。基于内容的图像检索系统一般由输入模块、数据库、查询模块和检索模块等构成，其结构与各部分功能如图 6-1 所示。

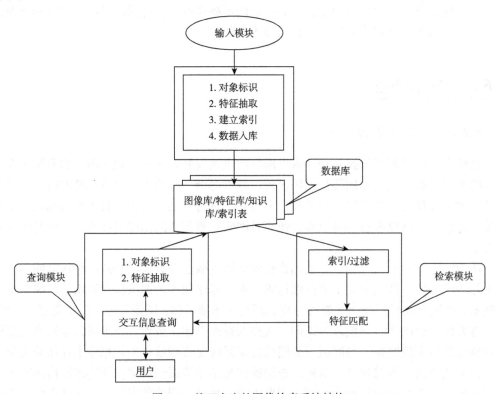

图 6-1 基于内容的图像检索系统结构

系统的核心是图像特征数据库。图像特征既可以从图像本身抽取得到，也可以通过与用户交互获得，并用于计算图像之间的相似度。用户和系统之间的关系是双向的，即用户可以向系统提出查询请求，系统根据查询请求返回查询结果，用户还通过对查询结果的相关反馈来改进查询结果。

目前基于内容的图像检索根据图像特征可大致分为如下五种类型。

1）基于颜色特征的图像检索

颜色是图像内容组成的基本要素，是人类识别图像的主要感知特征之一。颜色特征是在图像检索中应用最广泛的视觉特征之一，主要原因在于颜色往往和图像中所包含的物体或场景十分相关。此外，与其他的视觉特征相比，颜色特征对图像本身的尺寸、方向、视角的依赖性较小，从而具有较高的稳定性。常用的颜色表示模型有红绿蓝（red green blue，RGB）模型和色调/亮度/饱和度（hue intensity saturation，HIS）模型。

RGB 指光谱中的三基色：红（R）、绿（G）和蓝（B）。任何颜色均可由三基色线性组合生成。RGB 模型采用笛卡儿坐标系表示，三个轴分别为 R、G、B，如图 6-2 所示。RGB 模型空间为一个立方体，原点对应黑色，距离原点最远的对角线顶点为白色，另外三个顶点分别对应青色、蓝色和黄色。RGB 模型其余的颜色位于立方体上或立方体内部。为了表示方便，通常将 RGB 颜色立方体归一化为单位立方体，即所有 R、G、B 的值均限定在区间[0，1]中。RGB 模型中，每幅彩色图像均由三个基色分量图像组成。

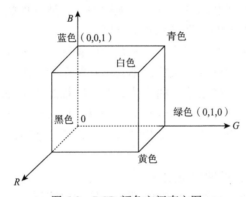

图 6-2　RGB 颜色空间直方图

RGB 模型不适用于人眼对颜色的解释，HIS 模型是从人眼视觉感知的角度建立的颜色模型。HIS 模型中，H 表示色调，I 表示亮度，S 表示饱和度。色调指观察者感知到的颜色，与光谱中主要光的波长相关。亮度对应颜色的强度，即人眼感觉到的颜色明暗程度，与图像的色彩信息无关。饱和度指色调的纯度，即一种颜色中混合白光的数量。纯光谱是全饱和的，随着白光的不断加入，饱和度逐渐减小。色调与饱和度统称为色度。HIS 模型与 RGB 模型的关系如下：

$$H = \begin{cases} \arccos\left(\dfrac{((R-G)+(R-B))/2}{(R-G)^2 + (R-B)(G-B)^{1/2}} \right), & B \leqslant G \\[4mm] 360 - \arccos\left(\dfrac{((R-G)+(R-B))/2}{(R-G)^2 + (R-B)(G-B)^{1/2}} \right), & B > G \end{cases} \tag{6-3}$$

2）基于纹理特征的图像检索

纹理是一种不依赖于颜色或亮度的反映图像中同质现象的视觉特征，是所有实际存在的表面特有属性，包括云彩、砖、树木、头发等，它包含了关于表面结构排列与周围环境的关系。正因为如此，纹理特征在基于内容的图像检索中得到了广泛的应用，用户可以通过提交包含某种纹理的图像来查找含有相似纹理的其他图像。

纹理可以视为某些近似形状的近似重复分布，纹理描述的难点在于它与物体形状之间存在密切的关系，千变万化的物体形状与嵌套式的分布使纹理的分类变得十分困难。目前根据纹理进行图像检测的方法有：统计法，如共生矩阵法、纹理能量法等；结构法，分析纹理元之间的相互关系和排列规则；模型法，如高斯马尔可夫随机场模型；空域/频域联合分析法，如小波变换法。

因为人对于纹理的视觉特征的认识非常主观，所以目前还没有一个统一的标准来精确地标识纹理的特征。

3）基于形状特征的图像检索

图像中物体和区域的形状是图像表达和图像检索中要用到的另一类重要特征。但不同于颜色或纹理等特征，形状特征的表达必须以对图像中物体或区域的分割为基础。由于当前的技术无法做到准确而稳健地自动图像分割，图像检索中的形状特征只能在某些特殊应用场合使用，在这些应用中图像包含的物体或区域可以直接获得。另外，由于人们对物体形状的变换、旋转和缩放主观上不太敏感，合适的形状特征需与变换、旋转和缩放无关，这给形状相似度的计算也带来了难度。

通常，形状特征有两种表示方法，一种是轮廓特征，另一种是区域特征。图像轮廓特征用到物体的外边界，而图像区域特征则关系到整个形状区域。通过形状轮廓特征的检索方法有直线段描述法、样条拟合曲线法、傅里叶描述子法等。基于形状区域特征的方法利用形状的无关矩、区域的面积以及形状的纵横比进行检索。有的文献将基于轮廓的特征、基于区域的特征以及相关特征相结合进行检索，还有的文献通过拐角描述形状的相似度进行检索。

4）基于空间关系特征的图像检索

颜色、纹理和形状等多种特征反映的都是图像的整体特征，无法体现图像中所包含的对象或物体。事实上，图像中对象所在的位置和对象之间的空间关系同样是图像检索中非常重要的特征。例如，蓝色的天空和蔚蓝的海洋的颜色在颜色直方图上是非常接近而难以辨别的。但如果在检索需求中指明"处于图像上半部分的蓝色区域"，则返回的检索结果就应该是天空，而不是海洋。由此可见，包含空间关系的图像特征可以弥补其他图像特征不能确定物体空间关系的不足。提取图像空间关系特征有两种方法：一是首先对图像进行自动分割，划分出图像中所包含的对象或颜色区域，然后根据这些区域对图像进行索引；二是简单地将图像均匀划分为若干规则子块，对每个图像子块提取特征建立索引。

5）基于对象特征的图像检索

一方面，基于颜色、纹理的检索仅适用于部分图像的情况且检索效率不高；另一方面，在很多情况下，人们感兴趣的并不是整幅图像，而是图像中的某个区域或目标。因而，近几年来人们提出了基于对象特征的图像检索。这种检索是指对图像中所包含的静态子对象进行查询，检索条件可以利用颜色、纹理、形状和空间关系等特征以及客观属性等。对象有两类：一是以区域问题为出发点，将整幅图像作为对象，对其内容特征进行描述；二是以子对象为问题的出发点，对图像所包含的子对象特征进行描述。

基于对象特征的图像检索首先要对图像进行预处理，将原始像素信息分割成一些颜色和纹理在空间上连贯分布的区域，计算出每个区域的颜色、纹理和空间关系特征。对分割后的每个区域来说，可以用一个多维向量来表示其颜色、纹理、形状以及空间关系等特征。这样，对一个特定区域来说，所获得的多维向量也是确定的。检索时所提供的信息或草图，利用高效率的检索算法进行匹配，再根据相似测试函数进行过滤，就可以将相似度较高的图像提供给用户。

6.2.3　图像检索的应用

随着基于内容的图像检索技术的日益成熟和完善，该技术得到了广泛的应用，对于推进社会和经济的发展做出了重要贡献，主要的应用方面如下。

1）新型 Web 搜索服务

如今，互联网的使用无处不在，网络的普及给人们的生活带来了极大的便利，尤其是互联网上的搜索功能，人们可以根据自己的兴趣爱好查询自己想要的任何信息。Web 搜索除了传统的文本或关键字查询外，需要提供能够从互联网上海量的图像信息资源中找到满足用户需求的图像的功能，随着基于内容的图像检索技术的发展，这一应用需求得到了很好的解决。

2）知识产权保护

知识产权，是一个公司、组织或个体维护自身权利和权益的有力工具。图像作为知识产权的一个重要载体，几乎每个公司都有自己的商标，商标的知识产权主要体现在图像标记上。为了防止侵权事件的发生，需要对新申请注册的商标进行严格全面的审查，那些与已注册商标相同或严重相似的商标申请将不予接受。因此，基于内容的图像检索技术在商业领域，尤其是公司、组织或个体的商标权益维护上发挥了至关重要的作用。

3）犯罪与安全预防

基于内容的图像检索技术同样在犯罪与安全预防方面发挥着重要的作用。例如，公安部门在侦破案件时，可以利用犯罪现场摄像头拍摄的犯罪嫌疑人的头像或者依据目击者描述绘制的草图图像从人脸数据库中检索出目标图像。毫无疑问，该技术的运用可以提高案件侦破的效率，有利于维护社会的安全稳定。

4）医学和遥感应用

尽管传统的图像处理领域早就开始涉及医学和遥感图像的分析与处理的研究，但它们仍然是一个开放的研究课题，无论民用还是军用，医学和遥感的分析与处理都具有非常重大的现实意义，尤其在图像数量越来越大时，快速、准确、有效的图像识别和检索能力极其重要。

互联网的普及给人们的生活带来便利的同时也产生了一些负面的影响，网络上可能存在一些不健康信息，对未成年人带来不良影响。可以将基于内容的图像检索技术应用在需要对这类信息进行过滤的场合，净化网络环境。

除此之外，基于内容的图像检索技术在网络购物、教育辅导、服装设计等方面也都有所应用。

6.3 多媒体检索

6.3.1 多媒体检索的内涵

媒体是指传播信息的媒介，它是指人用来传递信息与获取信息的工具、渠道、载体、中介物或技术手段。媒体有两层含义，一是指存储和传递信息的实体，如书本、磁盘、光盘、磁带等；二是指信息的表现形式，如文字、图像、音频、视频、动画等。多媒体检索技术中研究的对象则是指后者。多媒体是指把不同的但相互关联的媒体集成在一起而产生的一种存储、传播和表现信息的载体，通常包括文本、音频、图形、图像、动画和视频等。

新技术产生、发展和不断完善的推动力来源于现实生活需要，在人们发出"互联网是存储信息的金矿还是埋葬信息的沼泽地"的困惑时，多媒体检索技术于 1990 年开始蓬勃发展起来。

早期的信息检索处理的对象只是纯文本，因为在内存和速度都有限的情况下，计算机能够对音频和视频信息进行快速处理是不可想象的。于是，基于文本的多媒体技术便应运而生。要强调的是，这种基于文本的多媒体检索技术更多的是对文本信息基于领域进行粗分（如分成军事、政治、体育、科技、娱乐等）或提取关键字进行标注，然后按照关键字匹配程度查找相似的文本信息。

随着多媒体计算机技术的迅猛发展，网络传输速度的提高，以及新的有效的图像、视频压缩技术的不断出现，多媒体逐渐成为人们经常使用的信息载体，人们通过网络实现全球多媒体信息的共享成为可能。于是查找相似的视频和音频成为人们的需要，基于内容的多媒体检索应运而生。

基于内容的多媒体检索主要是通过分析多媒体信息中的视频和音频特征，以达到查找视觉和听觉相似内容的目的。从根本上讲，多媒体检索就是要解决如何将网上信息进行有效存储、组织、检索以供用户使用的问题。本节后续内容将重点围绕基于内容的多媒体检索技术展开叙述。

6.3.2 基于内容的多媒体检索原理

多媒体检索是一种基于内容特征的检索（content-based retrieval，CBR）。基于内容的检索，是对媒体对象的内容及上下文语义环境进行检索，如图像中的颜色、纹理、形状，视频中的镜头、场景、镜头的运动，声音中的音调、响度、音色等。基于内容的检索突破了传统的基于文本检索技术的局限，直接对图像、视频、音频内容进行分析，抽取特征和语义，利用这些内容特征建立索引并进行检索。在这一检索过程中，它主要以图像处理、模式识别、计算机视觉、图像理解等学科中的一些方法作为部分基础技术，是多种技术的合成。

基于内容的多媒体检索系统一般包括两个子系统：特征库生产子系统和查询子系统。

另外，在进行特征提取时往往需要相应的知识库以支持特定领域的内容处理。系统的核心部分是多媒体/特征数据库。多媒体数据的特征既可以从多媒体数据本身获取，又可以通过和用户的交互获得，并用于计算多媒体数据之间的相似度。基于内容的多媒体检索原理如图 6-3 所示。

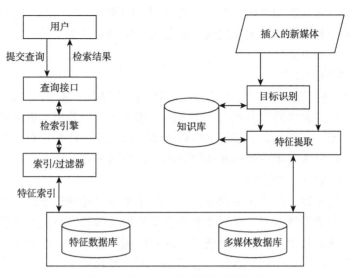

图 6-3　基于内容的多媒体检索原理

基于内容的多媒体检索包括对图形、视频、音频、图片和文本的检索，但区别于传统的基于文本关键词的检索技术，基于内容的多媒体检索表现出其所固有的特点。

（1）相似性检索。基于内容的检索采用相似性匹配的方法和技术逐步求精来获得查询检索结果，摒弃了传统的精确匹配技术，避免了因采用传统检索方法所带来的不确定性。

（2）直接从内容中抽取信息线索。基于内容的多媒体检索直接对文本、图像、音频、视频进行分析，从中抽取内容特征，然后利用这些内容特征建立索引并进行检索。

（3）满足用户多层次的检索要求。基于内容的多媒体检索系统通常由媒体库、特征库和知识库组成。媒体库包含多媒体数据，如文本、图像、音频、视频等；特征库包含用户输入的特征和预处理自动抽取的内容特征；知识库包含领域知识和通用知识，其中的知识表达可以更换，以适应各种不同领域的应用要求。

（4）大型数据库的快速检索。基于内容的多媒体检索往往拥有数量巨大、种类繁多的多媒体数据库，能够实现对多媒体信息的快速检索。

6.3.3　多媒体检索的发展趋势

1）高层概念和低层特征的关联

目前，低层可视特征和高层语义概念之间存在巨大的鸿沟。受限于多媒体理解技术的发展水平和对认知的理解水平，基于高层语义的描述目前还无法由计算机自动建立。具有自动描述能力和语义检索能力并结合低层特征的内容检索系统是未来的发展趋势之一。

2）交互搜索和相关反馈技术

多媒体检索中的人机交互仍然是未来几年的研究重点。在交互过程中如何快速地通过少量的反馈样本集进行学习以改进检索精度；如何从反馈中积累知识；如何实现功能强大并且友好的智能化查询界面，充分地表达用户的要求，与用户进行更好的交互等都是需要进一步研究和探索的。要解决这些问题还需要结合其他学科，如人工智能和机器学习等方法的进一步发展。

3）引入智能检索技术

目前，信息检索正在向人工智能化方向发展。智能检索是基于自然语言的检索形式，搜索引擎可以对用户提出的以自然语言表述的检索要求进行分析，进而形成检索策略进行搜索。这样，用户所需要做的仅仅是告诉搜索引擎想知道什么，至于怎么去检索则不需要人工干预，这意味着用户将彻底从烦琐的检索规则中解脱出来。

4）改进基于内容的关键技术

基于内容的检索技术虽然还不成熟，但比基于文本描述的检索技术要先进，它代表着多媒体搜索引擎的发展方向。多媒体数据检索中的关键技术目前有信息模型和表示技术、信息压缩和恢复技术、信息存储技术、多媒体同步技术等，在基于内容的多媒体检索系统中，只要解决好基于超文本的信息模型，制定好音频、视频、图像的压缩标准，利用更适合多媒体数据特点的存储结构和存取方法，我们就可以对多媒体数据更好地进行分类、识别和加工，这对于提高检索效率至关重要。

5）多媒体融合检索

传统的多媒体处理技术往往只是针对单一媒体信息的处理，但本质上多媒体信息并不仅仅是文本、图像、音频和视频等媒体信息的简单组合，而是多种媒体信息的交互和融合。多媒体融合组合了从多媒体数据流中提取的多种特征信息以及与媒体相关的信息，以实现比单一媒体特征精确的处理和更明确的推理判断。由于采用多种媒体信息，对多媒体信息的特征描述更加直接、有效、准确，从而提高了检索效率与质量。

■ 6.4 Web 检索

6.4.1 Web 检索的内涵

Web 是互联网的一种应用模式，其实质是一种多种信息集成的多媒体信息发布、浏览与检索系统。网页和网站是 Web 的基本组成单位。网页是网站的基本要素，本质上是一个超文本文件，通常由 HTML 代码构成，通过浏览器显示和浏览。超文本是用超链接的方法，将各种不同空间的文字信息组织在一起的网状文本。超文本中的文字包含可以连接到其他位置或文档的链接，允许从当前阅读位置直接切换到超文本链接所指向的位置。HTML 是标准通用标记语言（standard generalized markup language，SGML）下的一个应用，是用于描述网页文档的一种标记语言，通过标记符号来标记要显示的网页中的各个部分。网站是根据一定的规则，使用 HTML 等工具制作的用于展示特定内容的相关网页的集合。网站文件位于网络服务器之上，以客户端/服务器模式通过超文本传输协议（hyper text　transfer protocol，HTTP）提供访问。超文本传输协议是互联网上应用最为广泛的一种网络协议，其最初的设计目的是提供一种发布和接收 HTML 页面的方法。通过使用 Web 浏览器、网络爬虫或其他的工具，客户端发起一个 HTTP 请求到服务器上指定端口（默认端口为 80），服务器则在那个端口监听客户端的请求，在收到请求后返回相关信息。

随着对多媒体信息进行便捷高效的组织与呈现，Web 已经成为互联网上增长最快和应用最广泛的领域，并积累了大量的 Web 信息。Web 信息是重要的信息资源，具有海量、异构、多媒体、分布式管理、动态变化等特点。Web 信息数量庞大、增长迅速，并且具有多种媒体类型，包括文本、音频、视频等，多种媒体信息在结构上呈现出多样性，异构是 Web 信息的基本特点之一。Web 信息由各个网站所有者分布管理，更新快且易消逝。

Web 信息检索是指能够通过网络接收用户的查询指令，并向用户提供符合其查询要求的网络信息资源的过程。

6.4.2　Web 检索模型

常用的 Web 检索模型包括经典的 Web 检索模型和垂直搜索模型。经典的 Web 检索模型面向综合性的 Web 信息资源，其用户群体一般是普通的网络用户。图 6-4 是经典的 Web 检索模型。

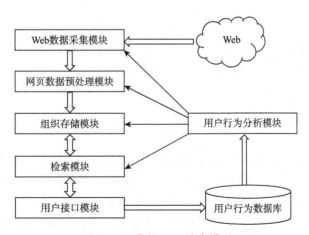

图 6-4　经典的 Web 检索模型

模型中 Web 数据采集模块负责采集 Web 信息，是实现 Web 信息检索的基础。Web 信息的采集方式包括手工方式和自动化方式，为控制采集资源的质量并提高采集效率，通常两种方式结合使用。在进行正式的组织和存储之前，通常需要对采集的 Web 信息进行一些预处理，包括网页去重、网页去噪等。组织存储模块负责对 Web 信息程序化，形成某种索引结构并进行存储，提供检索利用。检索模块接收用户的查询请求，将其与存储系统中的信息进行相关性匹配并排序输出。用户接口模块负责与用户的交互，用户输入查询指令、系统展示查询结果都通过用户接口模块进行。可通过用户接口模块收集用户行为数据构成用户行为数据库。基于用户行为数据库可以进行用户行为分析，以便于Web检索系统提供更符合用户需求的检索服务。

垂直搜索引擎是针对某一个行业的专业搜索引擎，是搜索引擎的细分和延伸，是对网页库中的某类专门的信息进行一次整合，定向分字段抽取出需要的数据进行处理后再以某种形式返回给用户，是针对某一特定领域、某一特定人群或某一特定需求提供的有一定价值的信息和相关服务。相较于通用 Web 检索系统，垂直搜索针对性强，对特定范围的网络信息的覆盖率相对较高，具有可靠的技术和信息资源保障，有明确的检索目标定位，有效地弥补了通用 Web 检索系统对专门领域及特定主题信息覆盖率过低的问题。垂直搜索模型的体系结构如图 6-5 所示。

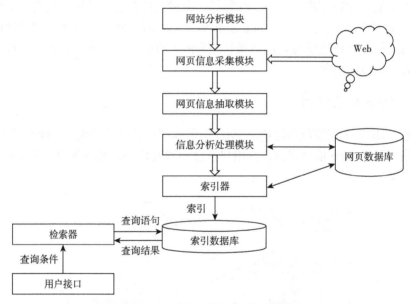

图 6-5　垂直搜索模型的体系结构

在网站分析模块中，建设者自行选择需要的网站资料，确定信息源。常用信息源包括门户网站自身的资源、以开放接口的方式让行业用户提供的资源、普通用户发布的资源、行业用户的资源等。垂直搜索的网页信息采集主要通过人工设定网址和页面以及自动网页分析 URL 方式进行，采集技术可以按需控制采集目标和范围，按需支持深度采集及按需支持深度动态网页采集，具有可定制化的特性。因为垂直搜索是以结构化数据为最小单位的，所以要将采集的信息进行结构化信息抽取加工，即将网页中的非结构化数据按照一定的需求抽取成结构化数据，然后根据需要对数据进行加工处理。信息分析处理模块对加工后的信息按需提供信息化处理，如自动分类、自动聚类、自动标引、自动排重和文本挖掘等。信息检索模块包括索引、检索器和用户接口。索引负责对已经分析好的网页建立索引，用户接口输入用户查询条件，检索器根据用户输入的关键字在索引数据库中进行查询，同时完成页面与查询之间的相关度评价，对将要输出的结果进行排序，并提供某种用户相关性的反馈机制。

6.4.3 Web 检索的发展

Web 检索是信息检索的重要内容，在 Web 检索领域呈现多元化趋势，下面介绍几种重要的发展。

1）XML 检索

随着互联网上信息量的与日俱增，传统的基于 HTML 的信息检索已经无法满足人们不断变化的信息需求。为此，专家学者努力寻求各种新的技术方法和解决手段，XML 的出现在很大程度上能缓解这一问题。XML 具有可扩展性、简单性、开放性、互操作性等诸多特点，正逐步取代 HTML，成为驻留在 Web 上的主要的信息形式，而其结构化及自描述等特性也给检索效果的提高带来了新的契机。如何充分利用 XML 的新特性，同时借鉴传统信息检索的方法与技术，开发基于 XML 的信息检索系统，已成为国际信息检索领域研究的热点问题之一。

XML 检索与传统信息检索的最大区别在于：在传统的信息检索中，检索单元是固定的、完整的文档；而在 XML 检索中，文档中的各个层次的 XML 元素都是可检索的单元，这使 XML 检索更加困难。除了相关性外，检索单元的大小、单元之间的信息重叠、同一文档内各单元信息的相关性等都是需要考虑的问题；此外，传统的检索系统只对信息的内容进行索引，提供关键词基础上的自由文本的内容检索，这些检索往往忽视了对被搜寻的概念语义的掌握，因而造成检索结果查全率和查准率不高；而 XML 信息检索系统更关注文档中蕴含的丰富的结构信息和语义信息，它对内容进行索引的同时还对元素进行索引，这样的好处是不仅能从文档中找到相关信息，而且通过考虑信息的结构和粒度问题，能实现内容+结构（content and structure，CAS）的检索。最后，传统信息检索系统返回的结果是整个文档，而 XML 检索系统返回的结果是元素，检索结果包括元素信息、文档信息和结构信息。

2）移动搜索

移动搜索是指以移动设备为终端对互联网进行的搜索，从而实现高速、准确地获取信息资源。随着科技的高速发展、信息的迅速膨胀，手机已经成为信息传递的主要设备之一。尤其是近年来手机技术的不断完善和功能的增加，利用手机上网也已成为获取信息资源的一种主流方式。

移动搜索是基于移动网络的搜索技术的总称，用户可以通过短信息（short message service，SMS）、无线应用协议（wireless application protocol，WAP）、互动式语音应答（interactive voice response，IVR）等多种接入方式进行搜索，获取互联网信息、移动增值服务及本地信息等信息服务内容。

移动搜索有不少优势，主要表现在：移动搜索使用便捷，相对于互联网搜索，移动搜索无须上网设备，只需一部随身携带的手机就可以免费搜索需要的信息，可以满足突发、紧急、特殊查询的需求；移动搜索目标用户群广泛，移动终端的普及率远远超过计算机；移动搜索效率更高，移动搜索加入人工智能技术，剔除 Flash、广告、垃圾链接，有效地减少了用户烦琐翻页的麻烦；移动搜索为用户量体裁衣，提供个性化服务。移动搜索通过特有的技术将互联网上分散的信息聚合在手机 WAP 平台，根据用户的性格、地理位置、行为方式、兴趣爱好提供分类信息搜索服务以满足不同的用户需求，并能实现适时在线更新，其搜索的内容和过程具有更强的人性化色彩。随着移动互联网技术的发展，移动搜索已成为搜索企业新的增长点，汇聚越来越多的用户使用。

3）深网搜索

深网（deep Web）又叫隐蔽网（invisible Web）或不可见网，与表层网络（surface Web）对应。表层网络是指通过搜索引擎可以获得并索引的网络资源，而深网则是指在 Web 上可获取的文本信息、文件或其他高质量的可靠信息，由于现有技术的限制，通用的搜索引擎一般不能将这类信息包含在它们的索引数据库中。深网资源具有数量大、质量高、便于处理等特点，但由于通用的搜索引擎及网络指南无法涵盖，往往为用户所忽略。

现在已经有些工作在建立一些允许用户进入隐形网页的工具，越来越多的网站和公司开始着手创建新型的搜索工具，致力于查找网上专业数据库中深层的信息内容，力图尽可能多地发掘出网络中不为一般人所知的有极高价值的信息。为了自动获取深网中的数据，有几个关键技术必须解决，如入口发现、接口集成、数据库选择、查询结果抽取、结果注释、实体识别和结果合并等。这种直接的查找方式也是未来深网信息搜索重点要突破的问题，但除了技术原因之外，法律、伦理等问题也是深网搜索面临的挑战。

4）即时搜索

即时搜索（instant search, ISE），又称实时搜索、当前事件搜索（current event search），是指以 RSS/Atom、Tag 等新兴技术为基础，专注于网络世界里信息频繁更新的博客网站、新闻网站、商贸网站或微博工具等，能够给用户提供接近实时效果的搜索结果。

目前真正实现搜索实时化的搜索引擎并不多，谷歌是最早的一个，其最初的实时搜索结果来自 Twitter、FriendFeed 等，来源比较单一，新版的实时搜索结果不仅包括前两个，还包括新华网、中国政府网、中国网、网易、新浪、腾讯等大量的新闻网站和门户网站，此外还包括大量的论坛和微型博客。2010 年 4 月 15 日，有道搜索引擎推出国内第一家实时搜索服务，其搜索结果既有新华网、网易等主流新闻媒体，也有来自网易微博、新浪微博的内容。

5）多媒体搜索

网络信息具有多种媒体类型，随着互联网应用的发展，网上多媒体信息数量逐步增长，用户对多媒体信息的检索需求也日益提高。多媒体信息的搜索是 Web 检索系统和搜索引擎未来重要的发展方向。有关多媒体信息检索的具体内容可参见 6.3 节，此处不再赘述。

6）语义搜索

已有的搜索引擎大部分是基于关键词或者基于文本内容的检索，并不能充分表达语义信息，因此其查全率和查准率并不十分理想。语义搜索技术可以改善目前搜索引擎的性能，是未来信息检索重要的发展方向之一。现阶段语义搜索在概念上仍没有统一的界定，但不同的研究却有着共同之处，就是基于对信息资源的语义处理实现效率更高的检索。语义信息的提取和处理可以是基于语义网方法与技术的，也可以是基于自然语言处理技术的。

7）搜索引擎用户交互

搜索引擎不但面对着异构的信息资源，还面对着异质的网络用户，用户的信息需求、信息素养、习惯、偏好等千差万别。为了更好地辅助用户的信息搜寻活动，研究用户交互行为对于改善和提高搜索引擎功能与服务具有重要价值。信息检索过程中的用户交互行为主要包括用户需求表达和系统反馈两个过程，两者相互作用。系统对用户需求的反馈能够改进和提高用户对检索认知及检索需求表达的准确性。信息检索中的用户交互已经有一些经典的模型，如 Wilson 用户交流通用模型、Ingwersen 用户交互检索过程模型、Saracevic 交互检索层次模型以及 Belkin 用户交互过程等，这些交互模型为研究搜索引擎用户交互提供了重要参考。

6.5 电商检索

电商检索是在电子商务平台上对网页商品信息进行的信息检索，是伴随电子商务而发展起来的一种 Web 检索。

6.5.1 电商检索的内涵

客户进行电子商务购物时，绝大多数都是先通过各种搜索引擎对需要的商品进行检索。电子商务搜索引擎（electronic-commerce search engine，ESE）是人们在电子商务平台中获取商品、服务和信息的基本手段，是影响电子商务发展的重要因素之一，是客户、商家和电子商务研究者共同关注的重要领域。

电子商务搜索引擎分广义和狭义两个层面的定义，广义上电子商务搜索引擎是指通过网络进行商务活动时提供有关商品信息检索的总称，狭义上的电子商务搜索引擎是指向用户提供网络交易信息检索服务的系统，通常称为商品检索或者购物检索，如百度提供的外卖检索，如图 6-6 所示。

图 6-6 百度外卖检索截图

电子商务搜索引擎虽然基于上述信息检索技术,但其与普通的搜索引擎还是存在不同的:电子商务搜索引擎一般是没有爬虫系统的,因为所有数据都是结构化的,它不用像百度一样用爬虫去不断更新网站的内容,但是随着电子商务技术的进一步发展,有些电商平台也引入了爬虫系统,如京东商城;电子商务搜索引擎支持各种维度的排序,包括好评、销量、价格等,而且对数据的实时性要求非常高;电子商务搜索引擎的另一个特点就是不能丢品,如在京东商城开了一个店铺,好不容易举行了一次活动,但是客户购买时却搜索不到活动商品,这是绝对不允许的;此外,电子商务搜索引擎常与推荐系统和广告系统相融合。

随着电子商务的发展,电子商务搜索服务已经将目标客户缩小到"关键词"级别,正如业内人士指出的,电子商务的特征正在由"注意力经济"逐步转变为"搜索力经济",搜索力已经成为电子商务的核心。购物搜索引擎应更强调商品信息检索的准确性和有效性,不应该动辄向客户返回数十万乃至百万的查询结果,而是应该把最有用的信息以最清晰的方式呈现给客户,在搜索技术上应该比传统搜索引擎更加专业。

6.5.2　京东商城商品检索技术简介

本节关于京东商城商品检索技术的介绍源自京东商城搜索部门负责人王春明的一次访谈。京东商城搜索引擎的主要功能是为亿万级的海量京东用户提供有效的、精准的、快速的购买体验,包括计算机端、移动端、微信/QQ 端口的搜索页面,图 6-7、图 6-8 为计算机端和手机 APP 端的搜索页面截图。

图 6-7　京东商城计算机端搜索页面

与我们常用的百度、谷歌等搜索引擎相比,京东商城的商品搜索与它们有很多相似之处,例如,覆盖海量数据、快速查询以及超快速的请求回执响应时间。但是,与传统的搜索引擎相比,京东商城的商品检索技术具备自身显著的业务特点。

图 6-8　京东商城手机 APP 端搜索页面

（1）检索对象为结构化的商品数据，需要从商品系统、库存系统、价格系统、促销系统、仓储系统等多个数据库中抽取相关数据。

（2）通过快速和极其高效的召回率要求，保证每一个状态都可以检索到用户需要的商品。

（3）商品库的信息需要及时更新，目的是为京东用户提供最佳的购物体验，例如，不能给用户返回已经下架的商品，商品的实时价格不能超出用户搜索限定的范围，这就要求搜索引擎做到和各个系统的信息时刻保持同步更新。

（4）逻辑性质复杂的商品体系业务，需要存储的商品属性信息是倒排索引信息的两倍。

（5）用户购物的个性化需求，要求系统实现用户标签与商品标签的匹配。

综上所述，由于京东商城搜索既要兼顾一般搜索引擎的共性，也要契合京东商城的业务特点，京东商城商品搜索引擎在传统信息检索技术的基础上将系统框架分成四个部分：爬虫系统、离线信息处理系统、索引系统、搜索服务系统，图 6-9 为京东商城搜索引擎的整体架构。

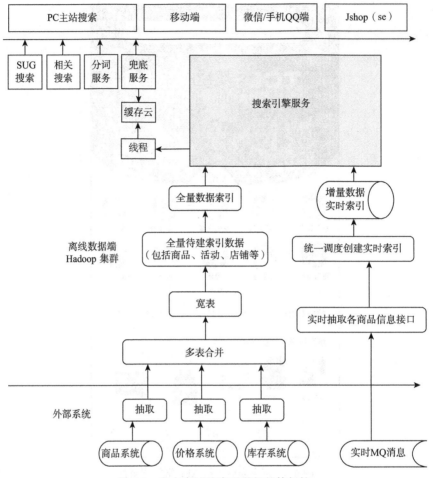

图 6-9　京东商城搜索引擎的整体架构

观察图 6-9 可以发现，京东商城搜索引擎系统架构从上到下分为三层：最上层是搜索的前端独立访客（unique visitor，UV）层面，负责整体的京东商城搜索展示页面效果；中间层由京东商城的搜索引擎服务、SUG（suggestion）搜索、相关搜索、分词服务和兜底服务组成，其中 SUG 搜索提供搜索输入框提示功能，相关搜索提供与查询相关的其他搜索词服务，分词服务提供去除查询部分词的功能，兜底服务用于服务异常情况下提供托底，保证用户的基本搜索是可用的；最下层是搜索引擎生产端，主要功能是对接商品、库存、价格、促销、仓储等众多外部系统，整合相关数据生产全量和增量数据的索引，为在线检索服务集群提供全局索引和实时索引数据。

图 6-9 中的整体架构涵盖了京东商城商品搜索引擎的四部分：爬虫系统、离线信息处理系统、索引系统、搜索服务系统，下面对每部分的功能及关键技术做简单介绍。

1）爬虫系统

网络爬虫（又称为网页蜘蛛、网络机器人）是一种按照一定的规则，自动地抓取万维网信息的程序或者脚本，另外一些不常使用的名字还有蚂蚁、自动索引等。随着网络的迅速发展，万维网成为大量信息的载体，如何有效地提取并利用这些信息成为一个巨大的挑战。搜索引擎，如传统的通用搜索引擎 AltaVista、雅虎和谷歌等，作为一个辅助人们检索信息的工具成为用户访问万维网的入口和指南。但是，这些通用性搜索引擎也存在着一定的局限性，如：①不同领域、不同背景的用户往往具有不同的检索目的和需求，通用搜索引擎所返回的结果包含大量用户不关心的网页；②通用搜索引擎的目标是尽可能大的网络覆盖率，有限的搜索引擎服务器资源与无限的网络数据资源之间的矛盾将进一步加深；③随着万维网数据形式的丰富和网络技术的不断发展，图片、数据库、音频、视频多媒体等不同数据大量出现，通用搜索引擎往往对这些信息含量密集且具有一定结构的数据无能为力，不能很好地发现和获取；④通用搜索引擎大多提供基于关键字的检索，难以支持根据语义信息提出的查询。

为了解决上述问题，定向抓取相关网页资源的聚焦爬虫应运而生。聚焦爬虫是一个自动下载网页的程序，它根据既定的抓取目标，有选择地访问万维网上的网页与相关的链接，获取所需要的信息，为面向主题的用户查询准备充足的数据资源。

京东商城的商品搜索引擎虽然包含了爬虫系统，但和传统的爬虫技术稍有不同，主要进行的是站内爬虫。商品搜索引擎的核心工作是建立商品的索引，而建立索引需要详细的商品信息。京东商城商品搜索引擎利用京东商城大数据平台中的数据库进行数据抽取，实现了京东商城站内的商品爬虫系统，可以及时爬取相关商品信息并发现商品的变化信息，从京东商城的搜索实践效果来看，京东商城爬虫系统的表现是比较稳定可靠的。

2）离线信息处理系统

离线信息处理系统的主要功能是建立京东商城商品库搜索引擎的待索引数据，包括全量待索引数据和增量待索引数据。目前京东商城商品库全量待索引数据按天进行更新，一部分是商品的基础属性信息，包括商品的商品名、颜色、尺码、风格、材质等，属于比较稳定、短期内不会变化的数据信息；另一部分是商品的销量信息，如商品销售量、商品销售额、商品评价等，这些数据属于变化数据。二者的存储方式是不同的，因此最终需要对这些不同来源的分散数据在京东商品维度进行合并，生成全量宽表，这个全量宽表不仅应用于搜索引擎服务，还应用于京东个性化推荐服务中。

京东商城有些商品信息，如价格体系、库存系统、上下架等，经常会产生一些变化，因此京东商城仅对这些数据做全量索引满足不了商品搜索引擎的需求。为了解决数据实时性强的需求，京东商城商品搜索引擎建立了增量系统索引，作为全量索引的一个有效补充。离线信息处理系统会实时调用各商品的属性信息接口获取相关数据。

3）索引系统

索引系统是搜索引擎的核心，也是京东商城商品搜索引擎的核心，主要功能是将商品信息按照维度存储为待检索数据，即将商品信息转化成以关键词为维度的数据值进行存储，然后用于被京东商城搜索引擎上层架构调用，这里的待索引数据指前面所述的全量待索引数据和增量待索引数据。为了满足分布式检索的需求量，京东商城索引系统还会对索引的京东数据进行分片处理，即按照一定的策略将索引数据拆分为较小的索引片段数据，用于搜索服务系统的调用。

4）搜索服务系统

搜索服务系统的主要功能是接收京东商城用户的请求并迅速做出响应，这就是人们直观看到的商品搜索。京东商城的搜索服务系统为了满足用户的需求，从简单的搜索算法发展到现在应用性较强的复杂算法，其中主要经历了以下几个阶段。

（1）最初的京东商城搜索服务系统只有一组搜索引擎组成在线检索服务，能够完成一些简单的商品检索。

（2）随着京东商城访问量的增加，搜索服务系统增加了缓存模块系统，加快了对用户请求数据处理的速度和响应时间。

（3）京东商城为了进一步提高用户的搜索体验，增加了查询处理器服务，负责京东商城用户查询意图的分析功能，提升搜索的准确性。目前，京东商城的查询处理器已经成为融合自然语言处理的服务部件。

（4）为了支持个性化的需求，京东商城增加了用户画像服务，扩展用户标签，将商品标签和用户标签进行匹配，并作为一个特征加入排序规则因子，实现搜索引擎的千人千面功能。

（5）随着京东商城数据量的不断增加，京东商城将检索结果的包装功能从检索服务中独立出去，形成细节服务，即基于缓存云实现的商品信息关键值（key value，KV）查询服务。

（6）将检索结果进行分片化处理，即采用数据库分库分表的思想，对商品 ID 进行哈希处理后分片，保证各个分片数据均匀。查询时，将一个搜索请求分配到多个搜索列上，并行检索，进行局部排序后返回合并项，合并项将多个分片的检索结果进行归并，然后进行业务排序和加工，确定要返回的商品，最后调用细节服务包装，将结果返回给混合器，混合器将多个搜索结果进行融合，返回给前端。需要说明的是，此时的搜索服务系统已经成为一个"多搜索+多合并项+多混合器"的系统。

发展到最后一个阶段后，无论京东商城的访问量增长还是数据量增长，都可以通过扩容来满足检索的需求，尤其对于"6·18"、"11·11"这样的电商节日，京东商城搜索引擎可以通过增加每个列服务器的搜索来满足用户的需求。

未来，京东商城搜索技术的发展重点是发现新的搜索规则，如场景搜索和图像的处理搜索。随着电商用户需求的变化，用户在进行商品搜索时，可能目的已经不仅仅是查找某个商品，还可能查询促销活动等场景信息。为了满足用户的这类需求，京东商城目前在商品检索中融合了一套促销系统的数据，通过识别用户的查询意图将对应结果返回给用户，实现场景搜索。以前传统的检索模式针对的主要是文字，但是电商平台给用户展示的图片信息也是很重要的，很多用户最终做出购买决策的依据就是图片信息。目前京东商城利用深度学习技术离线训练图片的特征，并将其做成索引，当用户使用实拍图或者网图进行搜索时，京东商城搜索引擎采用相同的方法提取特征，然后从索引中召回匹配度最高的商品给用户。

【本章小结】

信息检索涉及多个研究领域。文本检索是指根据文本内容，如关键词、语义等对文本集合进行检索、分类和过滤等操作，是信息检索的基础。文本检索类型多样，包括布尔检索、截词检索、加权检索、全文检索等；图像检索是为达到对海量图像进行高效率的浏览与检索而发展起来的查找访问图像的技术，包括基于文本的图像检索和基于内容的图像检索，后者是当前的发展主流；多媒体检索根据多媒体类型可分为图像检索、音频检索、视频检索等，区别于传统的基于文本的多媒体检索，基于内容的多媒体检索具有其独特优势，但同时尚有发展空间；Web 检索是对网络信息资源进行的一种信息检索，Web 信息模型是 Web 检索系统的抽象结构，包括经典的 Web 检索模型和垂直搜索模型。即时搜索、移动搜索、XML 检索、语义检索等都是目前应用于各领域的 Web 检索形式。我们应重点掌握各信息检索的基本知识及原理，并能对各信息检索的应用和发展进行拓展。

【课后思考题】

1. 试在各种搜索引擎和数据库检索界面上体会布尔检索、截词检索、限制检索、位置检索、加权检索的用法。

2. 查阅资料试简述目前全文检索存在的问题。

3. 简述图像检索的发展趋势。

4. 简述目前多媒体检索技术存在的问题。

5. 试比较垂直搜索与通用搜索的异同。

6. 试论述未来电商检索发展的新模式。

第7章 信息处理与信息检索的新发展

【本章导读】

本章在前面章节的基础上，介绍当前信息处理与信息检索的新发展。随着各种社交平台的出现，出现了不同于普通文本的短文本，这些短文本具有明显的稀疏性，如何完成短文本的数据处理是当前信息检索领域面临的一个新的挑战，本章 7.1 节介绍短文本处理相关知识，7.2 节~7.5 节介绍信息检索的新发展。信息检索起源于图书检索，发展比较成熟的是文本检索，但是随着互联网技术的深入发展，待检索"信息"的形式逐渐多样化，包括图像、多媒体等，为了更好地满足对这些信息的检索要求，出现了语义检索、社会化搜索、可视化检索、跨语言信息检索等技术，针对这四部分知识，我们采用相同的模式展开内容介绍：先介绍内涵，然后介绍相关技术，最后介绍实现的原理及过程。

7.1 短文本

7.1.1 短文本简介

短文本是以用户关系为核心的社会化网络服务时代的重要产物，它主要来源于社交网络、移动网络终端、即时通信工具等媒体，并已经成为人们获取的重要信息类型，对人们的生产和生活产生了相当大的作用和影响。短文本可以是一个小的段落、几句话、一句话甚至一个短语。短文本具有海量、不规范、特征稀疏以及消息相关性等特点。常见的短文本有微博、微信、手机短信、即时信息、Twitter 等。

随着社交媒体在人们日常生活中的影响力不断增大，短文本信息在人们日常生活中的影响已经越来越广泛。为从海量短文本信息中提取有价值的信息资源，短文本信息的预处理及学习已成为当前研究工作的热点。由于微博数据可供爬取，而其他社交产品对用户隐私数据保护的级别较高，当前有关短文本的研究大多针对微博短文本展开研究。由于短文本处理技术具有通用性，本节主要就微博短文本对短文本信息处理展开分析。以下主要从短文本预处理及短文本学习两个方面具体介绍当前短文本信息处理的相关研究。

7.1.2　短文本预处理

为了更加合理、快速地找到短文本中的高质量信息，有必要对短文本内容进行预处理，包括压缩、表示和筛选，短文本不同于普通文本，其长度有限，有时候很难提炼出有用的信息，所以短文本预处理除了常规的信息处理涉及的操作外，多涉及短文本扩展。以下主要以微博短文本为分析对象，从短文本特征表示、短文本特征拓展与选择两个方面介绍短文本预处理的主要内容。

1）短文本特征表示

短文本主要是由自然语言表达而成的，不能被计算机直接识别，因此短文本需要将无结构的原始文本转化为结构化的、能被计算机直接识别和处理的信息表示形式。常见的微博短文本特征表示模型主要有两种：向量空间表示模型（vector space model，VSM）和潜在主题表示模型（latent topic model，LTM）。

向量空间表示模型将短文本表示为对应空间中由维度和权重值构成的一个特征向量。该特征向量中的每一个维度对应于文本中的特征项集，维度的权重值表示与其对应的特征项在该文本中的权重，能够反映特征项在文本中的重要性程度，并常常采用TF-IDF进行度量。向量空间表示模型表示方法简单，易于处理，因而它是短文本表示的常用方法。然而，由于微博短文本数据多是零散的、高噪声的和碎片化的信息，用向量空间表示模型表示常常会丢失语义信息，并容易导致特征维度变得更加稀疏，带来"维数灾难"。

另外，由于微博短文本的数量十分庞大，经常会在同一话题中产生多主题现象，利用向量空间表示模型的表示方法难以准确反映出微博短文本主题之间的关系。随着研究的深入，潜在主题表示模型被引入。潜在主题表示模型将微博短文本看成一系列潜在主题的混合分布，通过分析微博短文本中特征项的分布规律，将短文本从高维度的"文档-特征项"向量空间映射到低维度的"文档-主题"向量空间。在"文档-主题"向量空间中，同义词对应着相同或相似的主题，能够充分地挖掘出文本集合的内在信息，从而提高文本信息处理的效率，减少短文本数据稀疏性的影响。常见的潜在主题表示模型主要包括潜在语义分析（latent semantic analysis，LSA）、概率潜在语义分析（probability latent semantic analysis，PLSA）和LDA。潜在主题表示模型能够扩展特征项的语义信息，这样不仅可以有效降低微博短文本的特征稀疏性，而且能够较好地表达和量化短文本中存在的不确定性，减少噪声干扰。因此，潜在主题表示模型是当前微博短文本研究中最常用的一种表示方法，但是该方法需要花费大量的时间成本。

2）短文本特征拓展与选择

短文本的特征比较稀疏，按常规逻辑模型表示后容易出现较多的空值，导致后续学习难以取得较好的效果。为了解决短文本特征的稀疏性问题，不少学者尝试利用自然语言处理技术来拓展特征项信息，例如，关键词共现或查询词拓展技术。然而，相关研究的实验表明：虽然关键词共现或查询词拓展技术能够有效扩充短文本的特征空间，但是对于解决微博短文本的数据稀疏性问题，其效果并不好。

针对微博短文本特征的稀疏性问题，学者在借鉴前期短文本特征拓展研究的基础上，主要提出了三种处理方法来弥补微博短文本信息量少的缺陷。

（1）利用多语言知识转换来拓展特征信息。例如，学者 Tang 等（2012）从多语言知识表示角度将短文本特征翻译成多语言的对应特征，然后在整合所有特征的基础上拓展特征维度，并对其进行特征选择，以提高微博短文本的聚类学习性能。

（2）从语义角度拓展特征的语义信息，以扩充特征维度。语义特征拓展主要有基于外部数据源的概念关联关系拓展方法和基于语义知识库的语义拓展方法。基于外部数据源的概念关联关系拓展方法主要是从外部数据源提取与文本特征有某种语义关联的特征词汇，以弥补短文本所描述概念不显著的缺陷。例如，Hu 等（2009）将短文本原始词特征以及种子词特征构成层次表示模型，然后借助外部资源来扩展获取基于种子词特征的语义信息。基于语义知识库的语义拓展方法主要是依据语义知识库的概念关系进行拓展，包括 HowNet、WordNet、FrameNet 等。学者 Liu 等（2010）从词性角度选择微博短文本中词性丰富的词汇作为初始特征，然后通过提取 part-of-speech 和 HowNet 等知识库的语义信息来扩展单词的语义特征维度，从而达到特征扩展和特征选择的目的。

（3）加入微博短文本的元数据信息以扩充特征空间。Sriram 等（2010）考虑到微博文本区别于普通文本的特征，共选取 8 类特征（即作者信息、发布时间、标志符号等），通过加入元数据特征来解决特征的稀疏性问题。

三种短文本特征拓展与选择方法虽然能在一定程度上缓解微博短文本的特征稀疏性问题，但是数据源或语义知识库的选取也会直接影响微博短文本特征的拓展与选择效果，并且这些方法还会增加许多额外的时间成本，不利于大规模数据的短文本特征拓展与选择。

7.1.3 短文本学习

短文本中蕴含着大量有价值的信息资源，所以短文本学习及应用已经成为学者广泛关注的热点。本节同样以微博短文本为分析对象，对短文本学习的相关内容进行介绍。主要内容包括微博短文本的分类与聚类学习、微博热点事件的发现和微博自动文摘三个方面。

1）微博短文本的分类与聚类学习

就目前的微博短文本研究成果而言，分类与聚类是最常见的短文本学习方法。研究微博短文本学习方法具有重要的理论和应用价值，在管理领域，可以建立聚类学习模型来分析企业微博用户的群体特性，为管理层做决策提供依据；在商业领域，可以通过构建相应的学习模型来识别微博意见领袖，为企业提供多样化的营销方式和更多的合作机会；在政策风险和舆情控制方面，建立分类学习模型或其他学习模型能够有效提高突发事件的检测效率和网络舆情趋势分析的准确率等。

但由于微博短文本具有严重的数据稀疏性问题和数据分布不平衡性问题，微博短文本分类与聚类学习研究的复杂性加大。为了提高分类与聚类学习的效果，现有研究主要从数据预处理和学习算法优化角度来解决数据稀疏性和数据分布不平衡性问题，一方面，从数据预处理角度，通过短文本特征拓展方式扩充特征空间，然后对拓展特征集进行特征选择，最后建立学习模型。例如，Xu 和 Oard（2011）以 Wikipedia 为数据源，通过对能够表征微博主题的特征项进行语义拓展来提高主题聚类学习模型的性能。另一方面，通过分析数据中的某些现象或特性来优化学习模型，以提高算法的鲁棒性。例如，Churchill 和 Liodakis（2010）根据微博用户的社会关系，先对用户进行聚类，然后结合贝叶斯分类算法，利用用户聚类结果来提高分类性能。

以上两种不同角度的短文本学习方法虽然能够得到较好的学习效果，但也存在不足：①短文本特征拓展方法虽然能降低特征的稀疏性，但同时也存在引入噪声数据的风险，难以保证学习性能得到较大提高；②短文本学习模型优化方法虽然能在一定程度上提高学习算法的准确率，但是容易加入学习算法的偏置。因此，未来的研究需要进一步优化微博短文本的特征选择算法，并从根本上解决学习算法的偏置性问题。

2）微博热点事件的发现

事件发现（或称事件检测）在学术界是备受关注的研究热点，而热点事件发现方法则是学者更为关注的对象。热点事件指某一时间内被广泛关注、争论、议论的事件、话题或者信息，它通常由某些原因或条件所引起，在特定的时间和地点发生，涉及某些对象（人或物），并可能伴随某些必然结果。传统的事件发现方法是通过构造"词汇-文本"特征矩阵分析事件，而微博数据的短文本性和文本缺失性会导致特征矩阵高度稀疏，从而使事件发现结果的准确率难以令人满意。另外，微博数据中丰富的社交信息、超文本数据、表情符号和特有的转发、评论数据为事件发现提供了更丰富的数据基础，而传统的方法并不能很好地将上述数据综合考虑进去。

目前，微博热点事件发现的研究成果主要基于以下三种分析方法。

（1）基于统计分析的方法。在微博平台上，热点事件通常会在短时间内引起很多人的关注，导致出现大量的评论和转发信息。根据这一特点，学者认为可以监控给定的事件关键词的出现频率在给定的时间片段内是否突然剧增，如果是，则对应一个事件发生；如果否，则认为没有。

（2）基于学习模型分析的方法。例如，Long 等（2011）根据 4 个基准选取话题关键字，并对话题关键字建立图模型进行聚类，然后根据聚类结果来发现微博热点事件。

（3）基于改进的相似度度量方法。Phuvipadawat 和 Murata（2010）首先用 TF-IDF 方法将文本转换到向量空间模型，并提出了一种基于命名实体加权的改进 TF-IDF 方法，该方法通过调整特征权重来度量信息相似度，以更准确地发现微博事件。

上述三种分析方法都可以改善微博热点事件的发现或检测效果，但是这几种分析方法都没有考虑到事件的动态传播特性，也没有考虑到微博数据的特有特征对热点事件发现的影响。

3）微博自动文摘

从技术的角度讲，传统的自动文摘主要从传统的文档数据出发。例如，从文档中选出某些有代表性的句子作为文档的摘要，或者采用一些自然语言处理算法对目标文档数据进行处理，从而生成一个事件的摘要。而微博作为近些年的一种新兴产物，微博事件的自动文摘仍然是目前的一份新鲜工作。

微博短文本与传统的短文本有相同之处，更有许多不同之处，因此微博事件的自动文摘技术在借鉴传统事件摘要生成方法的同时，也出现了一些有创新价值的方法和技术。

相关的微博自动文摘研究成果可以概括为三种不同的生成方式。

（1）由于微博具有短文本性，产生的文摘也应该是一句话微博。例如，Sharifi 等（2010）提出了两种不同的方法来生成一句话式的微博文摘：一种是基于图的词语加固算法，即根据分词后关键词的位置关系及重叠关系把多个微博转化成一个图，然后从主题词开始，从前到后分别找到重叠最多的关键词路径，最后连成一句话作为摘要；另一种是基于混合的 TF-IDF 算法，即在重新定义 TF-IDF 时，把一个句子看成一个文档，而当计算 TF 的时候，把整个集合的微博作为一个文档。两种方法都能产生很好的效果，但实验结果证明混合的 TF-IDF 算法性能更好。

（2）微博事件是现实社会事件的缩影，而一句话微博摘要覆盖的范围有限，一些重要的或者有趣的信息很容易被忽略掉。Inouye（2013）提出了两种微博自动文摘的生成方法，一种是先对微博进行聚类，然后提取每个聚类中最重要的句子合成多条微博摘要；另一种方法是利用混合的 TF-IDF 算法为每个句子打分，然后选取分数最高的几个句子进行冗余处理，最后得到多条微博文摘。

（3）以句子重要性作为微博事件的文摘容易产生冗余，且内容覆盖度和事件的动态发展状态不能充分体现。Long 等（2011）选择 k 条与某特定事件相关的微博作为事件的摘要，这些被选中的微博不仅在内容上和事件的相关度高，还能从时间的维度反映事件内容随时间变化的情况。

总的来说，目前的微博自动文摘方法能够基本自动生成事件的概要，但其所生成的文摘还不能全面覆盖事件的内容。为此，在后续的微博自动文摘生成研究中，可以考虑多层次主题聚类学习方法和加权聚类学习方法的交叉与融合，这样可以帮助用户最大可能地挖掘出事件主题的重要性关系和层次性结构。

■ 7.2　语义检索

语义检索是信息检索的新发展，早在 20 世纪 80 年代，语义检索的思想就已经出现。随着语义网技术的发展，语义检索已成为研究热点，旨在克服传统网络检索技术的局限性，支持知识检索。语义检索基于含义而不是通过关键词匹配寻找用户查询的答案，用以实现实体检索、概念检索、分类检索、关系查询等知识检索方式来满足用户的多种信息需求，使搜索智能化，根据用户的意图给出用户想要的结果。

7.2.1　语义检索的内涵

语义检索作为一种新的信息检索技术，它可以在知识理解和知识推理的基础上实现对信息资源的准确、全面检索。对语义检索的研究不仅仅在信息管理领域，还包括人工智能、互联网等研究领域以及农业、医学等专业应用领域。语义检索领域内近几年的研究工作大致包括五个主要方向：语义查询优化、查询目标分析、复杂约束查询、信息查询个性化和语义关联分析。下面将分别对这些方向进行具体介绍。

1．语义查询优化

语义查询优化是将语义技术应用到传统文本信息检索，利用本体技术提高检索的准确率和召回率的技术。语义查询扩展是语义查询优化的一种，其基本思想是利用本体知识扩展用户输入的查询关键字，大致过程如下：将关键字定位到本体库，通过图的遍历发现相关的概念，利用相关概念的关键字来扩展或限制搜索。

（1）WordNet 本体库在语义查询扩展中应用最为广泛，该本体库主要定义了词语之间的同义词和近义词关系。

（2）TAP 平台实现的语义查询接口是对传统关键字搜索的另一种扩展。TAP 接收到查询请求后，除了按传统方法在文本数据中查询外，同时将关键字和知识库中的概念标签进行匹配，将匹配的概念和检索到的文本一并返回给用户。

（3）CIRI 系统为传统的文本信息检索提供了一个可视化的本体浏览器，用户可以浏览树状的本体结构，选择查询概念。概念选出后，被选概念及其子概念的关键字通过布尔逻辑组合，得到最终的查询关键字，并由传统的文本搜索引擎完成搜索。这一方法和前面提到的语义查询扩展在许多方面比较相似，主要的区别在于 CIRI 是用户直接选择查询对应的概念，因而没有关键字到本体映射的过程。

2．查询目标分析

语义检索要求对用户查询需求赋予语义，因而如何确定用户查询的对象一直是语义检索的重要研究方向。当前这方面的研究工作，主要在概念、实例及相互关系等本体知识已经确定的基础上，完成用户查询对象到本体概念的映射，本体知识前面已经提到过，这里将做较为详细的介绍。

本体知识库中的信息可以分为两类：本体（类别）信息和实例信息，用户实际关注的是属于某个特定类别的实例信息，而不是被描述为类与类之间关系的领域知识和本体信息。可以通过自然的导航方法，引导用户指出其查询的对象，该方法向用户提供了一个树状的本体类层次结构，用户可以通过浏览从中选出其要查找的类的实例，或者通过指定其期望查找的类具有的关系和属性，用关键字过滤的方法找出自己可能感兴趣的实例的集合。还可以采用基于树状本体层次结构的查询目标分析方法，类似于当前互联网目录搜索引擎采用的单方面搜索算法。

当搜索进行到确定了至少一个用户感兴趣的实例时，其他的信息就可以通过浏览来获取。这一过程就和通过超链接浏览网页类似，不同的是在这里浏览的对象是资源，利用的链接是资源之间的关系。Haystack 信息管理工具实现了进行资源浏览的用户接口，该技术被引入了搜索行为（search behavior）研究。假设搜索者自身并不清楚或忘记了他要查询对象的属性，只有一些与查询对象相关的对象的信息。查找时首先需要找出已知与查询对象相关的对象，然后从这类对象出发进行浏览，最终找到其要查询的目标。例如，某人要查询一篇文章中的一个特殊的片断，而他忘记了文档存放的位置，只记得在某个同事的一封邮件中有对该文档的引用。这样他就需要浏览自己的信箱，回忆邮件的发出者，找出正确的邮件和文档的位置。为了定位浏览的切入点，工具提供了一个简单的文本搜索界面，这样用户可以根据资源的标签或标签中包含的语句，定位到查询的起点。

3. 复杂约束查询

许多复杂的查询需求可以表达为一组具有特定类型和特定关系的对象的形式，在语义检索中，这类查询用对象节点和对象节点的属性、类别表示。解决一般用户很难构建这种查询的问题有两种办法，一种是 GRQL——一个图形化的用户界面，以构建复杂的约束查询；还有一种是图形化查询生成接口，给用户提供了一系列预定义的领域相关的模板，用户可以选择模板作为查询的起点，也可以对模板进行扩展和定制，如在模板中的某些类上增加属性约束，或者是将模板中的类用兼容的类（如子类或父类）代替。

4. 信息查询个性化

信息查询个性化通过软件学习用户个性特征，把获得的个性化知识应用于信息检索过程中，在相同或相近的信息资源中，针对两个不同用户的相似要求，返回给不同用户不同的查询结果。语义信息检索中的个性化研究，旨在使用语义信息记录用户偏好，实现用户偏好的确定、推理，为用户提供个性化的检索服务。区别于以往的个性化信息检索，语义个性化研究中的用户偏好被映射到本体概念中，具有了实际的含义，能够提供更加强大的推理分析能力。

5. 语义关联分析

通常语义关联分析被用于发现用户感兴趣的资源之间的关联，这些关联本身就具有一定的价值。路径关联在许多领域有广泛的应用前景，如通过模板形式定义用户关注的对象关联关系，通过实体关系和模板的相似性分析解决问题。而综合查询上下文、概念层次位置、概念信息量、出度、入度、用户信任度和关联长度等多种因素的语义关联计算方法，对于如何区分有意义的关联和无意义的关联具有重大作用。

7.2.2　语义检索的相关技术

语义检索的研究主要集中在语义规则的建立、关键字转换语义查询的封装算法和语义搜索引擎的构造等方面。在语义规则建立方面，最常用的是语义网规则语言（semantic web rule language，SWRL），很多常用推理机都支持基于 SWRL 的推理。如果规则并不复杂而只是基本的约束表达，也可采用万维网联盟的本体语言（web ontology language，OWL）。

把关键字转换为语义查询语言是语义引擎常用的处理方式，例如，采用基于自然语言处理的方式将关键字转换为形式逻辑的方式；或者将查询语句先通过自然语言的方式进行处理与知识库进行同义词替换与匹配，然后封装成 SPARQL（SPARQL protocol and RDF query language）形式进行基于本体的检索。

在推理方面，大多数搜索引擎用到的是基于描述逻辑的包含关系推理，其推理算法如 Tableau 算法。此外，基于规则的推理也是语义推理的一种方式，利用基于规则的推理对军事作战计划中的异构资源系统的互操作性进行研究。语义搜索引擎：第一类是基于表单的搜索引擎，SHOE（simple HTML ontology extensions）语义搜索引擎提供了基于表单的语义搜索；第二类是基于 RDF（resource description framework）的搜索引擎，典型的代表是 Corese 搜索引擎；第三类是基于关键字，利用本体信息的方式来加强查询的语义搜索引擎，SemSearch 就是典型的这种搜索引擎；第四类是基于问答的方式，通过自然语言处理的方式强化语义处理的搜索引擎，AquaLog 和 ORAKEL 是这类搜索引擎的代表。

7.2.3　语义检索的实现

下面以基于本体理论实现语义检索为例，简述基于本体的语义检索实现过程，主要包括领域本体的构建、信息资源的收集、语义标注和语义推理四个环节。

1）领域本体的构建

构建本体的技术和方法很多，但就当前而言，使用最多的还是手工方式。本体工程尽管已经提出好几年，但到目前为止仍然很不成熟，针对不同种类的本体论还没有一个统一的工程方法来建立本体。每个开发团队都有自己的构建原则和设计标准，开发阶段也各不相同。下面介绍几种较有影响和代表性的本体构建方法。

第一种方法是 Uschold 和 Gruninger（1996）的骨架法，这种方法源于英国爱丁堡大学开发企业本体的经验总结，该方法认为建立本体包括 4 个主要的步骤，如表 7-1 所示。

表 7-1　Uschold 和 Gruninger 的骨架法

步骤	内容	
明确目的和范围	确定建立本体的目的和用途	
建立本体	本体获取	确定领域中关键概念和关系
		给出这些概念和关系的无二义性的自然语言定义
		确定标识这些概念和关系的术语
	本体编码	用一种合适的形式化语言表示上述概念和关系
	本体集成	集成已经获取的概念或者关系的定义，使它们形成一个整体，在达成一致方面有很多工作要做
本体评价	本体评价标准是清晰性、一致性、完善性、可扩展性	
形成文档	把所开发的本体以及相关内容以文档形式记录下来	

这种方法明确区分了本体开发的非形式化阶段和形式化阶段。非形式化阶段包括确定领域中的关键概念以及这些概念之间的关系，还要给出明确无二义性的自然语言定义，这些工作可以结合现有的知识获取技术完成。形式化阶段主要是用一种形式化语言来表示上述概念和关系。本体的非形式化表示和形式化表示都具有举足轻重的作用。

另一种方法是 Gruninger 和 Fox（1995）的企业建模法，这种方法源自多伦多大学企业集成实验室多伦多虚拟企业（Toronto virtual enterprise，TOVE）项目的开发总结。在 TOVE 项目中，Gruninger 和 Fox 建立了一个企业模拟本体，它基本上是一个企业进程和活动的逻辑模型，利用这个本体通过演绎推理可以回答一些关于企业运行方面的问题。TOVE 本体开发方法的流程如图 7-1 所示。

图 7-1　TOVE 本体开发方法的流程

上面两种方法尽管具有较深远的影响，但都是较早提出来的。新近提出的本体构建方法有所变化。Holsapple 和 Joshi（2002）提出了五种途径（表 7-2），并提出使用合作的方法来建立本体。这种方法的特点是考虑了多人的意见，提升了本体的质量，也使所建立的本体能够被更广泛地接受。

表 7-2　Holsapple 和 Joshi 提出的建立本体的途径

途径	建立的基础
灵感（inspiration）	个人关于领域的观点
归纳（induction）	领域内的具体情况
演绎（deduction）	领域内的一般原则
综合（synthesis）	已经存在本体集合，每个都提供了领域的部分特征
合作（collaboration）	多个人关于领域的观点，很可能加上一个原有的本体作为观点

从本体建设所追求的目标来看，本体建设应该是工程生产，即要遵循标准化的表达方式和规范化的工作步骤这两点工程化的思想。这就需要结合多种本体构建方法和技术来实现，但就目前为止，要将各种方法和技术统一到一个方法中是不现实的，因此我们在各自构建本体的过程中也只能借鉴一下构建本体的一般步骤（即基本上各种本体构建方法都要经历的步骤），包括：第一步确定本体的目标，在建立本体初期要明确所要构建本体的使用目的、使用环境和用户范围等；第二步确定本体的主题范围，根据本体的应用目的来确定本体的知识主题范围；第三步建立本体，拥有了本体所必需的主题和知识集后，就可以选用合适的本体构建工具（如 Protégé）来构建本体；第四步检查和评估本体；第五步提交和反馈本体。

另外，还有一些人采用将本体构建与检索应用结合起来的方法——面向对象的本体构建方法，该方法步骤如下。

（1）定义类及层次关系，自上而下抽象出基本的类及其层次关系。这里的类对应本体体系中的 class，对象对应本体体系中的实例（instance 或 individual）。

（2）定义类之间的关系，主要是聚合关系，对应本体体系中的对象属性（object property）。

（3）定义类的属性，包括属性的名称、类型及其约束条件，对应本体体系中的原子属性（datatype property），也叫数据属性。

（4）把通过前三步定义建立的模型映射为本体体系。

（5）定义同义、近义等语义扩展关系，以便在语义检索中通过语义扩展来提高查全率。

（6）最后用实例集（instances）来填充定义的类。

这种方法的优点是易学、易用，但是实现过程中减少了领域专家的参与，权威性较差。

2）信息资源的收集

缺乏信息资源的检索系统即便有再好的检索算法也是没有任何意义的，没有丰富的信息资源可供检索是不行的，反之，无限丰富但不适合于检索方法的信息资源，也是令人头痛的。在信息资源指数级急速增长的今天，如何收集有用的信息资源也是现代搜索引擎有待认真研究的问题。

传统的信息资源收集方式大多都是针对 Web 站点的，通过一个网络爬虫程序来收集信息资源。首先通过搜索判断当前 Web 上有哪些站点正在运行，创建当前可访问的网站列表，然后根据该列表，由 Robot 程序自动获取每个站点上的有用信息和文档。方法的关键就是合理地获得"活"网站列表，然后由 Robot 程序根据前面获得的"活"的网站列表和领域本体结构，逐一地收集站点上的信息资源。但是，传统的这种信息收集方法，Robot 收集程序通常是驻留在一个固定的站点上，通过 HTTP 来请求 Web 上的资源。这样在一定程度上会影响到信息收集的速度，为了提高信息收集的速度，可以在信息收集服务器上同时启动多个 Robot 进程来进行收集，但这种方式又容易产生较为集中的网络传输负荷，形成明显的网络传输瓶颈。针对这个问题，后来又有人提出改进后的分布式信息收集方法，即将多个 Robot 程序分布到网络上的多个站点，这样可以将收集信息的工作分散化和局部化，减少由于多个进程过于集中而带来的网络传输压力。这种方法有效地解决了传统信息收集过程中的搜索效率低下和网络传输负荷过重等问题。

除了收集网上的信息之外，有时候也需要从一些权威的报刊书籍上收集一些针对特定领域的有用的资源信息。

3）语义标注

Erdmann 等（2000）给出了语义标注的一个定义：通过一种标记 Tag 的手段，在 HTML 或者 XML 中把资源的元数据与相应的资源联系起来的过程。语义标注的目的，就是利用本体对信息进行标引，它是语义推理的基础，对语义信息检索的实现起着至关重要的作用。

使被检索对象能够以一种统一的、结构化的形式存储是实现语义检索的必要前提。语义网技术通过本体规范表达领域知识，并使计算机识别和处理这些知识，本章要实现的基于本体的语义检索系统也是要通过所构建的领域本体规范领域知识来达到语义检索的目的。因此，为资源提供语义标注就变得紧迫而必须。简单地讲，语义标注就是将本体中的知识点和资源信息之间建立关联，即把收集的信息资源映射到本体中。标注工作可分为完全的人工手动标注和由工具实现的半/全自动化标注。人工标注的可信度固然高，但是面对海量资源，仅靠人工标注几乎是不可能的，因此自动标注工具也是必不可少的。

目前，针对海量数据的自动或半自动语义标注已经出现，主要包括以下几种。

（1）基于传统信息抽取技术的方法。例如，工具 Amilear 应用技巧学习的方法在标注好的训练集上进行训练，通过不同领域的标注训练文档，适应多个领域的需求。

（2）基于本体信息抽取技术的方法。该方法将本体作为信息抽取过程中可用资源的一部分,利用本体内已有的实例信息来构造列表,简化抽取过程中对于概念实例的识别。例如,方法 Sem Tag 在 TAP 本体实例集合中找所有与待标注词匹配的可能实例集合,然后按照待标注词的上下文与实例集合中每个实例的上下文分别构造各自的本体向量,进行相似度计算,找到与待标注词最匹配的实例。

(3)基于自然语言处理的方法。为了处理自然语言超文本数据,该方法试图从句子的主谓宾语法成分中找到对应的 RDF 陈述。

(4)在众多的语义标注方法中,本章选用了基于本体的语义标注。基于本体的语义标注过程,一方面是从文档中抽取出相应的本体概念来对文档进行刻画;另一方面抽取过程其实也是对本体库的扩充和实例化。语义标注示意图如图 7-2 所示。

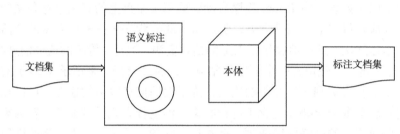

图 7-2 语义标注示意图

虽然现在的信息存在的形式趋于多元化,但文本依然是目前信息检索领域的主要研究对象。因此,文本信息的语义标注是语义检索系统中的一个重要环节,标注的好坏直接影响到最终的检索结果,对于文本信息的语义标注处理流程如图 7-3 所示,包括以下对应的五个步骤。

(1)提取文献中的题名、摘要、关键词以及全文内容。

(2)使用切词工具对所提取的内容进行文本切词处理。

(3)对切分后的词语进行词性标注。

(4)根据领域本体的语义关系对文本内容进行句法和词性分析。

(5)根据词频筛选标引词,提取全文中重要的三元语义关系。

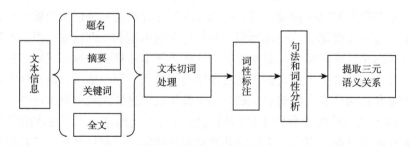

图 7-3 语义标注处理流程

4)语义推理

和传统的信息检索相比,语义信息检索最大的特点就是在检索过程中引入了对资源对象的语义处理。数据、信息和知识是人们在日常生活中经常接触到的三个概念,用户检索的对象(或目标)是数据、信息或知识。如果我们能够正确理解这三者的关系，相信大家都会回答用户信息检索的目的是获取有价值的知识（因为用户在信息检索时往往具有相当强的目的性，希望检索出来的信息能够帮助其解决实际工作中的问题）。领域本体描述了概念之间的关系，提供了语义推理所需要的逻辑规则，以 XML/RDF 或 OWL 格式存储的数据元信息是有待推理的对象。简单地说，语义推理过程就是让计算机识别和理解领域本体的结构与元数据信息，并根据相关的逻辑规则来求得现有信息库的闭包。

　　领域本体提供了语义推理所必需的规则和条件，元数据库为语义推理提供必要的"土壤"条件。根据语义推理在语义信息检索系统中所处阶段的不同，可以将语义推理分为在线语义推理和离线语义推理；根据其在语义万维网中所处层次的不同，又可以将语义推理分为公理推理和定理推理。下面对以上几种推理做进一步的描述。

　　语义推理的最终目标是在信息检索时，能向用户返回更多更相关的检索结果，以满足用户的需求。在线语义推理主要是针对用户提供的检索条件进行相关的语义扩展，发生在与用户交互的活动的会话阶段，又称为条件扩展式语义推理。用户在使用搜索引擎时往往需要经过多次检索才能逐渐逼近所需要的信息，因此有人提出了一种新的信息检索方式，该检索方式对用户输入的查询条件能自动地进行内涵和外延的扩展，这大大减少了用户在二次检索时的工作量。这种检索方式就需要在线语义推理的支持，其检索流程如图 7-4 所示。

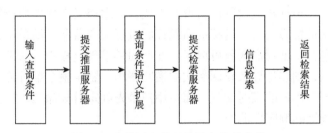

图 7-4　在线语义推理的语义检索流程

　　在用户输入初始查询条件时，在线语义推理可以通过运用合理的语义推理算法得到一个与用户查询条件语义密切相关的查询条件集合，这样在一定程度上提高了信息检索的查全率和查准率。但是这种方式由于是在用户与服务器进行在线交互时进行的在线语义处理，必将增加服务器对单位用户的平均服务时间，从而最终影响到服务器的响应速度以及系统的性能。为了消除在线语义推理对服务器系统性能的负面影响，有人提出将语义推理过程放在离线处理部分来完成的离线语义处理思想。在确定了信息检索系统的领域本体结构和语义词典本体（专门为文献关键词之间的语义关系建立的本体）之后，检索对象领域所蕴含的知识信息就基本确定了。因此就可以在用户输入检索条件、提交检索请求之前完成推理工作，这样在用户提交信息检索请求时，仅仅需要在语义推理后的信息库中提取满足用户要求的信息检索对象即可，从而在线处理部分的工作就会大大减轻，既提高了系统的响应速度，又可以将检索的范围准确地面向专业领域，提高了信息检索的质量。

　　依据语义推理所处层次的不同，可将语义推理分为公理推理和定理推理。其中公理推理是建立在公理之上的语义推理，常用于一些常识性知识的推理。定理推理则是根据特定的领域规则，从具体的应用出发进行推理。由于领域本体中定义的子类、子属性、属性定义域、属性值域、基数限制和互不交互等规范化术语的语义能够被人们广泛认可和接受，语义推理系统中的公理推理就是通过这些术语来进行描述的，因此，通过这些术语定义出来的共享知识具有良好的通用性。对应这些术语，在 RDF 和 OWL 中，万维网联盟组织专门制定了相应的定义标签来标记这些公理，例如，rdfs:sub Class Of、rdfs:sub Property Of、rdfs:domain、rdfs:range、owl:equivalent Class 等，这些标签将公理进行规范化管理，方便区分和提取，也很适合由 Jena 等专门的通用处理程序来实现本体推理功能。

在语义万维网信息检索系统中，公理推理和定理推理都有需要，但从语义万维网信息检索的查准率和知识的通用性角度出发，应尽可能多采用公理推理，少采用定理推理。

根据采用的推理算法的不同，可以将推理分为两种基本的类型：后向链推理和前向链推理。其中后向链推理是一种目标驱动的推理过程，从一个待证明的目标命题出发，遍历整个规则集空间，以查找后件和目标命题相匹配的可用规则，进而循环迭代去求证该规则的前件，直至规则的前件为已知条件或无规则可用时，结束整个推理过程。若推理过程中所涉及的规则前件均为已知条件或可以通过推理得到，则证明目标命题是可满足的，否则，还需要补充额外的证据。前向链推理则属于数据驱动，整个推理过程从已知的数据事实出发，根据相关规则进行反复迭代，以求得已知数据所能够涵盖的全部解空间，在完成前向链推理之后，后续的命题证明过程就变得非常简单了，只需要查询解析空间，看是否包含待证明命题就可以了。在后向链推理过程中，若某一目标命题同时存在多个可用规则，则容易导致较深层次的递归调用，影响整个推理算法的性能，而且后向链推理离不开与用户的实时交互，需由用户事先确定目标命题，这会在一定程度上影响信息检索服务器的响应性能。

7.3 社会化搜索

7.3.1 社会化搜索的内涵

作为最近几年发展起来的信息搜索新技术，人们还没有为社会化搜索给出一个被普遍认可的定义。部分学者对社会化搜索与传统的网页搜索进行了深度比较。Horowitz 和 Kamvar（2010）认为：传统网页搜索是为了查找能够满足用户需求的文档或资源，而社会化搜索是为了查找能够满足用户需求的人；传统网页搜索中用户对资源的信任程度依据资源权威度进行计算，而在社会化搜索中，用户对资源的信任程度依据用户之间的社会关系强度进行计算。Teevan 等（2011）认为：Twitter 等社会化搜索工具的搜索结果包含很多用户生成内容，而网页搜索结果主要是基本的事实和导航内容；Twitter 等社交网站推出的社会化搜索工具实时性强，信息多与人相关。

《辞海》中对"社会"的定义是指"以共同的物质生产活动为基础而相互联系的人

类生活共同体"，而"社会化"是指"个人参与社会生活，通过交互活动寻得知识技能和行为规范，成为一个社会成员的过程"。从这个层次上来讲，社会化搜索也正是网络用户之间相互联系、通过一定的交互活动和知识共享寻得所需信息的过程。社会化搜索首先为个人提供个性化的搜索，并在搜索服务的基础上，帮用户建立社群，在社群内共享彼此搜索的、收藏的、标注的、访问的内容。社会化搜索基于搜索的社会性网络服务，通过搜索的信息和访问记录等的社会性共享，从而建立起社交网络关系，进而引入社群/用户组的网络标记、标签、网络缓存等个性化信息对用户再检索提供较好的参照或范围，而且它能在用户的搜索结果前面直接插入用户的访问历史记录中和关联词相关的几条结果，与 Google 的 History 的表现方式有点类似。与机器搜索相比，其最大的特点就是人性化。

　　总体来说，社会化搜索的本质是利用社会化信息系统，包括在线社会网络、社会化媒体、社会化标注系统等，将搜索引擎技术与用户的社会关系图（social graph）结合起来，以达到提高搜索质量与相关度的目的。社会化搜索不同于协作式信息检索，后者是指在信息检索代理之间通过共享和交流信息等方式进行协作，共同完成信息检索。社会化搜索也不同于社会化信息搜寻，两者在内涵与外延方面均有交叉，但是不尽相同。Croft等（2009）认为社会化信息搜寻行为是社会与他人的互动搜索行为；Chi（2009）认为，社会化信息搜寻既包括社会化交互，也包括对社会化资源的利用；Evans 和 Chi（2010）认为任何包含社会化交互和协作的信息搜寻都是社会化信息搜寻；Cao 等（2010）认为社会化信息搜寻是社会网络与搜索引擎的结合。这些观点均强调社会化交互在信息搜寻过程中的重要性，但是在内涵与外延方面存在明显差异，其中 Cao 等（2010）将社会化信息搜寻等同于社会化搜索。

　　社会化搜索是以长尾理论和六度分割理论为基础的：长尾理论强调的"汇聚"作用恰恰是社会化搜索的本质所在；而六度分割理论则是社会化搜索建立关系网络的基础，网站提供用户邀请和添加朋友、结交朋友的朋友、利用短消息随时与朋友沟通、查看评论等功能，进而使网站中的人与人之间联系起来，并在此基础上产生网站的聚合优势。

7.3.2　社会化搜索的相关技术

1. 基于社会化标注的社会化搜索

　　标注是指用户对互联网上的内容以关键词或标签的形式进行标记和分类的过程，标注信息有利于互联网信息资源的组织、过滤和搜索。用户在为网络资源创建标签的同时建立了自身与资源之间的关系，体现了自身的兴趣偏好。在社会化标注系统中，包括社会化书签系统，多个用户对同一资源进行标注的同时，实现了对网站内容的分类，形成了以资源为中心的社区。这些社会化信息都是可用于优化信息搜索系统的重要素材。

　　标签数量在一定程度上反映了一个页面的流行程度。部分学者利用这一特性优化信息搜索算法。例如，构建算法计算标注信息与 Web 查询之间的相似度，用于寻找标签之间的潜在语义关系，构建算法基于社会化标注信息估计 Web 页面的流行程度，从用户的角度来描述页面的质量，衡量页面的静态排名。

标注信息体现了标签创建者的兴趣偏好。部分学者利用这一特性完善用户配置文件（user profile），进而达到优化个性化信息搜索的目的。用户配置文件用于描述用户的基本特征，可分为用户需求配置文件、用户判断配置文件、多标准配置文件等类型，它们分别用于描述用户的需求或兴趣中心、用户对一组文档的判断结果、用户的人口统计数据（如姓名、性别、年龄、职业、住址等）、用户的各种特性（如需求、判断、人口统计数据等）。通过挖掘用户在社会化书签系统以及博客平台上的公开活动，实现个性化的社会化搜索服务。其实现的基本步骤如下：从社会化书签系统、博客等社会化信息系统中提取用户兴趣，为每个用户建立并维持用户配置文件，用向量的形式表示用户兴趣，向量的每个元素对应一个词以及用户对该词的兴趣度；系统收到来自用户的查询请求，将查询转发给搜索引擎，搜索引擎返回一系列与查询相关的页面，每个页面对应一个相关度值；系统从用户配置文件中提取用户兴趣向量；对搜索引擎返回的前 n 个页面，系统基于该页面与用户兴趣向量的匹配程度为其计算兴趣度值；对每个页面，综合其相关度值和兴趣度值计算出最终分值；系统根据页面的最终分值选出要返回给用户的结果列表；系统根据用户对搜索结果的反馈进行调整。

利用标签信息构建起来的资源关系网络具有小世界现象，可以用于信息导航或者构建有效的资源发现算法。例如，利用社会化书签系统包含的文档、人员和标签之间的关系信息，结合微博平台包含的用户社会网络信息来改善搜索引擎性能，研究者提出一种基于面搜索的方法，即返回每一个搜索的所有相关项目，包括文档、人员和标签等，并允许所有的项目都被用来作为搜索项。这些给出的项目具有导航功能，可以有效提升信息搜索的效果。还有研究者提出一种基于协作式社会化标注的社会网络构建方法，网络节点是用户、标签作者簇、文档，边是用户与用户、用户与标签作者簇、标签作者簇与文档之间的连接，然后提出利用该社会网络进行查询扩展、资源发现、资源排序的方法。

社会化书签系统的核心数据结构是 folksonomy，即分众分类，由社会化书签服务中最具特色的自定义标签功能衍生而来，由用户、标签、资源以及三者之间的关系组成，具有个人自发定义生成分类标签、分类标签由所有用户共享、用户群体的定义频率决定资源的类别归属等特点。利用这些特点可以构建新型的社会化搜索算法。例如，利用社会化标签，提出一种可以提高检索的准确度与覆盖范围的个性化搜索方法。该方法首先确定资源之间和标签之间的相似性，其次建立用户-标签关系模型和标签-资源关系模型，系统根据特定用户给定的查询，将标签无缝地映射到资源，从而帮助用户找到最有吸引力的媒体内容。

2. 基于社会化媒体的社会化搜索

社会化媒体是指允许人们撰写、分享、评价、讨论、相互沟通的网站，也称为社交媒体。有些社会化媒体以发布信息与传播信息为主要功能，如问答系统、博客、微博等，有些则以交友、寻人为主要功能，如领英、人人网等。通过社会化媒体形成的反映人与人之间社会关系的网络称为在线社交网络或在线社会网络。有些社会化媒体中的社会网络是显性的，如由平台上的好友关系形成的社会网络；有些则是隐性的，需要通过一定的方式进行挖掘，如大众点评网上的用户通过点评与回应行为形成的用户关系网络。

社会化媒体中的用户生成内容、社会网络均被人们用来实现和优化社会化搜索。社会网络研究领域的成果为社会化搜索技术的实现提供了理论和方法方面的支持，如社会网络分析法，主要用来建立社会网络模型，研究分析在线社会网络的社会关系结构、用户交互行为模式以及社会关系结构与用户行为模式的相互影响作用等；弱连接理论，主要用来指导搜索算法与排序算法的设计。成功的社会化搜索主要利用弱连接而非强连接。

利用社会网络的结构特征可以设计高效的搜索新算法和排序新算法，从而提高搜索系统的性能。例如，给出一种基于社会网络的检索结果排序技术，其方法是：首先从会议论文集 1978~2003 年的论文数据中抽取作者合作信息，生成基于合作关系的社会网络，并利用算法计算每个网络节点的分值，然后依据网络节点的分值计算文档的分值（每篇文章包含多个作者），最后利用文档的分值与文档-查询相关度的乘积对检索结果进行排序。该算法提出了一个集个性化、社会化、实时协作于一体的自适应网页搜索引擎，该引擎基于某用户对其他用户或群体的绝对或相对信任度以及该用户和其他用户或群体的配置文件修改该用户的偏好向量，从而实现社会化搜索。扩展的社会网络不仅包含人与人之间的关系，还包含人与文档等其他实体之间的关系，可以为优化搜索和排序算法提供更多的支持信息，然后利用用户在社会网络中的个人关系对搜索结果重新排序，构建三种社会网络，即分别以用户之间的熟悉程度、用户之间的相似程度、用户之间的熟悉程度和相似程度为基础构建社会网络，然后基于社会网络，针对特定用户，定义一个计算查询与文档、人物、标签、群组等实体相关程度的公式。实验结果表明，基于这三类社会网络的个性化搜索系统效果显著优于基于主题的个性化搜索。

基于社会网络的社会化搜索系统 SonetRank 以类似团体内用户的相关反馈为参考依据为特定用户返回个性化的网页搜索结果。该系统建立并维护一个包含丰富信息的图模型，称为社会化感知搜寻图，包括团体、用户、查询和点击的结果信息，其个性化方案使用单个用户的个性化文档偏好、与用户查询相关的社会团体内用户集体的文档偏好、网络中其他用户的文档偏好三种信号信息，利用用户生成数据、用户行为数据以及用户形成的社会关系来提高网页搜索的效率。相关研究者基于用户之间的关系、每个用户的重要性、用户对网页文件的操作行为等参数提出一个新的社会化相关性排序方法，并与常规的文本相关性排序方法进行组合，以提高信息搜索的效果。上述方法中的查询包括两部分，一部分是显性的文本部分，用关键词序列反映用户需求，一部分是隐性的社会化部分，对应提交查询的用户以及他所处的社会网络。该算法定义了四种相关度，即用户相关度、文本相关度、社会相关度、社会-文本相关度，其中社会-文本相关度是文本相关度与社会相关度的加权之和。用户行为揭示了文档与用户之间的关系，在社会化媒体上，这类行为包括发信息、转发信息等。通过定义用户之间的相关度、用户的重要度，并利用用户之间的相关度、用户的重要社会关系中具有相同行为的用户信息定义查询与文档之间的相关度的计算公式，以此来实现文本排序以及社会化搜索。

7.3.3　社会化搜索的实现

当前的社会化搜索模型分为两类，一类是国内的，另一类是国外的。这两种类型有着明显的不同。从图 7-5 可以看出，国内的社会化搜索是由元搜索和用户知识库组成的，元搜索负责为用户提供网页检索。用户知识库负责将社区里的资料收集整理，然后形成一个有序的百科知识库。当用户查询时，他可以选择网页查询或信息查询。当用户选择网页查询时，系统首先将用户查询要求提交给元搜索，元搜索通过查询它所连接的其他搜索引擎找到用户要找的网页，然后按照聚类算法对搜索的结果进行排名，将系统认为用户最需要的网页排在前面；如果用户选择的是信息查询，系统将直接搜索用户知识库并将相应的结果返回给用户。

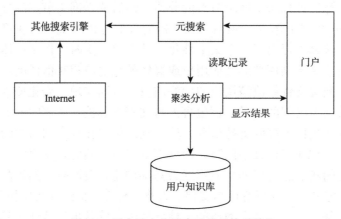

图 7-5　国内社会化搜索系统的体系结构

国内的搜索公司选择元搜索引擎作为自己的网页查询工具实属无奈，这些公司规模大多较小、资金不充裕；如果单独建立一个网页数据库，资金的投入是一个不小的数目。选择元搜索引擎可以不用建立自己的网页数据库，只要征得几个大的搜索公司的同意就可以将自己的元搜索引擎与它们的搜索引擎进行接口然后进行网页检索，这样就可以节省一大笔资金。

而国外的搜索公司（如雅虎）规模都比较大，它们拥有自己的网页数据库，它们完全可以依靠自己的网页数据库来完成用户的网页查询要求。从图 7-6 可以看出，除了用户网页检索有所不同外，国内外的社会化搜索的系统原型大体都一样。社会化搜索之所以能够实现社会化的搜索，原因在于用户可以将自己认为好的网页推荐给他人或与他人共享。此外，社会化搜索公司还为用户提供了社区这一网络模式。用户注册为社区成员后可以在社区发布自己需要解答的信息，也可以为他人解答问题。社会化搜索公司将从社区中收集到的信息分门别类后存放到用户知识库中供用户检索。

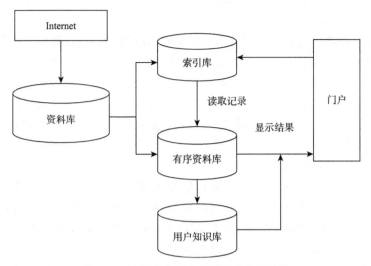

图 7-6　国外社会化搜索系统的体系结构

7.4　可视化检索

7.4.1　可视化检索的内涵

随着计算机网络技术和数据仓库技术的发展，数据可视化的要求出现了。数据可视化是对大型数据库或数据仓库中的数据的可视化，它是可视化技术在非空间数据领域的应用。其基本思想是将数据库中每一个数据项作为单个图元元素来表示，大量的数据集构成数据图像，同时将数据的各个属性以多维数据的形式表示，可以从不同的维度观察数据，从而对数据进行更深入的观察和分析。

可视化检索是信息可视化技术在信息检索中的应用，把文献信息、用户提问、各类情报检索模型以及利用检索模型进行信息检索的过程中不可见的内部语义关系转换成图形，在一个二维或三维的可视化空间中显示出来，以形象化的形式向用户提供检索结果。

7.4.2　可视化检索的优势

可视化的优势使其在信息检索中的应用得到认可，成为信息检索的发展趋势之一，可视化检索主要具有如下优势。

1）增强用户的认知能力

可视化检索通过人类较强的图片处理能力，将文本内容转化为空间的、图形的形式后，以直观的方式供用户浏览与分析，不再需要进行语言处理，从而减少人的认知负担。与此同时，检索结果的可视化，可以揭示文档中看不到的语义关系，通过一些空间属性如距离、长短、大小等来表示文档的相似性，可以便于用户快速地找到相关文档，也方便用户理解检索到的信息之间的关联性，从而提高用户的认知能力。

2）信息检索过程透明化

传统的信息检索系统对用户而言是一个不透明的黑箱，用户提交了提问式后，系统怎样分解用户提问式、怎么匹配提问词和标引词、怎样得到结果等过程对用户而言都是不透明的，因此用户也无法对系统内部处理过程进行控制。一个可视化的信息检索环境使检索过程变得透明，包括文献与提问的语义关联关系、文献与文献的语义关联关系、信息发现过程、检索的显示等。这使用户的检索更加容易、有趣，也大大增加了用户对信息检索过程的控制能力。

3）方便用户进行信息浏览

在可视化的检索环境中，用户检索信息如鱼得水，各种各样的可视化检索技术充分利用了人们对图像处理的能力，既可以显示检索的核心信息，又以各种方式忽略或隐藏周围的细节信息。当用户点击检索结果时，可以很快发现感兴趣的领域，并且根据检索结果的语义关联性，研究相关兴趣领域，从一个兴趣领域自然地过渡到另一个兴趣领域，同时还可以来回自由地在相关的兴趣领域寻找相关信息，这是传统的信息检索不能实现的。

4）提供良好的人机对话和交流环境

信息检索过程应该是一个多回合的人机对话和交流过程。可视化检索将人的因素引进系统内，在检索中可以发现检索结果之间的关联性，用户可以根据自己感兴趣的内容进行检索，不断获取所需的信息，也可以获取到相关领域的信息，这将会鼓励人的参与，促进人机对话，改善人机交流。

5）提高查准率和查全率

信息检索可视化是数据可视化技术在信息检索领域的应用，可视化提高了信息相关性判别的效率，扩展了信息相关性判别的手段。信息用户可以通过图形界面与网络信息检索系统进行交互，评价检索过程中的每次检索结果，优化提问或查询，从而提高查全率和查准率。

7.4.3 可视化检索的相关技术

信息检索可视化的实现技术包括映射技术以及显示技术，前者关系到采取何种算法将不同的信息之间的语义结构进行呈现，后者则关系到如何将这种检索结果的语义结构以直观恰当的可视化方式提供给用户浏览。

1. 映射技术

信息可视化过程中需要处理的数据为多维数据，而计算机处理及我们所能感知的数据一般为二维或三维数据。可视化映射技术主要用于把数据从多维空间映射到二维或三维空间，以便于计算机处理。常用的映射技术主要有自组织映射（self-organizing maps，SOM）、寻径网（pathfinder，PFNET）、多维尺度法（multidimensional scaling，MDS）、潜在语义标引等。

1）自组织映射

自组织映射算法作为一种聚类和高维可视化的无监督学习算法，是通过模拟人脑对信号处理的特点而发展起来的一种人工神经网络。其目标是把输入数据或信号的各种特征加以抽象和组织，并通过聚类作用将它们归并到不同的类目，同时保持拓扑结构的有序性，使输入中特征相似的数据或信号点在映射后处于相邻的空间。

2）寻径网

寻径网可以用来生成网络导航图，从而进一步提高超媒体系统的导航机制。寻径网根据经验性的数据，对不同概念或实体间联系的相似或差异程度做出评估，然后应用图论中的基本概念和原理生成一类特殊的网状模型。它对不同概念或实体间形成的语义网络进行表达，从一定程度上模拟了人脑的记忆模型和联想式思维方式，主要应用于认知心理学和人工智能等研究方面。通过对寻径网的分析，可以对不同的概念、实体进行分层和聚类。

3）多维尺度法

多维尺度法是一种用来发现被调查对象实证关系的方法，这种方法把对象可视化并在一个低维显示空间描绘它们的地理图像。它可以通过对相关对象进行多元探索和可视化数据分析，来揭示和阐述一系列相关方法的隐藏模型。多维尺度法的实际作用是可以分析各种距离或者相似的矩阵。这些相似性可以表达人们对文献之间相似度、基于共频引文的对象之间的相似度等的评价。

4）潜在语义标引

潜在语义标引的基本思想是文本中的词与词之间存在某种潜在的语义结构，并且可以通过统计方法寻找该语义结构。潜在语义标引通过奇异值分解，将文档向量和词向量投影到一个低维空间，使相互之间有关联的文献即使没有相同的词也能获得相同的向量表示，从而达到消除词与词之间的相关性，简化文本向量的目的。

2. 显示技术

可视化显示技术是指将经过聚类处理的文献信息在计算机上以图形的形式显示出来的技术。目前常用的可视化显示技术主要有聚焦+上下文（Focus+Context）、锥形树（ConeTree）、树图（Tree-map）、双曲线（Hyperbolic Tree）等。

1）聚焦+上下文技术

聚焦+上下文技术又称为"鱼眼"可视化技术，它通过放大聚焦节点，同时缩小周边对象，将周围信息和以细节方式显示的焦点信息结合在一起，不但可以突出重点信息，也能够揭示信息上下文关系。这种技术是基于人类视觉的观察特性而设计的，人们在现实生活中观察对象的时候，往往注重的是某个对象的细节，而忽视了其他周围信息。聚焦+上下文技术假设用户既需要细节信息又需要周围信息，同时对这两种信息的需要程度不同。因此，聚焦+上下文技术可以实现将这两种类型的信息结合在一个单一的（动态的）显示页面中。

2）锥形树技术

锥形树技术是 Mackinlay 等（1991）提出的一种利用三维图形技术对层次结构进行可视化的方法，其基本思想是利用三维图形技术将传统的二维树形表示法扩展到三维空间。

锥形树将父节点置于一个圆锥形的顶端，在底部圆上安排子节点。对于每一棵子树，采取同样的处理方法，因此，在整体上就形成了多个圆锥组成的锥形树。它将用户感兴趣的节点置于前面，当点击某个节点时，对应的圆锥就可以转到前面，方便用户获取所需信息。与此同时，每个锥体之间是透明的，可以保证每个锥体能够很容易被感知，还不会妨碍后面的锥体显示，这样又可以确保用户查找时不会遗漏相关的信息。

3）树图技术

树图技术是 Johnson 和 Shneiderman（1991）提出的一种表示层次信息的可视化模型，这是一种空间填充式的可视化显示技术，其主要思想是将整个信息集合对应到一个区域，例如，一个矩形区域。节点按照它们各自的层次占据相应的大小，矩形的面积表示相应节点的权重。同时，表示一个父节点的所有子节点的矩形被表示该父节点的矩形包围着。

4）双曲线技术

双曲线技术是 Lamping 和 Rao（1996）提出的一种基于双曲几何的可视化和操纵大型层次结构的聚焦+上下文技术。这种技术在基于双曲线的圆形平面区域内显示层次结构信息，将更多的可视化空间用于显示层次结构中当前被关注的部分，同时又能把整个层次结构显示出来。

双曲线技术被用于开发浏览器、网站地图以及其他针对大型层次结构信息的可视化工具，特别适合浏览图库、文件系统、数据仓库、Web 信息资源及其空间链接结构所包含的数据。

四种不同的可视化显示技术各有优点，但也有不足，在信息检索可视化的应用中，要根据实际情况合理选择一种，或者将若干种技术整合在一起。

7.4.4　可视化检索的实现

可视化检索实现的关键技术是选择合适的可视化模型，信息检索可视化模型有很多种，主要有多参考点模型、欧几里得空间特征模型、自组织图、路径搜寻相关网络模型、多维尺度模型。这几种方法是目前可视化中比较成熟、主流且被广泛应用和得到认可的方法，同时也是信息检索可视化中具有代表性的方法。上述每种方法都适用于多种情况，派生出一组相关的算法，有很大的适应性和扩展性。同时，这些方法能代表信息检索可视化的特点，揭示信息检索对象之间的深层语义和复杂的关系。

1）多参考点模型

参考点（reference point）是一种信息检索的标准，利用这种标准可以从数据库中检索相关的信息，从广义上讲，它代表了用户的信息需求和任何与用户需求相关的信息。参考点可以是当前或者以前的检索词、检索出来的文献、用户的检索偏好和用户的背景知识等。参考点主要是通过提供一种体系保证检索的正确性，通过参考点可以辅助修正原始查询，得到更加符合特定用户的查询结果。

参考点可以是固定的，也可以是动态的。这里介绍一种基于固定多参考点的模型 Info Crystal，这是一种针对布尔模型而设计的系统。Info Crystal 用二维空间来可视化检索结果，参考点是查询式中的检索词，它也可以是多个检索词的集合，这样就构成了多参考点。

　　图 7-7 展示了一个固定多参考点环境下的 4 参考点构造模型，在图中 r_1、r_2、r_3 和 r_4 是分布在正方形四个角上的四个参考点，图中的四个层次是因为有四个参考点，第一层里的结果表示只和一个参考点相关的文档，第二层里的结果表示和两个参考点相关的文档，以此类推，第三、四层里的结果分别表示与三个或四个参考点都相关的文档。例如，r_1 附近的圆表示与 r_1 相关的结果集，r_1 和 r_2 中间的长方形表示与 r_1 和 r_2 相关，每个层次的结果集用不同的图标表示，使人一目了然。这个模型中充分体现了布尔模型中的 AND 思想。

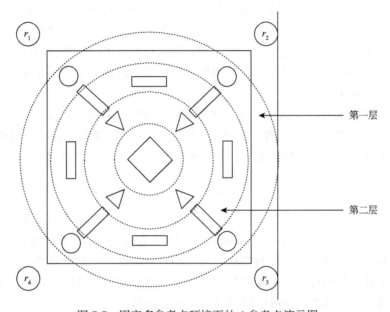

图 7-7　固定多参考点环境下的 4 参考点演示图

　　VIBE 是为向量空间模型设计的基于移动多参考点的系统，它同样支持多参考点，这些参考点在可视化系统内部是可以移动的，同时它有更强的用户操作性。图 7-8 展示了一个简化的移动多参考点模型，V_i 和 V_2 是映射在可视化空间中的两个参考点，V_s 是投影在这个二维空间的一个文档，设 r_1 为 V_i 和 V_s 之间的相似度，r_2 为 V_s 和 V_2 之间的相似度。

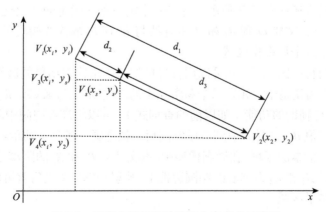

图 7-8　投影文档和相关的两个参考点示意图

r_1越大表示V_i和V_s的相似度越大，V_s就会更靠近V_i，反之亦然。如果文档和V_i、V_2都相关，那么投影后的点一定是在V_i与V_2的连线上，但是在这条线上的点不一定与V_i、V_2都相关，因为这时该点可能与其他的多参考点相关联而又恰好落在了V_i与V_2的连线上，所以可以拉伸V_i和V_2的连线，使该条线上与V_i、V_2不相关的点分离出来，这就在一定程度上避免了高维空间向低维空间转换后带来的信息检索的模糊性。

2）欧几里得空间特征模型

欧几里得空间特征主要体现在方向和距离上，这种方向性和距离性的特征可以应用在信息检索上。距离性是指在欧几里得空间中，距离越近的两个点越相似；方向性是计算欧几里得空间中两个向量之间的夹角，夹角越小则越相似，但这种相似是比例性的相似。在信息检索的余弦向量模型中，判断相似性的标准采用的就是方向性。因此在信息检索中评价相似性时，如果是比例性的相似，可采用方向性的算法，如果是评价完全相似，则采用距离算法。

就欧几里得空间特征，这里介绍三种可视化模型：DARE、TOFIR 和 GUIDO。这三种模型都是在二维空间中可视化展示方向、距离或者两者的结合，一般用两个参考点来构造可视化空间，一个叫作 KVP（key view point），另一个叫作 AVP（auxiliary view point）。

DARE 是一个基于距离-角度的模型，它展示了查询和检索到的文档之间的语义关系，能够可视化 Cosine 模型和距离模型，支持非传统的不对称的信息检索模型。在一个多维空间中，不管维数多高，两点之间的距离和角度都是绝对存在的，也是可以计算的，这样以距离和角度来建立一个直角坐标，可以将所有高维空间的文献映射到这个二维空间，得到一个开放性的长方形的映射空间。用户可以在这个二维映射空间中画一条水平线，将这条线沿y轴移动，就可以限制检出文献的数量。

TOFIR 是一个基于角度-角度的模型，它首先定义两个参考点R_1和R_2，并分别定义为 KVP 和 AVP，则任何一个文档在高维的向量空间中和这两个参考点都有一个夹角，将这两个夹角映射到二维空间中的两个坐标，可以得出这个可视化空间是一个三角区域。有了这个三角区域的可视化空间之后，就可以设置各种参数来确定检索区域。

GUIDO 是一个基于距离-距离的模型，它运用文档D和两个参考点之间的距离来映射，映射后得到的区域如图 7-9 所示。这是一个由三条线确定的开放性长方形区域，R_1和R_2是两个参考点，文档D到R_1和R_2的连线与R_1到R_2的连线构成了一个平面上的三角形，因此得到了这个可视化区域。

得到这个可视化的区域后，就可以用各种模型来确定检索结果的区域，如距离模型、椭圆模型等。在距离模型中，如果两个参考点中的R_1被定义为 KVP，R_2被定义为 AVP，则R_2只是提供一种辅助的功能（如以前的查询式），可以将高维空间中闭包上的点到R_2的距离确定为固定值d，这样映射到二维空间后，就是画一条到x轴距离为d的水平线，这样就确定了一个检索的区域。在椭圆模型中，设文档到R_1和R_2的距离是一个固定值w，这样文档就是在以R_1和R_2为圆心的椭圆边框上，映射到图 7-9 之后就可以得到一个可移动的长方形检索结果区域。

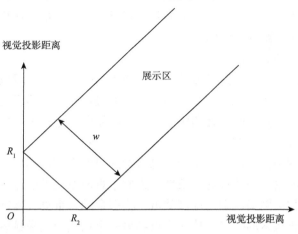

图 7-9　GUIDO 的可视化演示区域示意图

通过这些可视化的模型方法，可以将多维空间中看不见的闭包映射到可视的二维空间中，使一些高维空间看不到的检索结果文件能够方便地显示在二维空间的检索区域中，除了将文献之间的关系映射出来，还将一些模型也可视化了。以前的信息检索模型相对于参考点来说是对称的检索模型，系统在两个参考点形成相同大小的闭包，但是查询词对用户的重要性是不同的，这就要求系统在不同的参考点旁形成不同的闭包，在高维空间中要做到这一点是非常困难的，但是映射到低维空间之后，这种非对称检索方式就很容易实现了。这种高维向低维映射的可视化方法为信息检索由对称向非对称转换提供了理论依据。

3）自组织图

自组织是人工神经网络的一个分支。人类在对科学技术探索的过程中，虽然积累了很多宝贵的知识，但到目前为止，还没有弄清人的大脑是如何存储并处理信息的，但科学家没有终止对人类大脑的探索，开发出很多模型来模拟人的神经网络。

自组织图算法最初是在 20 世纪 70 年代由一位瑞典专家提出来的，后来经过许多专家的不断完善，最终 Kohonen 简化和优化了前人的成果，提出了一个更加实用的算法，并命名为 Kohonen 自组织图算法。自组织图的可视化空间是一个二维的网状特征图，它可以应用在基于向量的信息检索模型中。自组织图有一个学习器，能够自动地对输入数据进行处理并生成特征图，且具有处理模糊数据和进行复杂计算的能力。

自组织图的体系中包括一个输入层和一个输出层，输入层的数据经过神经网络系统进行处理后，生成一个网状结构的二维特征图进行输出。在网状结构图中，每一个网状单元（神经元）对应于一个加权向量（weight vector），用于存储、记录在学习过程中所获得的知识和经验。

自组织图算法的过程如下：首先在训练过程开始之前，对特征图节点中的所有加权向量进行初始化，使接近于零的值被随机分配到特征图节点的加权向量中（该处理有利于最后得到合理化的结果）；输入的信号经过一定的算法处理后由系统进行推理，为每一个信号在可视化的空间中找到一个最匹配的节点（winning node），然后对这个节点周围一定范围的其他节点按照相似性进行调整，距离越远，调整得越少，距离越近，调整得越多；随着不断调整，这个范围越来越小并逐渐接近该节点以至于最后汇合，这样，整个训练过程也就结束了。经过对数据库中的数据进行训练，最终产生了一个特征图，以可视化的方式展示了文献的组织结构。

4）路径搜寻相关网络模型

一个复杂的网络体系经过路径搜寻相关网络模型的处理之后可以产生一个最省、最简洁的网络，也就是说它只保留网络中两个节点的最短距离。路径搜寻相关网络模型主要是利用平面空间中三角形两边之和大于第三边的原理，它有 1 个主要参数，即路径长度，其值不能大于节点的个数。

路径搜寻相关网络模型可以应用于信息检索的很多方面，例如，网络资源都是以超链接组织起来的，但由于超链接的复杂性，人们很难清楚地了解这些网络资源之间的关系，通过路径搜寻相关网络模型的计算就可以将多余的、重复的网络去掉而保持最简洁的网络，这样在信息检索的时候，从一个点到另一个点找的就是最短路径点；路径搜寻相关网络模型也可以应用于文献之间的关联分析，如文献之间经过互引或同被引而产生的关联，或者通过文献语义产生的关联等；也有研究人员用路径搜寻相关网络模型对检索提问式进行研究，根据提问式对用户进行分类，形成一个网络。

在路径搜寻相关网络模型生成相关网络后，可以用该网络来修改叙词表、提供检索的辅助以及了解数据库的整个结构等。

5）多维尺度模型

多维尺度模型是一个比较成熟的算法，它在信息可视化中主要用于计算数据集中数据的相似性，并用矩阵来表示，然后以这个矩阵为输入，将高维空间中的数据进行降维后映射到低维空间。用在多维尺度模型中的数据不受数据分布和数据形态的限制。

在可视化对象之间的语义距离时，多维尺度模型根据高维空间中的距离对低维空间中的距离进行动态调整，如果高维空间中的距离近，就在低维空间中把相应的距离调近点，如果距离远，就在低维空间中把距离调远点，这样动态地进行调整，直到高维空间中距离的方差减低维空间中距离的方差小于某一固定值。由此看来，多维尺度模型就是用低维空间中的抽象距离来模拟高维空间的抽象距离的。

7.5　跨语言信息检索

7.5.1　跨语言信息检索的内涵

跨语言信息检索是指用户用某种语言从另外一种或多种语言表达的文献信息集中检索出所需文献信息的方式或技术，是一种跨越语言界限进行信息检索的活动。跨语言信息检索研究涉及语言学、情报学、计算机科学等多门学科知识，是一个综合性强、富有挑战性的研究领域。根据检索的媒体对象类型，跨语言信息检索可以分为跨语言文本信息检索、跨语言图像信息检索和跨语言语音信息检索。跨语言文本信息检索是目前研究最多的。

跨语言信息检索研究最早可追溯到 1973 年 Salton 的 *Experiments in multi-lingual information retrieval* 一文的发表。当时的研究主要是针对国际联机检索进行的，由于检索系统不普及，人们对网络信息的需求并不强烈。跨语言信息检索研究真正成为热点，是在互联网迅猛发展的 20 世纪 90 年代后期，在很大程度上，互联网的全球化信息结构引发了对跨语言信息检索的迫切需要。这就促使越来越多的研究团体深入研究跨语言信息检索问题，并提出跨语言信息检索的不同方法。这一时期国际上先后有许多相关论文发表，一些跨语言检索系统相继问世。2001 年以后，国际上，跨语言信息检索研究领域每年定期会召开一些国际会议，其中重要的会议包括文本检索会议（Text Retrieval Conference，TREC）、跨语言评价论坛（Cross Language Evaluation Forum，CLEF）、日本国家科学信息系统中心信息检索系统测试集会议（NACSIS Test Collections for IR，NTCIR）、美国计算机协会信息检索特殊兴趣小组会议（ACM Special Interest Group on Information Retrieval，ACM SIGIR）。

完成跨语言信息检索，需要处理如下几个问题。

（1）检索词与检索到的信息内容分属于不同语言。这是跨语言信息检索的最主要特征，由于提问与文献分属不同的语言，在两者之间需要通过词典等方式建立匹配的对应关系。

（2）检索词的歧义和多义性。由于原始提问中有些词义的不确定性，系统中需要借助歧义性、多义性分析机制，将原始提问排歧后转换成最终提问。

（3）查询词的切分。一些语言（如中文、日文、韩文等）的词与词之间没有明显的分隔符号，因此词的切分问题成为此类语言的跨语言检索研究要点之一。

（4）信息内容的多语言性。在跨语言信息检索系统中，因为原始文献是用不同的语言书写的，所以语种识别是检索的基本工作，此类情况常出现在自动标引的系统中。

（5）输出结果的排序组织。检索结果中，不同语种的文献如何排序，如何对不同语种的文献进行相关度的计算，也是跨语言信息检索系统必须研究的问题。

7.5.2　跨语言信息检索的研究历程

根据研究对象的时间历程和阶段性成果的差异，跨语言信息检索的研究历程主要分为三个发展阶段：萌芽阶段、发展阶段和大型商用阶段，下面对这三个阶段分别进行简单介绍。

1）萌芽阶段（基于国际联机系统的跨语言信息检索研究）

跨语言信息检索的最早实验来自 1969 年康奈尔大学的学者索尔通，他通过将英语概念列表中的一些单词翻译成德语，构建了多语概念列表，然后利用该表扩充 SMART 信息检索系统。1973 年，他实现了英法多语概念列表，达到了更完整的覆盖范围。1978 年国际标准化组织颁发了关于多语言叙词表的国际标准 ISO 5964，该标准在 1985 年进行了修改。上述研究主要是针对国际联机检索进行的，而当时联机检索系统并不普及，国际互联网尚不为人们所知，人们对网络信息的需求并不强烈，研究工作也没有取得重大的进展。

2）发展阶段（基于互联网的跨语言信息检索实验系统研究）

在互联网迅猛发展的 20 世纪 90 年代后期，国际上先后有许多相关学术研究论文发表。1997 年由德国语言技术研究室人工智能研究中心开发的 Mulinex 系统是世界上第一个成功运用跨语言自动翻译技术的系统，到 2002 年 4 月，共有十七个跨语言信息检索系统问世。1990 年，潜在语义索引技术被应用于跨语言信息检索。1994 年诞生了第一篇关于跨语言信息检索的博士论文。1996 年同义词表应用于跨语言检索。1997 年卡内基·梅隆大学语言技术研究所在跨语言信息检索的理论与实践中首次采用广义向量空间模型（generalized vector space model，GVSM）算法。

文本检索会议在 1997 年开始将跨语言检索测评作为中心议题之一。日本国家科学信息系统中心信息检索系统测试集会议成立于 1998 年，第一次工作会议于 1999 年在东京举行，主要侧重于亚洲语。跨语言评论论坛第一次会议于 2000 年在葡萄牙首都里斯本举行，之后，每年都举行一次。该论坛侧重于欧洲范围内跨语言检索问题的评价。

3）大型商用阶段（跨语言搜索引擎技术的飞速发展）

多语言特点是互联网世界的特色之一，根据 1996 年 Ethnologue 目录上的统计，全世界语言高达 6703 种。另外据其他学者研究发现网络上有 160 种语言信息。2001 年统计显示，当时 Google 支持的语言有 14 种，Altavista 支持的语言有 25 种，而雅虎则推出了数十种本地化的搜索引擎。这些宣称支持多种搜索的搜索引擎其实只是多个单语模式搜索的融合，即用户只能以一种语言提问，返回同一种语言的信息。用户如果需要在多种语言中查找信息，就必须同时使用多种语言提问。2008 年左右，真正的跨语言搜索引擎得到飞速发展。通过 Google 的"使用偏好"选项可以进行跨语言信息检索，Google 支持的查询语言达到 115 种，可以检索用 35 种语言所写成的网页。

7.5.3　跨语言检索的相关技术

目前研究最多的是跨语言文本信息检索和跨语言语音信息检索。在跨语言检索中，提问式所使用的语言通常称为源语言，源语言一般是用户的母语；被检索文档所使用的语言称为目标语言，目标语言可以是用户不熟悉甚至完全陌生的语言。与跨语言检索相对应，提问式语言和文档语言相同的检索称为单语言检索。

网上跨语言信息检索的过程是：网络蜘蛛搜索网络信息，在统计方法、自动标引技术的支持下编制以语言为基础的索引，服务器接受以一种语言描述的提问式，并返回跨语言检索的结果，这一结果是由不同语言描述的信息集合构成的。在跨语言检索中主要涉及的技术有计算机信息检索技术和机器翻译技术，其中计算机信息检索技术完成提问式与文档之间的匹配，机器翻译技术完成不同语言之间的语义对等。

1）计算机信息检索技术

计算机信息检索技术目前已趋于成熟。在单语言检索中，计算机信息检索技术主要是自动搜索技术、自动标引技术和自动匹配技术。检索系统利用网络蜘蛛进行网络信息的搜集，然后利用自动标引技术对搜集的信息进行标引形成索引数据库。用户输入检索式后，计算机把检索式与数据库中的索引项进行匹配，按检索式与索引项相关性大小降序输出检索结果。跨语言检索中实现信息检索的原理和方法与单语言检索是相同的，只是在检索的过程中加入了语言处理技术，使一种语言能够与其他语言对应。

2）机器翻译技术

机器翻译技术实质上是一种能够将一种语言的文本自动翻译成另一种语言文本的计算机程序。机器翻译技术的核心是保持两种文本（源语言文本和目标语言文本）的语义对等，因为在翻译过程中，源语言文本中的词往往对应目标语言描述的几个词，所以要选择最合适的词或其他的处理以达到含义的一致。因为这涉及复杂的计算机语义分析技术，所以机器翻译的效果还远未达到人们所期望的水平。在跨语言检索中，需要利用自然语言处理与机器翻译相结合的技术提高翻译的准确性，因为在跨语言检索中，翻译的准确性直接决定了检索的准确性。

　　计算机信息检索技术和机器翻译技术是跨语言检索中所利用的主要技术，计算机信息检索技术已比较成熟，而机器翻译技术的实用性还有待发展和完善，因此跨语言检索所要解决的问题实际上是一个语言处理问题。跨语言检索不同于单语言信息检索和机器翻译，也不是两种技术的简单叠加，它是一种有机的融合，有着自身的特点和专门的研究内容。

7.5.4　跨语言检索的实现

　　如前面所述，跨语言信息检索的实现是用户以一种语言提问，检出另一种语言或多种语言描述的相关信息。例如，输入中文检索式，跨语言检索系统会返回英文、日文等语言描述的信息。总体来说，用户实现跨语言信息检索也就是解决查询条件与查询文档集之间的语言障碍。伴随着科学技术的发展，目前，跨语言信息检索的实现方法有五种：同源匹配技术、查询翻译技术、跨语言技术、文档翻译技术和不翻译技术。当然，除了理论和技术外，评估也是跨语言检索得以实现的重要一环。图 7-10 为跨语言信息检索技术相关概念图。这里结合图 7-10，分模块介绍跨语言检索中的核心步骤涉及的技术，主要包括同源匹配技术、查询翻译技术、中间语言翻译方法、跨语言信息检索系统的评价。

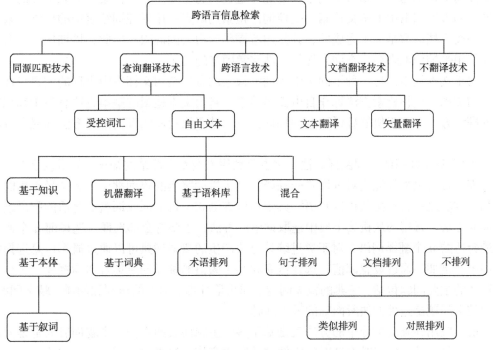

图 7-10　跨语言信息检索技术相关概念

1）同源匹配技术

同源匹配技术根据两种语言的词语拼写形式或读音相似度来判断其中一种语言词语的意义，不进行任何翻译。康奈尔大学的 Buckley 等（2000）开发了一个英语-法语匹配程序，以此实现英语提问式与法语文献的匹配。然而它只适用于相同词源的词语，对于中英文来说就不适用。不过同源匹配不仅可以单独使用，还可以与其他策略结合使用。

2）查询翻译技术

查询翻译是将用户输入的提问翻译为系统支持的语言，然后将目标语言的提问式提交给匹配模块，进行单语言信息检索。它是目前最为常用的策略，这种方法简单而有效，所以基于查询的跨语言信息检索的优点是能够在线快速执行，主要缺点是提问式通常很短，语境信息很少，难以消除歧义。

在翻译过程中，每个提问词被其所有可能的译法所代替，因此翻译模糊性问题严重，控制翻译模糊性是设计有效的提问式的一个关键问题。控制翻译模糊性的方法主要有两种：一种方法是只翻译短语，因为短语翻译通常表现出较少的模糊性，研究表明，识别短语策略能够大幅度提高检索效率；另一种方法是通过用户的介入（利用交互式用户界面）也可以有效控制翻译的模糊性。查询翻译技术又分为受控词汇检索和自由文本检索。

受控词汇检索是指文档集通过手工使用预先选择好的词汇进行索引，用户也是从相同的受控词汇中选择构建查询条件，然后对文档进行检索。在该检索系统中，多语言主题词表用来和被选择的每一种语种的词汇和与语种关联的概念识别器相连，文档的检索是通过概念识别器的匹配实现的。受控词汇跨语言检索系统中包括两个过程：将文档与查询条件都用受控词汇来表示，对文档的标识其实是对文档的翻译过程，而对查询条件用受控词汇来构建其实是对查询条件的翻译过程。它主要用于文档集的概念可控的一些领域，如数字图书中的全文检索。受控词汇检索的缺点：用受控词汇表中的检索词来标识每一篇文档通常是手工完成的，其使用范围受到很大的局限。因此，培训用户学会有效地使用受控词汇来构建查询条件是一件非常困难的工作。

对于文本检索，另一种不同于受控词汇检索的方法是用文档集中出现的词语来标识其中的文档，这种检索方法称作自由文本检索。自由文本检索的基本方法有基于知识的查询翻译方法、基于机器翻译的查询翻译方法、基于语料库的查询翻译方法和混合方法四种。

（1）基于知识的查询翻译方法。它主要利用人类专家总结的知识，如机读字典、主题词表、百科全书等完成对查询式的翻译。基于机读字典的查询翻译方法是最常用的查询翻译方法之一，是指从机读双语字典中抽取查询式中每个词或词组的合适的翻译进行替换的方法。常用的从机读字典中选取词语的方法，主要有全部选择、选择前 n 个或选择最合适的 n 个翻译词语。对于通过统计方法产生的概率词典可以通过概率信息选择翻译词语。例如，通过设置阈值，选择概率和小于阈值的翻译词典集合作为翻译。这种方法存在的主要问题包括：字典的覆盖问题、屈折语处理、词组的识别和翻译、歧义问题，其中歧义问题是这种方法所面临的最大问题。

最早应用在查询翻译中的方法就是基于多语主题词表的方法，主题词表大都是面向某个特定领域的，所以其在针对特定领域的跨语言信息检索中应用较多。本体中包含比主题词表更详细的概念定义、更广泛的关系描述，以及公理实例等。可以更好地反映出独立于语言的更为本质的东西，并用于对查询式进行语义层次的理解、精确的翻译。

现在的多语主体主要有包括荷兰语、英语、意大利语、西班牙语等多种欧洲语言的EuroWordNet，英汉双语的 HowNet，英俄双语本体 Russian WordNet 等，这些都是进行本体查询翻译的很好资源，但是构建一个包含精确双语语义关系的资源是需要人力、物力的，而且现在可用的主题词表、本体资源都面向某一特定的领域，不具有通用性。

（2）基于机器翻译的查询翻译方法。利用机器翻译系统进行查询翻译的优势就在于可以利用机器翻译系统的词法、句法、语义分析得到更为准确的翻译结果，但是将机器翻译系统应用在查询翻译中，并没有取得很好的效果，其主要原因包括机器翻译系统的翻译质量不高、查询式通常很短，甚至一个词影响了机器翻译的效果。多数商用的机器翻译系统只返回一个最优翻译结果，不提供可选择的翻译列表。

（3）基于语料库的查询翻译方法。由于基于知识的方法都需要投入大量的人力进行翻译工具的构建，人们就开始研究从语料库中直接提取用法的统计信息，进行查询翻译。根据所使用的语料库的不同，这种方法可分为基于平行语料库的方法和基于可比语料库的方法。

平行语料库根据对齐程度可以分为篇章对齐、段落对齐、句子对齐和词对齐。一般来说，对齐的粒度越小，对齐的精确度越高，查询效果就越好，平行语料库在查询翻译中的主要应用是构建双语，基于平行语料库的对照词典实现主要包括两步：首先计算词共现矩阵，矩阵的每个元素是对齐单元中源语言和目标语言词共现的次数；然后利用这个词频矩阵计算一种语言的词语出现时，另一种语言的词语出现的条件概率，从而建立起翻译词典，在使用时通过阈值的设置来提取翻译。

但是基于平行语料库的方法在语料库的获取和对齐方面都比较困难，于是学者提出了利用可比语料库进行翻译信息的提取，使用可比语料库最著名的方法就是相似性叙词表。随着互联网技术的发展，学者试图从互联网这个多语资源中构建语料库，统计信息，互联网语种的多样性、信息的丰富性为基于语料库的查询翻译方法的发展提供了广阔的空间。

（4）混合方法。这种方法综合利用上面各种技术的优点，以期望获得更好的检索效果，这种方法中应用最广泛的资源组合是将双语字典和一些单语资源结合，利用字典进行翻译知识的抽取，利用单语资源进行翻译消歧。

3）中间语言翻译方法

在跨语言信息检索中，解决语言障碍的基本方法是两种语言之间的翻译，然而所有的翻译方法都以机器翻译、双语翻译、语料库等为翻译的语言基础。跨语言信息检索中可能会碰到这样的情形：两种语言直接翻译的资源不存在。为此研究人员提出了一种利用中间语言或中枢语言进行翻译的方法，即将源语言翻译成中间语言（可以是一种或多种），然后将中间语言翻译成目标语言（利用多种中间语言时需要合并）。

文献翻译与查询翻译正好相反，是指先将多语言的原始信息集合转换成与查询相同的语言再进行单语言信息检索。此方法的优点是提高翻译质量，可以离线执行，但速度太慢，且可能会存在使原始信息库的规模很大等问题。

4）跨语言信息检索系统的评价

跨语言信息检索系统的评价通常改变测试主题，以比较相同系统下单语言信息检索和跨语言信息检索的检索性能。一般跨语言信息检索系统的评价流程如图 7-11 所示。

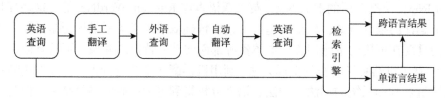

图 7-11　跨语言信息检索系统的评价流程

跨语言信息检索的评价指标与一般信息检索的评价指标相同，包括查准率、查全率、F 值等，后续章节会对所有的评价指标进行详细讲解。目前跨语言信息检索主要有三个测试平台：TREC、NTCIR 和 CLEF。TREC 的跨语言平台始于 1997 年，以英语为主，为不同的检索系统和检索技术提供了一个标准的评比环境，并举办论坛供参与者讨论和分享结果。TREC 的出现，开创了检索评价研究的一个新的里程碑。NTCIR 始于 1999 年，是由日本文部科学省下的国立信息研究所主办的，该会议主要侧重于亚洲语种的跨语言信息检索问题的研究。CLEF 则是欧盟资助的数学图书馆研究中的一部分研究内容。这些项目对于推动跨语言信息检索的研究和应用起到了良好作用，每次会议都吸引了众多的研究机构和企业，参赛单位的论文评比结果也会在网站上公布。

测试集在跨语言信息检索领域占有决定性的地位，在跨语言信息检索领域，它很大程度上是依赖实验的学科。跨语言信息检索测试集包括测试文档集合、检索问题集合和参考答案集合三部分，其中最著名的当属 TREC 测试数据集合，NTCIR 和 CLEF 则基本沿用 TREC 的格式和定义。TREC 的测试文档集合分英语文档集合和非英语文档集合两类，其中以英语类文档为主。它的特点是全文文献占主导，文摘文献为补充，文献主题包罗万象，实验数据规模大，个别项目达到 100GB。TREC 的检索问题集合针对不同领域的测试语料有不同的检索问题集合，通常采用一种简单的 SGML 风格的标签对每一个问题进行标记，包括查询主题标识、主题序号、主题标题、主题问题和主题描述。TREC 的参考答案集合则是采用一种相关池技术来产生一个相关文档集合，并对参赛系统的检索结果进行自动评价。

【本章小结】

本章属于知识扩展章节，是信息处理与信息检索的新发展知识，笔者认为，本章介绍的相关知识与当前信息检索领域的相关科学研究接轨。本科生可将本章作为扩展知识学习，熟悉相关技术的内涵及实现过程；研究生应该掌握本章的知识，并在本书内容的基础上搜集国内外相关文献，扩充本章介绍的基本知识，了解每个方向的最近研究动向，进而实现对信息检索相关知识的深入研究。

【课后思考题】

1. 什么是短文本？你在日常生活中遇到的哪些文本是短文本？
2. 短文本数据处理需要解决的关键问题是什么？

3. 什么是语义检索? 简述语义检索的实现流程。

4. 什么是社会化检索? 简述社会化检索实现的基本原理。

5. 什么是可视化检索? 简述其实现流程。

6. 什么是跨语言检索? 跨语言检索实现的难点是什么? 并简述原因。

7. 列举你知道的信息检索的其他新发展。

第8章 信息检索的评价

【本章导读】

信息检索系统的性能评价是衡量检索系统性能的关键,从科研的角度而言,如果提出一个新的检索模型,则需要在权威的测试集合上,采用一定的性能评价指标检验模型的优劣,故测试集合和评价指标是进行检索系统评价的必备知识。本章首先在测试集合基本知识的基础上,介绍三种世界上权威的测试集合:TREC、NTCIR 和 CLEF,然后从效果评价、效率评价、用户效用三个角度介绍如何实现对检索系统的评价,最后介绍检索系统评价中的显著性检验。在对检索系统的评价中,效果评价是常采用的评价指标,实际上一个好的检索系统,也应该关注检索效率和用户体验等方面。

8.1 评价概述

信息检索的评价是衡量一个检索系统优劣的关键,对于一个新版本的信息检索系统,无法单凭感觉来判断它是否优于其他版本,需要实施一些模拟实验来评估新版本检索系统的设计,当新产品上线后,还要继续监测和实时调整其性能。

信息检索的评价指标主要包括效果评价和效率评价两个层面,效果衡量的是检索系统返回正确答案的能力,而效率衡量的是检索系统的检索速度。检索系统的效果和效率是息息相关、相互制衡的,例如,即使我们采用一定的策略提高了检索系统的效果,但却明显影响了效率,那么这种检索策略也不会被检索系统采纳。一般而言,检索系统更重视检索效果的提高,因为检索系统的最大任务是返回给用户正确的答案。

在设计检索系统时,很多设计者试图考虑是否可以设置一些参数来调节检索系统,使系统在返回高质量查询结果的同时不影响检索系统的效率,但是,就目前的研究而言,还没有可靠的技术可以将二者有效折中。除了效果和效率指标,另一个值得考虑的因素就是搜索引擎设计的造价,为了高效地实现信息检索,设计者或许会在处理器、内存、硬盘和网络需要方面进行大量的投资。对于效果、效率、造价三个指标,一般情况下,它们是存在一定的制约关系的,例如,如果我们希望信息检索系统具有较高水平的效果和效率,那么自然需要高额的系统配置。

在对检索系统进行评价时,使用最频繁的一个术语就是"优化",检索系统中的检索和索引技术在效果和效率方面,都有很多相关系数可以调整以实现系统的优化,通常情况下，这些优化参数是使用训练语料和代价函数获取的。训练语料是真实数据的一个抽样，而代价函数一般是一个取最大值或最小值的函数，也是衡量系统优化的一种方式。例如，训练语料可以是一个含有若干查询及其对应的标准查询结果的数据集，而排序算法的代价函数可以表示为对排序效果的一种衡量。系统优化的过程也因此可以描述为：在训练语料上调节排序算法的参数，使代价函数达到最大或最小，这种优化的过程不同于"搜索引擎优化"，后者主要是指通过对网页顺序的调整来确保某些网页排序靠前。

8.2 测试集合

8.2.1 测试集合结构

研究者进行信息检索系统评估的一般过程是，将需要查询的问题通过分析、处理形成检索系统能够利用的查询主题，并将其输入待检测的检索系统中，检索系统在已经规定的文档集合内进行检索，将检索系统判定为相关的文档与标准答案进行对比。其中测试集合主要包括三部分：文档集合、查询集合和相关判断集合。图 8-1 是测试集合的构成及检索评估过程。

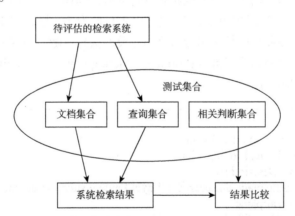

图 8-1　测试集合的构成及检索评估过程

文档集合是一组文档的集合，该组文档的内容被信息检索系统用来进行文字分析，文档集合质量的高低直接决定了整个测试集合的质量和信息检索系统评估工作的效果，查询集合和相关判断集合是在文档集合的基础上进行分析、构建的。文档集合中的文档都有固定的存储格式，以方便使用者进行检索使用，避免因格式混乱而影响检索性能，例如，下面要介绍的 TREC 测试集合中，文档使用 SGML 和文档定义形态（document type definition，DTD）为每篇文档加上标记，形成固定的格式。图 8-2 为 TREC 文档的存储格式截图。

```
<DOC>
<DOCN0>FT911-3</DOCN0>
<PROFILE>AN-BE0A7AAIFT</PROFILE>
<DATE>910514 </DATE>
<HEADLINE>
FT 14 MAY 91 / International Company News: Contigas plans
DM900m east German project
</HEADLINE>
<BYLINE>
By DAVID GOODHART
</BYLINE>
<DATELINE>
BONN
</DATELINE>
<TEXT>
CONTIGAS, the German gas group 81 per cent owned by the utility
Bayernwerk, said yesterday that it intends to invest DM900m (Dollars
522m) in the next jour years to build a new gas distribution system in
the east German state of Thuringia. ...
</TEXT>
</DOC>
```

图 8-2　TREC 文档的存储格式截图

　　检索系统通过分析查询主题对文档集合进行分析，同样，为了给检索系统提供方便，查询主题的结构也有着非常明确的规定。仍然以 TREC 为例，起初 TREC 的查询主题划分的层次繁多，研究者需要自己从中组合选择出需要的信息，随着研究的深入，TREC 中查询主题的层次划分逐渐精简为三部分：<title>、<description>、<narrative>。图 8-3 为一个具有固定格式的查询示例图。

```
<top>
<num> Number: 128</num>
<title>Topic: Finding  plane
<desc> Description>:
A missing plane disapeared in Eqypt.Finding survivor and the
crashed airplane.
<narr> Narrative:From the accident,people are trying to
determine the cause of the crash...
</top>
```

图 8-3　TREC 中的查询示例

　　相关判断集合由文档集合中与查询主题相关的那部分文档构成，即相关判断集合是文档集合的子集，不同测试集合将文档与查询主题的相关程度进行划分的规则不尽相同，例如，TREC 中将相关程度分为相关和不相关两种，还有些测试集合采用多元策略来划分文档和查询主题相关的程度。相关判断集合的确定是整个测试集合构建中最困难的部分，TREC 在构建这部分文档时采用池化方法，该方法的基本原理是：要求所有参与评估的检索系统都有将检索结果按着相关程度大小的顺序进行相关性排序的功能，将每个检索系统

得到的前 M 个文档上交给组织者，这样就得到一个池，然后由人工对池中的文档进行相关判断，并去除重复的文档，最终从池中得到相关判断集合。此方法的优点主要包括两点：一是大量减少了人工判断的负荷，同时大大地缩短了测试集合的构建周期；二是能够通过多个不同的待评估的检索系统和检索技术，尽可能多地收集可能和查询主题相关的文档。

8.2.2　标准测试集合

传统对于信息检索系统的评测都在标准化的实验室环境中进行，以比较各检索系统或者检索技术的检索性能。最早关于信息检索的评测实验可以追溯到 1953 年对 Uniterm 系统的性能评测。1957 年举行的 Cranfield 测试，收集了关于航空学的 18 000 篇文档，提出了 1200 个查询。最著名的评测实验当属 1966 年进行的 Cranfield Ⅱ 系列实验，它由测试文档集合、查询条件集合及相关文档集合组成测试集合，并应用查全率与查准率对系统的检索性能进行评测，评估了多种索引方式的优劣。

早期的测试文档集合大多是为了个别测试目的而建立的，依据各自的测试目的、测试对象等而各具有不同的组成框架，但它们的共同点是测试文档集合规模都不大，同质性较高，这些测试集合的规模与特性和真实的检索环境之间有很大的差距，因此基于这些测试集合进行系统性能的测试的有效性经常会受到质疑。目前在信息检索领域比较著名的测试文档集合包括 TREC、NTCIR、CLEF。

1）TREC

1992 年，美国国防部高级研究计划局与美国国家标准与技术研究院开始共同举办 TREC。通过建立大型测试文档集合，制定测试项目、测试程序和评估准则，TREC 为不同的检索系统和检索技术提供了一个标准的评比环境，并举办论坛供参与者讨论和分享结果。它首创了前所未有的大型测试文档集合，使测试环境更加接近真实情况，对检索技术的发展与系统性能的提高具有很大的贡献。TREC 举办的目的如下。

（1）促进基于大规模语料的信息检索的研究。

（2）通过举办论坛增加学术界、工业界以及政府之间的交流。

（3）加速检索技术从实验原型系统向实际应用系统的转化过程。

（4）促进应用检索系统以及实验检索系统的评测技术。

TREC 主要集中于西方语言之间的检索，后来也增加了中文、阿拉伯文与英文之间的检索评测项目。随着历届会议的举办，其知名度也日益增加，每届会议的参加者数量也逐步增长。

2）NTCIR

随着信息检索领域的发展，各界纷纷意识到建立一致性评比实验环境的必要性。目前除了 TREC 外，已经有一些针对不同语种建立的测试文档集合，大都是仿效 TREC 测试文档集合进行建设的。

NTCIR 是由日本国立信息研究所主办的对亚洲语种（中文、日文、韩文）进行文本信息检索、跨语言信息检索和相关的文本处理技术，如进行文本摘要、文本抽取、问答系统等操作时，提供有效评价的研究组织，该研究组织的目标如下。

（1）通过为实验提供大规模可重用语料和允许不同系统进行比较的通用评测基础架

构，以促进信息检索及相关技术的研究。

（2）为相关研究团队提供研讨会，以分享各自的想法和意见。

（3）研究用于信息检索和文本处理技术的评测方法，研究用于构建大规模可重用语料的方法。

NTCIR 的测试集合是仿效 TREC 测试集合的构架而建立的可重用测试集合，是一种可应用于不同的测试目的及需求的通用测试集合。到目前为止，NTCIR 已经成功地举办了多次国际会议。

3）CLEF

CLEF 是欧洲委员会自主的数字图书馆研究中的一部分研究内容，它是与欧洲语言跨语言信息检索有关的评测会议，它举办的目的与上述的 TREC 和 NTCIR 一样，是为了促进检索技术的研究以及相关评测技术和评测语料的建设。2000 年开始举办第一次会议，其测试项目包括欧洲语言的单语言检索、跨语言与多语言检索、受限领域检索以及交互检索，涉及英文、法文、德文等语种。

8.3　效果评价

8.3.1　对单个查询进行评价的指标

常用的针对单个查询的评价指标包括查准率、查全率、F 值、P-R 曲线（查准率-查全率曲线）、平均查准率（average precision，AP）和 Precision@N，是信息检索领域常用的评价指标，两类（即正负）的融合即 F 值评价指标，下面对这些评价指标进行介绍。

1.　查准率与查全率

信息检索实际上属于一个二分类问题，表 8-1 给出了两类分类问题的常用评价指标及计算方法。其中，TP 表示正确分类的正例数目，FN 表示错误分类的负例数目（即把负例预测为正例），$P = \text{TP} + \text{FN}$ 表示实际正例的数目。FP 表示错误分类的正例数目，TN 表示正确分类的负例数目，$N = \text{FP} + \text{TN}$ 表示实际负例的数目，$P' = \text{TP} + \text{FP}$ 为预测为正例的样本数，$N' = \text{FN} + \text{TN}$ 为预测为负例的样本数。

表 8-1　分类模型常用评价指标

指标	含义
正确率（Accuracy）$= \dfrac{\text{TP} + \text{TN}}{P + N}$	被预测正确的样本数除以所有的样本数
错误率（Error Rate）$= \dfrac{\text{FN} + \text{FP}}{P + N}$	与正确率相反，描述被错分的比例，Accuracy=1 – Error Rate
真阳率或灵敏度（Sensitive）$= \dfrac{\text{TP}}{\text{TP} + \text{FN}} = \dfrac{\text{TP}}{P}$	表示所有正例被分对的比例，衡量分类器对正例的识别力
真阴率或特效度（Specificity）$= \dfrac{\text{TN}}{\text{FP} + \text{TN}} = \dfrac{\text{TN}}{N}$	表示所有负例被分对的比例，衡量分类器对负例的识别力

续表

指标	含义
伪阳率（False Positive Rate）$=\dfrac{FP}{FP+TN}=\dfrac{FP}{N}$	错误预测为负例的正例占所有负例的比例
准确率（Precision）$=\dfrac{TP}{TP+FP}$	精确性的度量，表示被预测为正例的实例中实际为正例的比例
召回率（Recall）$=\dfrac{TP}{TP+FN}=\dfrac{TP}{P}$ =Sensitive	是覆盖面的度量，和灵敏度一样
其他评价指标	计算速度、鲁棒性、可扩展性、可解释性

正确率和准确率这两个概念容易混淆，从表 8-1 可以看出二者是不同的。准确率和召回率是信息检索领域中两个重要的评价指标，准确率也称为查准率，召回率也称为查全率，它们在信息检索中的定义如下：

$$Precision = \frac{系统检索到的相关文档}{系统检索到的文件总数} \tag{8-1}$$

$$Recall = \frac{系统检索到的相关文档}{系统所有相关文档数} \tag{8-2}$$

通过分析可以发现信息检索中的查准率、查全率和依据混淆矩阵定义的准确率、召回率本质上是一样的。在信息检索中，Recall 和 Precision 互相影响，两者都高是一种期望的情况，实际中常常是 Precision 高，则 Recall 就低，Recall 高，则 Precision 就会变低。实际中常常需要根据具体情况做出取舍，例如，对于一般的搜索是在保证 Recall 的前提下提升 Precision，而对于疾病监测、反垃圾邮件等则是在保证 Precision 的前提下，提升 Recall。

2. F 值

有时候需要兼顾查准率和查全率两个指标，就可以采用 F 值（F-Score），该指标是查准率和查全率的融合，其值越高则系统的分类性能越好，计算方法如下：

$$F\text{-}Score = \frac{(1+\beta^2) \times Precision \times Recall}{\beta^2 \times Precision + Recall} \tag{8-3}$$

当参数 $\beta=1$ 时就是常见的 F1-Score，计算方法如下：

$$F1\text{-}Score = \frac{2 \times Precision \times Recall}{Precision + Recall} \tag{8-4}$$

3. P-R 曲线

P-R 曲线是针对查准率与查全率的图示化评价方法，其思想为：计算不同查全率（10%，20%，…，100%）下的查准率，然后描点绘制曲线。假设某个查询 q 的正确答案集合为

$$R_{q\text{-}right} = \{d_3, d_5, d_9, d_{25}, d_{39}, d_{44}, d_{56}, d_{71}, d_{89}, d_{123}\}$$

而某检索系统针对上述查询 q 的检索结果排序为

$$R_{q\text{-}all} = \{d_{123}, d_{34}, d_{56}, d_6, d_8, d_9, d_{516}, d_{171}, d_{189}, d_{25}, d_{39}, d_{48}, d_{250}, d_{113}, d_3\}$$

依据上述结果可得到不同查全率下的查准率值，如表 8-2 所示。

表 8-2   不同查全率下的检索结果

查全率	正确文档数量	检索结果	查准率
10%	1	d_{123}	100%
20%	2	d_{123}, d_{34}, d_{56}	67%
30%	3	$d_{123}, d_{34}, d_{56}, d_6, d_8, d_9$	50%
40%	4	$d_{123}, d_{34}, d_{56}, d_6, d_8, d_9, d_{516}, d_{171}, d_{189}, d_{25}$	40%
50%	5	$d_{123}, d_{34}, d_{56}, d_6, d_8, d_9, d_{516}, d_{171}, d_{189}, d_{25}, d_{39}$	45%
60%	6	$d_{123}, d_{34}, d_{56}, d_6, d_8, d_9, d_{516}, d_{171}, d_{189}, d_{25}, d_{39}, d_{48}, d_{250}, d_{113}, d_3$	40%

依据表 8-2 的计算结果，可以绘制对应的 P-R 曲线，如图 8-4 所示。P-R 曲线的优点是简单直观，既考虑了检索结果的覆盖度，又考虑了检索结果的排序情况，其缺点是单个查询的 P-R 曲线虽然直观，但难以明确表示两个查询的检索结果的优劣。

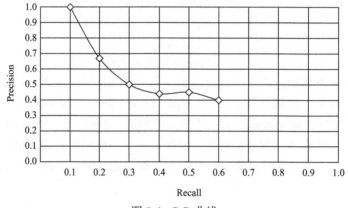

图 8-4   P-R 曲线

AP 是对不同查全率点上的正确率进行平均，假设某个查询 q 共有 6 个相关结果，某检索系统排序返回的文档中有 5 篇相关，且位置分别为：第 1，第 2，第 5，第 10，第 20，则平均正确率为

$$AP = \frac{\frac{1}{1} + \frac{2}{2} + \frac{3}{5} + \frac{4}{10} + \frac{5}{20} + 0}{6} \approx 0.542$$

虽然查准率和查全率都很重要，但是不同应用、不同的用户可能会对二者有不同的要求，例如，在垃圾邮件过滤问题中，查准率更为重要，即宁可漏掉一些垃圾邮件，也应尽量少将正确邮件过滤掉，而在有些场合用户则更加重视查全率。微博检索和电商平台中的商品检索用户更看重查准率，因为一个检索返回的结果可能上千条，而检索用户可能只看检索结果中的前 N 条，而不是所有检索结果，这种情况下常采用 Precision@N 进行评价，例如，Precision@20 考虑检索结果中前 20 条检索结果的准确率。

8.3.2   对多个查询进行评价的指标

常用的针对多个查询的评价指标包括宏平均（macro average）、微平均（micro

average）、MAP（mean average precision）与 MRR（mean reciprocal rank），下面结合实例介绍这四个评价指标。

1. 宏平均与微平均

多个查询的评价指标，一般就是对单个查询的评价进行求平均，平均的求法一般有两种：宏平均和微平均。宏平均先对每个查询求出某个指标，然后对这些指标进行算术平均；微平均将所有查询视为一个查询，将各种情况的文档数求和，然后进行指标计算。宏平均对所有查询一视同仁，微平均受返回相关文档数目比较大的查询的影响，以表 8-3 中的数据为例简述宏平均和微平均的计算过程。

表 8-3 宏平均、微平均举例

查询	标准答案数目	检索结果数	检索出正确数
q_1	100	80	40
q_2	50	30	24

依据表 8-3：

$$\text{Precision}(q_1)=\frac{40}{80}=0.5, \quad \text{Recall}(q_1)=\frac{40}{100}=0.4$$

$$\text{Precision}(q_2)=\frac{24}{30}=0.8, \quad \text{Recall}(q_2)=\frac{24}{50}=0.48$$

$$\text{Macro - Precision}=\frac{0.5+0.8}{2}=0.65$$

$$\text{Macro - Recall}=\frac{0.4+0.48}{2}=0.44$$

$$\text{Micro - Precision}=\frac{40+24}{80+30}\approx0.58$$

$$\text{Micro - Recall}=\frac{40+24}{100+50}\approx0.43$$

2. MAP

MAP 可由它的三个部分来理解：P、AP、MAP，P 是准确率，指返回结果中相关文档占的比例，与其一起出现的为查全率（返回结果中相关文档占所有相关文档的比例）。准确率只是考虑了返回结果中相关文档的个数，没有考虑文档之间的序。对一个搜索引擎或推荐系统而言返回的结果必然是有序的，而且越相关的文档排序越靠前越好，于是有了 AP 这个概念。对于一个有序的列表，计算 AP 的时候要先求出每个位置上的 Precision，然后再对所有位置的 Precision 求平均，如果该位置的文档是不相关的，则该位置的 Precision=0，其计算方法前面已经介绍过。MAP 反映系统在全部相关文档上性能的单值指标，是对所有查询的 AP 求宏平均。系统检索出来的相关文档越靠前，MAP 就可能越高，MAP 的计算公式如下：

$$\text{MAP}=\overline{P}(r)=\sum_{i=1}^{N_q}\frac{P_i(r)}{N_q} \tag{8-5}$$

式中，$P_i(r)$ 是第 i 个查询的平均查准率；N_q 是查询总数。

假设有两个查询 q_1 和 q_2，查询 q_1 有 4 个相关网页，查询 q_2 有 5 个相关网页，某检索系统针对查询 q_1 检索出 4 个相关网页，排序分别为 1,2,4,7，针对查询 q_2 检索出 3 个相关网页，排序分别为 1,3,5，则：

$$\text{AP}(q_1) = \frac{\frac{1}{1} + \frac{2}{2} + \frac{3}{4} + \frac{4}{7}}{4} \approx 0.83$$

$$\text{AP}(q_2) = \frac{\frac{1}{1} + \frac{2}{3} + \frac{3}{5} + 0 + 0}{5} \approx 0.45$$

$$\text{MAP} = \frac{0.45 + 0.83}{2} = 0.64$$

3. MRR

对于某检索系统，如问答系统或主页发现系统，只关心第一个标准答案返回的位置，越靠前越好，这个位置的倒数为 RR（reciprocal rank），对问题集合求平均即 MRR。下面举例说明该评价指标的计算方法，表 8-4 为针对 3 个查询的检索结果。

表 8-4　MRR 举例

查询	检索结果	第一个正确答案	排序	MRR
q_1	d_{11}, d_{12}, d_{13}	d_{13}	3	1/3
q_2	d_{21}, d_{22}, d_{23}	d_{22}	2	1/2
q_3	d_{31}, d_{32}, d_{33}	d_{31}	1	1/1

由表 8-4，则针对查询 q_1，q_2，q_3 的 MRR 为 $(1/3 + 1/2 + 1/1)/3 \approx 0.61$。

8.3.3　使用用户偏好

目前用户偏好已经被用来训练排序算法，也有人建议将其作为评价文档相关性的另一种方法，但是目前有基于用户偏好的效果评价，先对常用的一种方法做简单介绍。一般而言，使用偏好描述的两个排序结果，可以通过 Kendall τ 进行比较，如果用 G 表示两种排序中一致的偏好的数量，而 B 代表不一致的数量，τ 系数被描述为

$$\tau = \frac{G - B}{G + B} \tag{8-6}$$

τ 的取值范围为 $-1 \sim 1$，-1 代表偏好完全不一致，1 代表两个排序中用户的偏好全部一致。一种新的排序方法可以通过对比其产生的排序结果与已知的用户偏好，来对排序算法进行评价。例如，如果从点击的数据中学习到 15 个偏好，排序的结果和其中 10 个是一致的，那么 τ 的值为

$$\tau = \frac{10 - 5}{15} \approx 0.33$$

对于偏好来自二元相关判断的情况，二元偏好（binary preference，BPREF）方法被证明可以较好地利用部分点击数据对排序算法做出评价，在这种方法中，相关文档

和不相关文档的数量进行了一定的平衡，来促进不同查询结果之间的平均，对于一个返回了 R 个相关文档的查询，我们仅考查前 R 个不相关的文档，基于该方法，BPREF 被定义为

$$BPREF = \frac{1}{R} \sum_{d_r} \left(1 - \frac{N_{d_r}}{R} \right) \tag{8-7}$$

式中，d_r 是一个相关文档；N_{d_r} 是排序高于 d_r 的不相关文档的数量。BPREF 的另一种定义方法为

$$BPREF = \frac{G}{G+B} \tag{8-8}$$

这种定义形式和上述的 Kendall τ 非常相似，主要的不同是 BPREF 的取值范围为 0~1。

8.4 效率评价

与效果评价相比，效率评价相对容易一些，所考虑的大部分问题可以使用一个计时器自动完成，不需要进行代价较高的相关性判别，尽管如此，在检索系统的综合评价中效率评价和效果评价同样重要。表 8-5 给出了一些常用的效率评价方法。

表 8-5 一些常用的效率评价方法

评价方法	描述
索引时间开销	建立文档索引需要的时间
索引处理器时间开销	建立文档索引需要的时间，与索引时间开销稍有不同，不包括 I/O 等待时间或者系统并行获得的速度
查询流量	每秒钟可以处理的查询的数量
查询延迟	用户提交一个查询之后，在获得返回结果之前的等待时间，以毫秒计算
临时索引空间	创建索引使用的临时磁盘空间的数量
索引大小	用于存储索引文件的存储空间的大小

上述方法中，最常用的是查询流量效率评价方法。两个信息检索系统只有在同一个测试集合、同一个查询集合并在同样的硬件条件下进行评测，该评测方法的结果才具有可比性。由于查询流量方法是一种单一数值表示方法，且符合人们的直觉，所以一直认为是效率评价中一种较好的方法。但是仅仅使用流量来评估检索系统的效率也存在问题，例如，它并不获得延迟，当用户向系统提交一个查询时，延迟衡量了该系统从接受查询到反馈相关文档的时间差，心理学研究显示，用户考虑某种操作并付诸实践的时间少于 150ms，如果超过了这个界限，用户将会消极地对待他们察觉到的延迟。

查询流量和延迟并不是正交的，一般可以通过增加延迟来改进流量，而减少系统的延迟则会导致较差的流量，那么如何解决这个问题呢？可以让检索系统一次处理一个查询，将所有的资源都用于当前查询的处理，这种方法的好处是延迟低，但是流量较低，

因为一次仅处理一个查询，这样可能会造成一些资源的浪费。另一种方法是大批量处理查询，这种方法首先对到来的查询重新进行排序，具有共同表达部分的查询可以同时进行处理，从而节省宝贵的处理时间。综上，低延迟和高流量与查全率和查准率的关系类同，是两个较好的指标，然而，这两个指标又互相冲突，很难同时达到最大值。

虽然查询流量和延迟是较好的检索系统效率评价方法，当然，也应该考虑索引的代价，例如，给定足够的时间和空间，我们可以存储每个可能长度的查询，这样的检索系统会拥有完美的查询流量和查询延迟，但是存在巨大的存储和索引代价，因此需要衡量索引结构的大小以及创建索引所耗费的时间。

8.5　用户效用

前面已经介绍了基于用户使用偏好的评价方法，它和基于用户效用的评价有相似的地方，但是又不完全相同。对于信息检索问题，我们真正希望的是有一个方法能够根据系统的相关性、速度和用户界面的友好程度等诸多因素，来定量地汇总计算出一个用户的满意程度。对 Web 检索而言，检索满意的用户是那些找到所需结果的人，一种简洁发现此类用户的方法是观察他们是否再次使用同一个检索系统，这就涉及回访率指标；对于企业级的内网搜索系统来说，一个重要的指标是用户生产率，即用户查找所需信息使用的时间。

实际上，用户的满意度很难度量，常见的直接获得用户满意度的方法是进行用户调查、参与者的行为追踪、访谈等，实现起来有些难度。对于衡量用户效用，结果片段是很重要的，它可以有效地影响用户效用，下面对该部分内容做简单介绍。

结果片段是检索结果的一个段摘要，能够帮助用户确定结果的相关性，一般情况下，结果片段包括文档的标题以及一段自动抽取的摘要，问题是如何设计这个摘要才可最有效地帮助用户呢？有两种方法，一种是静态摘要，另一种是动态摘要。

8.5.1　静态摘要

静态摘要永远保持不变，并不随查询变化而变化，通常由文档的一部分文本或文档元数据单独或者共同组成。一种最简单的摘要形式是抽取文档最开始的两句话或者前 50 个单词，或者是抽取文档的特定部分（例如，标题、作者等）。如果不抽取域信息，摘要也可以通过文档的元信息得到，元信息是提供作者或日期的另一种有效的方法，它包含设计摘要所需要的基本元素。静态摘要一般在索引构建时便自动生成并放入缓存中，这样，它们在检索时就可以快速返回并显示。

自然语言处理领域中存在很多优秀的文档摘要方法。大部分研究的目标仍然是从原始文档中选择部分句子，它们主要关注于选择好句子的方法。相关的抽取模型通常将位置因素和内容因素综合在一起考虑。在复杂的自然语言处理方法中，可以通过自动全文生成方式将句子进行编辑、组合生成摘要句。

8.5.2　动态摘要

动态摘要显示一个或者多个窗口，其目的是通过这些片段能够让用户判断出文档和信息需求是否相关。通常，这些窗口会包含一个或者多个查询词，因此也称为基于关键词上下文的结果片段。动态摘要往往通过评分来产生，如果查询就是一个短语，文档中该短语的多次出现将会显示在摘要中，如果查询不是一个短语，文档中包含多个查询词项的窗口将会被选出，一般地，选出的窗口往往是从查询词项的左右两边抽取的一些词构成的。

通常认为，动态摘要能够大大提高检索系统的可用性，但是也会增加系统的复杂性。动态摘要不能提前计算，如果系统仅包括位置索引，那么动态摘要将很难从搜索结果中抽取上下文来形成有效的动态摘要，这种情况的存在是使用静态摘要的原因之一。生成动态摘要的目标是选出满足以下条件的片段。

（1）在文档中最大限度地包括这些词项的信息。

（2）内容足够完整，方便用户阅读理解。

（3）足够短，满足摘要在空间上的严格要求。

因为系统要对每个查询生成多个结果片段，所以结果片段的生成速度一定要快。比缓存整篇文档更好的方法是，只缓存一段内容丰富但又有固定大小的文档前缀。对于一般的段文档而言，这种方法可能是存储了整篇文档，但是对于大文档来说就节省了大量的存储资源。

8.6　显著性检验

评价检索系统的性能时，依据上述指标会产生一些评测数据，为了检测这些数据是否可以很好地区分两个检索算法，显著性检验是一种很好的方法。显著性检验是基于零假设的，这里的零假设意味着两个检索算法在效果评价方面没什么差别，而其他的假设认为二者之间存在差别。那么在比较两种算法的性能时，如果仅仅依据一个查询显然说服力不足，那么应该选择在多少查询中进行两个算法的比较呢？例如，在 200 个测试中，如果某个算法在 90% 的实例上都优于另一个算法，那么基本上可以确定该算法性能是好的，我们可以采用显著性检验的方法来衡量这种确定的程度。在一组特定的查询下，使用显著性检验对两种检索算法进行对比的流程如下。

（1）对每个查询，使用给定的两种检索算法输出排序结果，并对排序结果进行效果评价。

（2）对每个查询，对两个排序结果的效果评价值计算验证统计值，其中验证值依赖于具体采用的显著性检验方法。然后，分析该验证值，确定是否否定零假设。

（3）对于多个查询的验证值，统计计算 P 值，这里的 P 值指当零假设成立的情况下验证值出现的概率，较小的 P 值意味着零假设不成立。

（4）如果 $P \leqslant \alpha$，则零假设被否定，应该选择其他类的假设（例如，B 算法比 A 算法高效，或者 A 算法比 B 算法高效等），α 的值一般比较小，多为 0.05 或者 0.1。

上述过程中验证统计值和相应的 P 值一般使用表格或标准的统计软件进行计算。上述流程通常称为单侧检验或者单尾检验，如果不是简单地比较谁比谁好，而是要比较两个算法存在的区别，应该采用双侧检验或双尾检验，同样 P 值也需要加倍计算。图 8-5 为假定零假设成立时，检验统计的可能值的分布图，分布图中的阴影部分即单侧检验的否定部分。如果一个显著性检验产生了验证统计值 x，那么零假设将会被否定，因为获取这个值或更高值（指 P 值）的概率，比获取显著边界值 0.05 的概率要低。

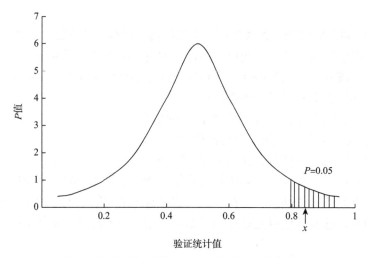

图 8-5   假定零假设成立时验证统计的可能值分布

除了上述的显著性检验方法外，另外几个应用较为普遍的显著性检验包括 t 检验、威氏符号秩次检验及符号检验。一般而言，t 检验先假定采样的数值符合正态分布，这种假设指的是两种效果的评价值之间的差值是正态分布的一个样例，这种情况下的零假设是指效果评价值之间的差值分布的平均值为 0，两个数值之间的 t 检验的公式是

$$t = \frac{\overline{B-A}}{\sigma_{B-A}} \cdot \sqrt{N} \qquad (8-9)$$

式中，$\overline{B-A}$ 是差值的平均值；σ_{B-A} 是标准差；N 是样例的大小（即查询的数量）。

威氏符号秩次检验假定算法 A 和算法 B 之间的效果评价值的差值可以被排序，但是差值的尺度并不重要。验证公式为

$$w = \sum_{i=1}^{N} R_i \qquad (8-10)$$

式中，R_i 是符号的秩次；N 是不为 0 的差值的个数，为了计算符号秩次，差值根据它们的绝对值进行升序排序，继而赋予它们排序后的位置值，排序值加入了差值原始的符号。这种检验方法的零假设指的是正排序值的个数将会和负排序值的个数相同。

符号检验比威氏符号秩次检验更加深入，并且完全忽略了差值的尺度，对于这种检验方法，零假设是指 $P(B > A) = P(A > B) = 0.5$，换句话说，希望通过一个很大的样例集合，显示 A 比 B 好的数据对的数量和 B 比 A 好的数据对的数量是相同的，验证共识也简

单地表现为 B 好于 A 的数据对的数量。对于检索评价而言，问题在于在效果评价方法中，确定什么样的差别是好的差别。可以假设，即使两种算法的平均准确率差别很小，如 0.6 和 0.61，差别也是显著的。当然也会存在某种风险，即这个差值虽然说明算法 B 比算法 A 性能好，但对于用户而言，这个差别并不是显而易见的。因此，需要为效果评价值选择一个合适的阈值，另外，如果我们选择的是 Precision @10，任何差别都认为是显著的，因为可以对排名前 10 位的新增加的相关文档做出最直接的反馈。

综上，使用符号检验很难否定零假设，因为有符号的验证中，有那么多关于效果评价的信息被丢弃，很难展示两个算法的不同，并且需要更多的查询来增加验证的有效性。另外，除了 t 检验，符号检验可以用来提供更多的用户关注的方面。通过 t 检验以及符号检验，可以证明某种算法是否高效，或许使用不同的效果评价方案，结论可能会更加合理。

【本章小结】

本章知识比较规整，学习难度比较低，属于必须掌握的关键知识模块之一，要求学生在了解测试集合相关知识的基础上，熟练掌握检索系统的相关评价指标。对于效果评价，在掌握其评价内涵的基础上，能运用查准率、查全率、F 值、MRR 等指标实现对检索系统的效果评价。掌握效果评价和效率评价的关系与区别，体会效率评价在检索系统性能检验中的地位和作用。通过本章的学习，学生可以独立设计出对检索系统进行性能检验的实验方案。

【课后思考题】

1. 简述构建测试集合的基本步骤。
2. 列举并简述信息检索领域的权威测试集合。
3. 简述主要的效果评价指标有哪些，说明其计算方法。
4. 简述效率评价和效果评价的异同。
5. 目前从用户效用角度对检索系统进行评价时，主要考虑哪些方面？

第9章　国内外重要的检索系统选介

【本章导读】

本章重点介绍八个国内外主流的检索系统，介绍的国内检索系统包括万方数据库、中国博士学位论文全文数据库及中国优秀硕士学位论文全文数据库、中文社会科学引文索引（Chinese social sciences citation index，CSSCI）、中国学术会议论文全文数据库。针对国外的文献检索系统，本章主要介绍三大引文索引系统、美国计算机学会（association for computing machinery，ACM）数据库、SpringerLink、美国科学技术及社会科学会议索引。

9.1　万方数据库

万方数据库是涵盖期刊、会议纪要、论文、学术成果、学术会议论文等的大型网络数据库，也是齐名于中国知网的专业学术数据库。其开发公司——万方数据股份有限公司是国内首家以信息服务为核心的股份制高新技术企业，是在互联网领域，集信息资源产品、信息增值服务和信息处理方案为一体的综合信息服务商。该系统自 1997 年 8 月开始在互联网上对外服务，主要产品包括学术期刊、学位论文、会议论文、科技成果、专利、政策法规等。

学术期刊模块收录的学术期刊种类几乎涵盖了所有学科，包括：马克思主义/列宁主义/毛泽东思想/邓小平理论、哲学/宗教、综合性图书、自然科学总论、数理科学和化学、天文学/地球科学、生物科学、医学/卫生农业科学、工业技术交通运输、航空/航天、环境科学/安全科学/社会科学总论、政治法律、军事、经济、文化/科学/教育/体育语言/文字、文学、艺术、历史、地理等。除了学术期刊论文，万方数据库在 1985 年建设了硕博论文数据库，涉及学科包括哲学、经济学、法学、教育学、文学、历史学等方面，万方数据库收录了自 1983 年至今，以国家级学会、协会、部委、高校召开的全国性学术会议为主收录的论文。其中中文版主要收录全国性学术会议论文，内容为中文；英文版主要收录在中国召开的国际会议论文，内容多为英文。

在科技成果方面，万方数据库建设了中国科技成果数据库、科技成果精品数据库、中国重大科技成果数据库、科技决策支持数据库、国家级科技授奖项目数据库、全国科技成果交易信息数据库，这些数据库涉及面广、涵盖信息多，有效满足了用户对科技成果检索的需求。

　　针对专利检索部分，万方数据库收录了中国专利技术数据库、欧洲专利技术数据库、世界专利组织专利技术数据库、德国专利技术数据库、法国专利技术数据库、美国专利技术数据库、英国专利技术数据库、瑞士专利技术数据库、日本专利技术数据库等国内外的发明、实用新型及外观设计等专利，内容涉及自然科学各个学科领域，是科技机构、大中型企业、科研院所、大专院校和个人在专利信息咨询、专利申请科学研究、技术开发以及科技教育培训中不可多得的信息资源。该库可以通过专利名称摘要、申请号、申请日期、公开号、公开日期、主分类号、分类号、申请人、发明人、主申请人地址、代理机构、代理人、优先权、国别省市代码、主权项、专利类型等检索项进行检索，提供专利全文下载。检索结果按国际专利分类表、发布专利的国家和组织、专利申请的日期进行分类。

　　万方数据库还包括自 1949 年中华人民共和国成立以来全国人民代表大会及其常委会颁布的法律、条例及其他法律性文件；国务院制定的各项行政法规，各地地方性法规和地方政府规章；最高人民法院和最高人民检察院颁布的案例及相关机构依据判案实例做出的案例分析、司法解释、各种法律文书、各级人民法院的裁判文书；国务院各机构、中央及其机构制定的各项规章制度等；工商行政管理局和有关单位提供的示范合同式样和非官方合同范本；外国与其他地区所发布的法律全文内容，国际条约与国际惯例等全文内容。图 9-1 为万方数据库首页截图。

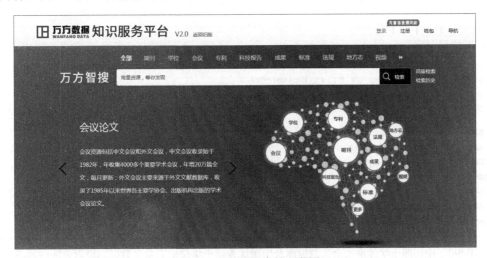

图 9-1　万方数据库首页截图

9.2　中国博士学位论文全文数据库及中国优秀硕士学位论文全文数据库

　　中国博士学位论文全文数据库（Chinese doctoral dissertation full-text database，CDFD），以及中国优秀硕士学位论文全文数据库（Chinese master's theses full-text database，CMFD）是中国知识基础设施工程（China national knowledge infrastructure，CNKI）的系列产品，由中国学术期刊电子杂志社发行，收录的论文来源于高等院校，科

研院所，研究部门所属的博士、硕士培养点，是目前国内相关资源最完备、高质量、连续动态更新的中国博、硕士学位论文全文数据库。中国博士学位论文全文数据库和中国优秀硕士学位论文全文数据库都分为十个专辑：理工 A、理工 B、理工 C、农业、医药卫生、文史哲、政治军事与法律、教育与社会科学、电子技术与信息科学、经济与管理。十大专辑下分为 168 个专题和近 3600 个子栏目。

　　论文产品形式有 Web 版（网上包库）、镜像站版、光盘版、流量计费。CNKI 中心网站及数据库交换服务中心每日更新，各镜像站点通过互联网或卫星传送数据可实现每日更新，专辑光盘每月更新，专题光盘年度更新。该数据库提供收费服务查询，其检索方法与中国学术期刊网络出版总库相同。图 9-2 为该数据库检索页面的截图。

图 9-2　中国博士学位论文全文数据库及中国优秀硕士学位论文全文数据库检索页面的截图

9.3　中文社会科学引文索引

　　中文社会科学引文索引简称 CSSCI，它是于 1998 年由南京大学中国社会科学研究评价中心开发研制的数据库，用来检索中文社会科学领域的论文收录和文献被引用情况，对我国的人文社会科学领域方面的研究具有重要意义。CSSCI 是国家、教育部重点课题攻关项目。CSSCI 运用文献计量学规律，采取定量与定性评价相结合的方法从全国 2700 余种中文人文社会科学学术性期刊中精选出学术性强、编辑规范的期刊作为来源期刊。目前收录包括法学、管理学、经济学、历史学、政治学等在内的 25 大类的 500 多种学术期刊，因为对社会影响力较高，所以会定期对数据库里的文献进行增添与删减。

　　CSSCI 所收录的文献是由南京大学中国社会科学研究评价中心根据中文社会科学引文索引指导委员会确定的选刊原则和方法选取并报教育部批准的来源期刊，并以此根据情况定期地对数据库里面的文献进行一定的删减和增加。其中，收录的条件有以下几点：①所选的刊物内容不仅要规范，而且要达到一定的水平，在一定程度上能够代表我国在各个领域的最新进展；②所选的刊物必须是正式出版发行的，具有国际标准连续出版物号（international standard serial number，ISSN）或 CN（Chinese number）；③所选学术文献应多数列有参考文献；④凡属索引、文摘等二次文献类的刊物不予收入；⑤译丛和以发表译文为主的刊物，暂不收入；⑥通俗刊物，以发表文艺作品为主的个体文艺刊物，暂不收录。

　　CSSCI 的检索可以分为两种，分别是来源文献的检索和被引文献的检索，来源文献的检索即可以在相对应的搜索框中对篇名、作者、作者所在地区机构、刊名、关键词、文献分类号、学科类别、学位类别、基金类别及项目、期刊年代、卷、期等进行检索，查找用户所需要的文献；被引文献的检索即可以从被引文献、作者、篇名、刊名、出版年代、被引文献细节等进行检索。以上是一般的检索途径，针对经验丰富的检索者，CSSCI 还设计了四种高级检索，分别是基于逻辑算符、基于通配符、基于邻近算符、基于短语的检索：当用两个以上检索词进行检索时，词与词之间的关系要用逻辑算符连接，以表达检索者的检索意图。在 CSSCI 中，支持常见的逻辑算符；通配符使用，即可以检索到具有相同词根的词，在新版中，可以找到该单词所有的变化形式和变换方法；邻近算符使用，即出现在同一句中的两个词语，这两个词语在检索时顺序是任意组合排列的；基于短语的检索的使用，即精确短语检索，但在新版中，要在短语上打上""符号。图 9-3 为中文社会科学引文索引的检索页截图。

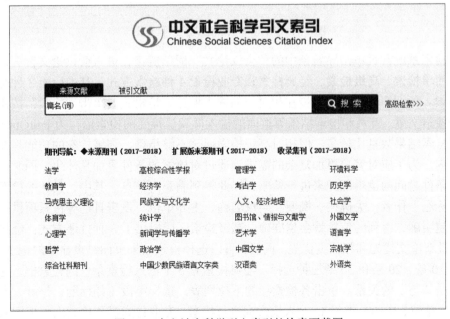

图 9-3　中文社会科学引文索引的检索页截图

9.4 中国学术会议论文全文数据库

中国学术会议论文全文数据库是由万方数据公司组建的国内唯一的学术会议文献全文数据库（图9-4），主要收录的是国家级学会、协会、研究会组织召开的全国性学术会议论文。每年收集600多个重要的学术会议，大约增补1.5万余篇论文。数据库涉及哲学政治、人文科学、法律、经济管理、教科文艺、艺术、历史和地理、基础科学、数理科学与化学、天文学和地球科学、生物科学、医药和卫生、农业科学、工业技术、交通运输、航空、航天、环境与安全科学等多方领域。

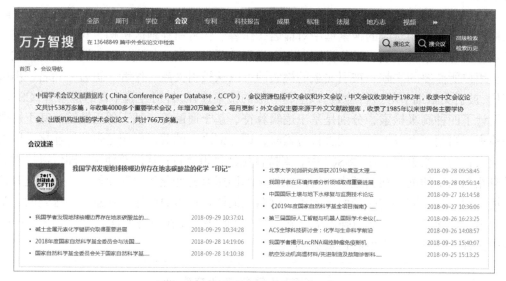

图9-4 中国学术会议论文检索页截图

在检索系统首页单击导航条中的"会议论文"词条链接，进入会议论文首页，系统提供了简单检索、高级检索、经典检索和专业检索4种检索方式，其中后面3种统称为高级检索。所谓简单检索，是指在相对应的输入框输入检索式，单击"检索"按钮，系统自动检索文献。首页和检索结果等页面的输入框默认接受的检索语言为PairQuery。它得到的检索结果数量比较多，但相对高级检索而言不够精确。高级检索的功能是在指定的范围内，为了应对客户更加复杂的需求，通过对检索的条件更加具体化，同时进行多个检索条件之间的逻辑匹配来进行检索，以此得到满意的信息。其中，具体的检索区域列出了标题、作者、关键词、摘要、会议名称、主办单位、发表日期等检索项供选择，填写得越明确，得到的信息就会越准确。高级检索区域提供了3种排序方式：经典论文优先、最新论文优先和相关度优先。而且，可以选择检索结果页面每页显示的记录条数，分别有10条、20条和30条三种选择。经典检索有5个输入检索条件的检索框，这些检索条件是"与"的关系。单击各检索项的下拉列表，选择字段（如标题、作者、会议名称、主办单位、中图分类号），输入检索词进行检索。专业检索需要检索人员根据系统的检索语法编写检索式进行检索。适用于熟练掌握云检索语言（cloud query language，CQL）的专业检索人员。

系统提供了两种分类导航方式：学科分类导航、会议主办单位导航，可以实现会议论文的快捷浏览和查找。学科分类导航按照学科对相对应的会议论文进行分类，当用户选择某一分类后，系统主动列出所需要的论文。会议主办单位导航将会议主办单位进行了分类，选择一级分类以后显示该分类下的会议主办单位，单击某一单位，则系统自动检索出属于该单位主办的会议的论文。

9.5　三大引文搜索——SCI、SSCI、A&HCI

9.5.1　SCI

SCI 是美国科学引文索引（science citation index）的英文简称，它是根据现代情报学家 Garfield 1953 年提出的引文思想而创立的，并于 1957 年由美国科学信息研究所（Institute for Scientific Information，ISI）在美国费城创办。它是一个国际性的检索刊物，是国际公认的进行科学统计与科学评价的主要检索工具之一，具有重大的意义。SCI 收录了全世界出版的数、理、化、农、林、医、生命科学、天文、地理、环境、材料、工程技术等各学科的核心期刊，约 3500 种，主要侧重于基础科学。所选用的刊物来源于 94 个类、40 多个国家、50 多种文字，这些国家主要有美国、英国、荷兰、德国、俄罗斯、法国、日本、加拿大等，也收录一定数量的中国刊物。ISI 的评判标准和评估手段十分严格，并且定期地从中按照一定的标准进行删减和增添，这不仅为 SCI 拓宽了数据来源，而且为其权威性提供了强有力的保证。

作为世界公认的文献统计来源，SCI 数据库可以通过 Web of Knowledge 和 Web of Science 两个平台进行检索。SCI 采用的索引方法有两种：引文索引和来源索引。有四种引文索引，分别为著者引文索引、团体著者引文索引、匿名引文索引、专利引文索引。著者引文索引是按照引文作者的姓进行编排，在对应的框中输入引文索引的作者，进入该作者所有的文献总汇，进行搜索，就可以找到该文献被引用的情况。从 1996 年第 2 期起，SCI 增设了团体著者引文索引，该索引主要是以已记录的团体机构为切入点，结合最新收入的被引文献的第一团体机构，检索这个机构发表的文献的引文情况。匿名引文索引主要是针对部分无作者姓名的文献，如编辑部文章、会议文献等。通过引文出版物的名称，同名出版物的名称以及同名出版物的出版年、卷的先后顺序进行编排汇总，以此达成一种新的引文检索方式。专利引文索引主要是针对被引文献是专利文献这一类别，并且按照索引按专利号数字大小进行编排。通过某种专利文献被引用的情况，了解其最新的进展，这对评估这项专利具有重要的意义。

来源索引用来提供文献的篇名和出处，来源索引是把作者的姓名按照顺序排列，其中，匿名作者和团体机构的作者放在前面，按照刊物名称的缩写字进行排序。团体索引用来查找最新被收入的文献所刊登的出版源，分为地理部分和机构部分。地理部分将被收入的文献按照其作者所在的地理位置进行编排，次序依次是：国名，省名或城市名，机构名称。机构部分是以机构名称为索引目标，按照机构字顺序排列，指示其所在的国家或城市。来源出版物一览表放在引文索引前面。

除上述两种常用的索引方法外，还包括轮排索引。轮排索引是指，用户在检索时，用文章中具有独特意义的词作为主标题，而其他的词均作为副标题，所有的词进行轮排。SCI 除了权威的索引系统，还具有一系列的检索功能，其中包括引文检索法、机构检索法、作者检索法、关键词检索法、循环检索法。图 9-5 为 Web of Science 检索页截图。

图 9-5   Web of Science 检索页截图

9.5.2   SSCI

SSCI 是社会科学引文索引（social science citation index）的简称，是 SCI 的姐妹篇，也是由 ISI 创立的。它是全球知名的专门针对人文社会科学领域的科技文献引文数据库之一，收录了政治、经济、法律、教育、心理、地理、历史等五十多个研究领域的文献，对人文社会科学研究具有重要的意义。作为 SCI 的姐妹篇，SSCI 可以在 Web of Knowledge 和 Web of Science 两个平台进行检索。

SSCI 与 SCI 不同，SCI 是科学引文索引的英文缩写，从功能上说是一种学术论文检索工具和数据库，从内容上说是以收录自然科学和技术科学的论文为主。SSCI 从功能上说也是一种学术论文检索工具和数据库，只不过它是社会科学引文索引的英文缩写，从内容上说是以收录社会科学的论文为主。SSCI 与 SCI 在检索平台和检索方式上并没有太大的不同，而且都是学术论文检索工具和数据库，只是在收录的内容上有所不同。

9.5.3   A&HCI

A&HCI 是艺术与人文科学引文索引（arts & humanities citation index）的简称，也是 ISI 于 1976 年创立的，1999 年起资料含作者摘要，是艺术与人文科学领域重要的期刊文摘索引数据库，该索引文章也可以从 Web of Science 平台检索。据 ISI 网站最新公布数据显示：A&HCI 收录期刊 1160 种，此外还从近 7000 种科学和社会科学期刊中挑选相关资料收录，主题包括艺展评论、戏剧音乐及舞蹈表演、电视广播等，还覆盖了考古学、建筑学、艺术、文学、哲学、宗教、历史等社会科学领域。

A&HCI 数据库除来源文献检索，即文章主题、作者、出处、地址等，还有被引文献检索。除了检索正常的引用之外，还特地提出了"含蓄引用"检索。"含蓄引用"检索是指某些作品，如书、油画、照片、建筑图、乐谱、信件、手稿、日记和其他的第一手文献资料等在被收录的文章中被提及，但是在原文献中并未被正式标明引用，因此 ISI 特地增加了这个功能，并放在文章的参考列表中，这样，用户就可以同时对文献中的其他资料进行检索。

SSCI、SCI、A&HCI 都是由 ISI 创立的，三者在检索平台和检索方式上并没有太大的不同，而且也都是学术论文检索工具和数据库，只是在收录的文献类型上有所不同，如前面所述，SCI 在内容上侧重于自然科学和技术科学，SSCI 侧重于社会科学，而 A&HCI 则更侧重于人文科学这方面。

9.6　ACM 数据库

ACM 创立于 1947 年，目前提供的服务遍及世界 100 多个国家，会员达 85 000 多位专业人士，是全球历史最悠久和最大的计算机教育和科研机构。该学会致力于发展信息技术教育、科研和应用，出版专业期刊、会议录和新闻报道等最具权威和前瞻性的出版物，并于 1999 年开始提供电子数据库服务——ACM Digital Library 全文数据库。

在过去的几年里，ACM Digital Library 全文数据库增加了 20 世纪 50 年代至今的所有出版物的全文内容，以及 Special Interest Group 的出版文献，包括快报和会议录。同时 ACM 还整合了第三方出版社的内容，集合 ACM 和其他 3000 多家出版社的出版物，全面集成一个名为"在线计算机文献指南"（the guide to computing literature）的书目资料和文摘数据库，旨在为专业和非专业人士提供了解计算机和信息技术领域资源的窗口。

该数据库包括 7 种专业期刊、10 种专业杂志、30 种学报汇刊、近 250 种学术会议录、SIG 定期简讯（Special Interest Group Newsletters）和有合作关系的出版机构的出版物全文，还收录总计超过 48 000 篇论文的引文目录，并提供 ACM 出版的大约 5 万篇文章中约 20 万个参考文献链接，其中 5 万个链接可以直接链接到全文。ACM 的文摘索引数据库提供了超过 3000 家出版社在计算机领域出版的多种文献引文和摘要目录的查询和浏览功能；收录范围涉及图书、期刊、会议录、博士论文、技术报告等超过一亿条题录。ACM 提供了浏览、快速检索、高级检索、二次检索、检索历史等服务。

数据库主页上有"浏览 ACM Source"栏目，下面是各类资源的链接，分别单击各种类型的资源，所有资源均按字母顺序排列，单击名称，出现该资源名称、年卷期链接，可逐卷逐期浏览。高级检索即精确检索，单击导航菜单上的"高级检索"按钮即可进行高级检索，首先选择检索范围，在多个检索框中输入检索词；选择检索字段，检索字段有多种可选择的检索选项，选择检索词之间的逻辑关系（AND、OR、NOT）对检索条件进行限定。要注意的是，检索结果有两个限定，必须包含"摘要内容"和"全文资料"，另外，还可以对来源类型进行限定，直接在下拉菜单中选择即可。二次检索指可以对检索结果进行二次检索，它与简单检索相同，在检索框中输入检索词，不同的是可以在下拉菜单中选择检索字段。为了方便用户再次使用曾经的检索经历，ACM 提供了检索历史，即每次使用过检索式后系统都会自动保存，以便用户可以再次检索。ACM 数据库首页截图如图 9-6 所示。

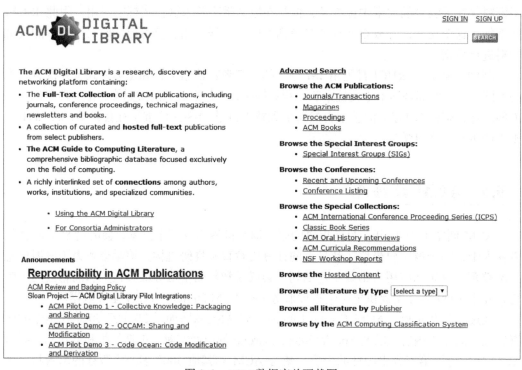

图 9-6　ACM 数据库首页截图

9.7　SpringerLink 数据库

德国 Springer 公司以出版学术性出版物而闻名，是出版图书、期刊、工具书的综合性出版公司，也是比较早将纸质期刊做成电子版发行的出版商之一。SpringerLink 是 Springer 公司的电子产品，Springer 公司通过 SpringerLink 系统提供其学术期刊及电子图书的在线服务。SpringerLink 是全球最大的在线科学、技术和医学领域学术资源平台。凭借弹性的订阅模式、可靠的网络基础以及便捷的管理系统，SpringerLink 已成为各家图书馆最受欢迎的产品。

目前 SpringerLink 正为全世界 600 家企业客户，超过 35 000 个机构提供服务。SpringerLink 的服务范围涵盖各个研究领域，提供超过 1900 种同行评议的学术期刊及不断扩展的电子参考工具书、电子图书、实验室指南、在线回溯数据库以及更多内容。SpringerLink 能够成为最受欢迎的在线科学平台之一，其中一个主要原因是 SpringerLink 每天都会新增高品质的内容：学会刊物、参考工具书、会刊、专著、手册、实验室指南及更多内容。当然，这不仅仅是内容数量的多寡问题，SpringerLink 的内容全部提供参考文献链接、检索结果、社群书签以及最新的语义链接等功能，使用户可于更短时间之内获得更精确的搜索结果和相关内容。下面对 SpringerLink 的几个功能做简单介绍，图 9-7 为 SpringerLink 检索页面截图。

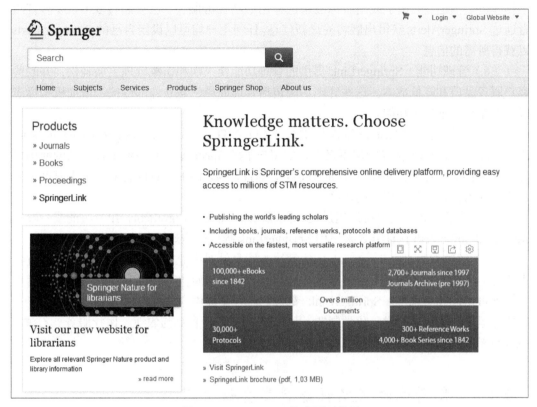

图 9-7　SpringerLink 检索页面截图

（1）便携式文档格式（portable document format，PDF）浏览。全新的 PDF 预览功能可以协助用户正确地下载文章。通过 PDF 预览功能，读者可以浏览电子图书各个章节，在确认内容后下载。读者可以快速地概览整本电子图书，以更快的速度确认下载的章节。这项重要的新功能正好满足用户"预览"电子图书内容的习惯，并排除下载过程中存在的不确定性。

（2）语义链接。这是一种由软件驱动的新型电子文献语义分析服务，可特别为SpringerLink 用户提供符合最初检索需求的文献列表。"相关文献"功能可以为用户提供与其检索相关的其他内容，并提供这些文献最便捷的访问方式。利用一种新的数字识别程序，在内容层面对期刊文章和图书章节进行分析，"相关文献"能够提供额外十篇与文献最为类似的其他内容，远远胜过一般简单的关键字搜索功能。

（3）Online First。Online First 功能可以提供在出版印刷之前经过同行评议的文章。文章可以通过数字对象标识符（digital object unique identifier，DOI）进行检索和引用，Online First 加速了研究成果的传播。该功能可以帮助图书馆馆员为读者提供最新的信息，并使研究人员更快地掌握重要的研究成果。

（4）Open Choice。SpringerLink 与 Open Choice 紧密整合在一起，使作者能够自行选择出版模式，任何人士在任何地点都可以免费检索并访问作者的文章。

（5）提醒服务。SpringerAlerts 是一项方便且可自行设定的免费提醒服务，读者可根据作者、主题、关键字或出版标准来选择出版物提醒服务。已有超过 350 000 名订阅者通过 SpringerAlerts 获得出版物的最新信息。任何用户均可以设定自己的 SpringerAlerts 以获得所需的信息。

（6）管理功能。SpringerLink 提供的管理功能使采购和馆藏管理更加轻松，并改善客户服务品质和降低成本。这些管理功能包括管理成员、建立外部链接、增加机构标志以及查看统计报告等功能。

（7）使用统计。SpringerLink 提供符合 COUNTER（counting online usage network electronic resources）标准的使用报告，使用户了解 SpringerLink 平台中各产品的使用状况。可供下载的报告还包括 ISSN 或 ISBN 等书目资料。详细了解读者的需求将有助于满足用户的需要，并优化用户的馆藏。

（8）认证方式。用户可以通过网际互联协议（internet protocol，IP）认证或一般的 Athens 和 Shibboleth 认证方式来使用 SpringerLink 提供的全球性技术服务。

（9）解决方案。SpringerLink 内容解决方案是针对企业客户所提供的服务，通过各类资源为研究人员和读者提供多项服务和信息，以有效解决存在的问题。仅需几个简单步骤即可访问相关内容。SpringerLink 专为各行各业提供合适的解决方案，包括：汽车制造与运输、银行与金融、化学制造、计算机/高科技、食品与农业、医疗服务、石油、燃料与天然气、制药与生物技术、电信等。

9.8 美国科学技术及社会科学会议索引

ISI 基于 Web of Science 检索平台，将科学技术会议录索引（index to scientific & technical proceedings，ISTP）和社会科学及人文科学会议录索引（index to social science & humanities proceedings，ISSHP）两大会议录索引集成为 ISI Proceedings。集成之后 ISTP 分为文科和理科两种检索，分别是 CPCI-SSH 和 CPCI-S。所以它们还统称为 ISTP，也有人称它们 CPCI。

ISI Proceedings 汇集了世界上最新出版的科技领域会议录资料，包括专著、丛书、预印本以及来源于期刊的会议论文，内容涉及农业、环境科学、生物化学与分子生物学、生物技术、医学、工程、计算机科学、化学和物理学等。会议文献是国际学术交流的重要组成部分。新的理论、新的解决方案和新发展的概念通常最早出现在科学会议上发表的论文中。每天更新的 ISI Proceedings 通过网络的方式提供会议论文的书目信息和作者摘要，其内容收集自著名国际会议、座谈会、研讨会、讲习班和学术大会上发表的会议论文。收录了 1990 年以来 60 000 多个会议的 350 多万篇科技会议论文。每年增加近 260 000 条记录，其中 66%来源于以专著形式发表的会议录文献，34%来源于发表在期刊上的会议录文献，数据每周更新。

【本章小结】

通过本章的学习，学生应了解当前国内外主流的信息检索系统有哪些，本章只是介绍了代表性的八个检索系统，还有其他著名的信息检索系统，如果有兴趣可以搜集文献了解其他信息检索系统。这些信息检索系统均是上述信息检索理论的实际应用，信息检索的新发展不断用于改进现有的信息检索系统，使其能更好地满足不同用户的检索需求。

【课后思考题】

1. 列举三种及以上国内外信息检索工具，并简述其各自的特色。
2. 简述信息检索系统对科学研究的贡献。

第10章 搜索引擎

【本章导读】

搜索引擎是信息检索与互联网结合的产物，属于网络检索。本章在介绍搜索引擎基本概念的基础上，详细介绍搜索引擎的实现原理和关键技术，其中有部分知识和本书有些章节有重合，因为搜索引擎本就属于信息检索范畴，所以相关技术某些章节会进行详细讲解。在介绍完搜索引擎基本理论知识的基础上，本章依据搜索引擎的发展历程，介绍几款国内外具有代表性的搜索引擎。最后对搜索引擎的未来发展进行展望。本章难度比较小，对学生的学习要求也比较低，属于知识拓展范畴。

10.1 搜索引擎概述

搜索引擎，泛指在数据库系统中查找信息的工具。作为信息检索技术在大规模文本集合上的实际应用，它是一种通过互联网响应用户提交的搜索请求，返回相应查找结果的信息技术和系统。在互联网上，搜索引擎主要用于检索网站、网址、文献信息等内容。也可以把搜索引擎理解为一个大型网站，如百度、Google 或 360，其主要任务是在互联网上主动搜索一定范围内的服务器信息并将其进行自动索引，索引内容存储于可供查询的大型数据库中，通过用户输入关键词查询，搜索引擎会告诉用户包含该关键词的所有网址以及通向网址的链接。

10.1.1 搜索引擎的起源

搜索引擎起源于 1990 年，由加拿大麦吉尔大学计算机学院的众多师生开发出来的，当时只诞生了搜索引擎的模型 Archie，利用文件传输协议（file transfer protocol，FTP）实现数据共享。当时的 Archie 已经有了自主识别并搜索和处理上传至 FTP 的信息的能力，并能够有效地通过不同 FTP 中的文件信息进行搜索。

当时的搜索引擎并不完善，必须输入精确至百分之百的名称，才能展现出要查找的信息，这种模式在不断演变中保留了下来，甚至运用到精确匹配（search engine marketing，SEM）中，只有当用户搜索的信息与 SEM 推广的信息完全一致的时候才会展现出来。

Archie 诞生的时候还没出现 HTML，所以当时只是作为一个测试模型，不能够通过互联网进行数据共享。但是这种模式给后人提供了很大启发,其工作原理和工作方式也被保留下来。Archie 当时已经能做到自动搜索信息资源,建立索引目录并展现出来。这种模式与现在的搜索引擎工作原理是完全一致的。

10.1.2　代表性搜索引擎的发展

较早具有代表性的搜索引擎是雅虎,雅虎是 20 世纪 90 年代搜索引擎的骄傲,战略布局的原因导致雅虎搜索的没落,但不得不说雅虎的出现带来了搜索引擎的一大变革。雅虎诞生于 1994 年 4 月,可以说我们现在所了解的所有搜索引擎的雏形都来源于雅虎。包括知名的 Google、百度、360 和搜狗等搜索引擎的界面,都是模仿了雅虎当时的搜索界面。雅虎是由美国斯坦福大学的两名博士生创建的。他们发现其实人们需要寻找某个东西的时候,最先想到的就是一个文本框,然后输入相应文字,单击“确认”按钮就能展现出相应的内容。于是他们创立了一个简单明了的搜索引擎网站,命名为雅虎。但是当时雅虎存在太多的不足,连基本的数据库存储都无法做到,需要大量的人工检索。而且随着 Google 的诞生,雅虎并没有做出太多改变,导致后来永远留在历史的记忆里。

尾随雅虎其后的是 Google,Google 的出现迎来了全球搜索引擎的巅峰。现在的 Google 搜索引擎在搜索引擎界占有举足轻重的作用。有人会问:百度呢? 百度搜索引擎是全球最大的中文搜索引擎,重点是中文,语言的限制降低了其竞争优势。Google 成立于 1998 年 9 月,Google 搜索引擎的诞生,不仅标志着全民互联网时代的来临,更引发了后面的搜索引擎大战。

另一个标志性的搜索引擎就是百度,百度的出现促进了当代人对互联网时代的认识,百度是中国互联网行业的巨头,没有什么互联网公司可以撼动它的地位。百度成立于 2000 年 1 月,相对于其他互联网巨头,百度只能算后辈,因为现在的 BAT(B 为百度,A 为阿里,T 为腾讯)巨头,包括各大门户网站的巨头,都是成立于 1998 年,也就是 20 世纪 90 年代末。2010 年 Google 退出中国地区之后,百度搜索引擎发展迅速,在短短几年时间内,通过 SEM 的排名机制,将自己打造成全球 500 强企业,更成为我国名副其实的互联网巨头。

hao123 这个网站的诞生开辟了除了搜索引擎之外的新里程碑。懂一点简单的编程技术的人都知道,hao123 是一个极其简单的网站,任何一个学过 HTML 的人都能做出这样的网站。但就是这样一个简单的网站,也在互联网历史上留下了浓墨重彩的一笔。hao123 导航站的出现让其他互联网公司意识到,原来用户的上网需求很明确,甚至是不需要搜索就能进入某个网站。hao123 将一些知名网站进行分类、排版、收集。而当时的人们既对互联网这个新鲜事物充满好奇,又不熟悉操作,出现一个如此简单快捷的网站,只需单击一个链接就能到达自己想要的网站,于是它瞬间风靡互联网。

10.1.3　搜索引擎设计中涉及的问题

搜索引擎设计中存在的重要问题包括信息检索的各种问题:有效的排序算法、评价及用户交互等。此外,在搜索引擎的部署过程中遇到的大规模数据的运行环境,也给搜索引擎带来了许多难题。这些难题中的首要问题是搜索引擎的性能，常用的搜索引擎评价指标包括响应时间、查询吞吐量和索引速度。响应时间是从发出一个查询请求到得到检索结果列表之间的延迟；查询吞吐量是在一个给定时间内能够处理的查询数量；索引速度是为文本文档编排索引以便用于搜索的速率。除了这三个指标，还有覆盖率、新近性等指标。

　　搜索引擎可以用在小规模数据集上，如桌面上的几百封邮件和文档，也可以用于极大规模的数据集，如整个互联网。对某个应用可能只有很少的一些用户，也可能有成千上万的用户。对于搜索引擎来说，可扩充性很明显是一个重要问题。面向一个特定应用的设计需要考虑到数据量和用户的增长。为了完成这些任务，搜索引擎必须是可定制的或者说是自适应的。这意味着搜索引擎的许多功能，如排序算法、界面或索引策略，能够为满足新的应用需要而调整和适应。

　　特殊应用也会影响搜索引擎的设计，最好的例子是网络搜索中的垃圾信息。垃圾信息一般被看作非所需的信息，但更一般的定义为：为某种商业利益而制作的文档中误导的、不适合或不相关的信息。垃圾信息有许多类型，但搜索引擎处理的是文档中的垃圾词，这些词导致该文档能够在搜索引擎响应一些热门查询时被检查出来。由于垃圾索引显著地导致了搜索引擎排序质量的降低，网络搜索引擎的设计者不得不开发能够识别和删除这些垃圾文档的技术。图 10-1 总结了搜索引擎设计中涉及的主要问题。

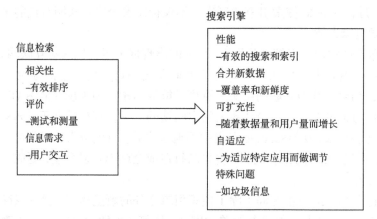

图 10-1　搜索引擎设计中涉及的主要问题

10.2　搜索引擎的基本原理

　　互联网的数据每天都在爆炸式增长，搜索引擎作为一种网上信息检索工具能够帮助用户迅速找到所需要的全部信息。一个完善的搜索引擎收集了互联网上几千万甚至是几十亿个网页并且对其中的关键词进行索引，当用户查找某个关键词时，所有页面内容中包含了该关键词的网页都将作为搜索结果被提取出来，经过复杂的算法进行排序后，这些结果按照与搜索关键词的相关度高低，依次排列。认识搜索引擎的第一步就是理解它的工作原理和基本技术。

现在，我们将互联网想象成一个巨大的蜘蛛网，搜索引擎就是在它上面爬行的蜘蛛。这些蜘蛛通过网页的链接地址寻找网页，一张蜘蛛网相当于一个网站，搜索蜘蛛就从蜘蛛网的一角也就是网站的首页开始爬行读取网页的内容，并且通过通向其他蜘蛛网的蛛丝（链接地址）到达下一个蜘蛛网进行爬行读取。简而言之，搜索引擎的实现原理，可以看作以下实现步骤：①从互联网上抓取网页；②建立索引数据库；③在索引数据库中搜索；④链接分析排序。可将上述步骤叙述为：搜索引擎后台首先进行互联网信息采集，建立结构化网页数据库；然后对数据建立索引并构建索引库；在用户访问搜索服务器之后，先通过缓存服务器获得可能缓存的搜索数据，若缓存服务器中未命中相关数据，则通过后台建立的索引查询出与用户搜索相关的网页，最后通过复杂的算法对搜索结果进行相关度排列，图 10-2 所示为搜索引擎工作原理的简单结构示意。

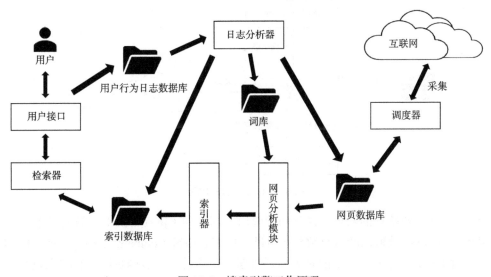

图 10-2　搜索引擎工作原理

10.2.1　工作原理

搜索引擎技术虽然基于传统的全文检索技术，但是二者在数据的处理量、处理性能、体系结构等方面存在差异：在数据的处理量方面，搜索引擎技术面向的是互联网的几十亿网页，并对这些数据提供检索服务；而传统全文检索服务面向的是企业本身的数据或者和企业相关的数据，一般索引数据库的规模多在 GB 级，数据量大的也只有几百万条；在处理性能方面，搜索引擎技术不仅要在互联网的海量数据中准确获取所需要的信息，还要在非常短的时间内对搜索结果进行排序并对用户做出反馈，而全文检索技术仅是对数据进行全文索引，对检索时间性能要求也没有搜索引擎高；在体系结构方面，搜索引擎是一套完整的技术体系，包括爬虫服务、搜索引擎服务、缓存服务、日志服务等一系列技术，而全文检索更多针对索引服务和搜索服务。

10.2.2　功能模块

在搜索引擎的结构体系中，主要包括爬虫服务、索引服务、缓存服务、搜索服务、日志服务等几大服务模块，各服务模块之间相互影响，构成了搜索引擎运作的整个流程，下面对每个模块做简单介绍。

1. 爬虫服务

网络爬虫也称为网络蜘蛛，是一种基于互联网的自动化浏览程序，它是搜索引擎的下载系统，为搜索引擎获取内容。互联网中网页通过链接相互之间产生关联，形成巨大的网络图结构。网页链接一般简称为 URL，实质上是互联网中的统一资源定位符，是互联网资源存放位置的标准地址。爬虫作为搜索引擎对数据获取的工具，通过 URL 对互联网进行尽可能广泛的遍历，使搜索引擎拥有海量的互联网信息。普通爬虫的基本功能如图 10-3 所示，图中以序号的形式列出了其五个功能。

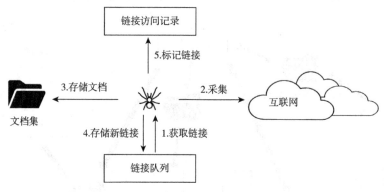

图 10-3　网络爬虫功能展示

爬虫从已经初始化的网页链接队列中取出一部分种子链接（URL），通过这些种子链接不断从互联网中获取新的网页数据。通过解析域名系统（domain name system，DNS），得到主机的 IP，并下载 URL 的对应网页数据，存储进已下载网页库，且将网页数据分析后提取的新链接存储到链接的后续队列中。依次不断地从队列中获取链接并逐一访问，理论上链接队列中所有的链接全部访问过后爬虫即停止工作。

根据爬虫爬取的目标和范围，可以对爬虫进行简单分类：①批量性爬虫，明确地抓取目标和范围，达到即停止；②增量型爬虫，对网页不断更新的状态进行及时反映，在通用商业引擎中常见；③垂直型爬虫，只针对某个特定领域的爬虫，根据主题过滤。

无数的互联网数据每时每刻都在更新，普通爬虫每日能够爬取的数据量却是有限的。因此爬虫的设计者必须全面考虑，对爬虫的目标策略以及基本架构进行优化处理，此外，网页去重和网页反作弊等问题也是需要重点思考的。

2. 索引服务

索引的详细知识本书后续章节或做更加全面的介绍，本节针对搜索引擎，简述其索引服务。索引是为了加速数据检索而创建的一种分散的存储结构。例如，一本书的目录。索引最大的价值就是能够在最短的时间内获取精确完整的信息。通过依次遍历的方法从几十亿的网页中找到最合适的网页，从工程应用的角度而言是不可行的，一是耗时长，二是访问效率低，但在信息检索中是可以实现的。为了保证用户能够快速地访问互联网数据，索引服务将爬虫从互联网上爬取的数据建立倒排索引。倒排索引，也常称为反向索引、置入档案或反向档案，是一种索引方法，被用来存储在全文搜索下某个单词在一个文档或者一组文档中的存储位置的映射。它是搜索引擎中核心的数据结构之一。倒排索引实现简单，操作便捷，通过它可以根据单词快速获取包含这个单词的文档列表。

拥有良好的数据结构是索引能够快速访问数据的基础，但是要对大量的网页数据建立索引，工程架构也十分重要，一个好的工程架构能极大地缩短建立和访问索引的时间，提高索引的效率。另外，网页无时无刻不在变化，索引的实时更新也必不可少，为此，开发者还需要添加临时索引（内存中实时建立的倒排索引）、删除文档列表（存储已删除文档的 ID，形成文档 ID 列表）。当文档被更改时，原先文档放入删除队列，解析更改后的文档内容放入临时索引中，通过该方式满足实时性。用户查询时从倒排索引和临时索引中获得结果，然后利用删除文档列表过滤形成最终搜索结果。临时索引的更新策略包括：①完全重建，即新增文档超过一定数量，对新老文档合并后重新建立索引；②再合并策略，即新增文档超过一定数量，临时索引合并到老索引中；③原地更新策略，即增量索引的倒排列表追加到老索引相应位置的末尾；④混合策略，将单词根据不同性质分类，不同类别的单词采取不同的索引更新策略。

3. 缓存服务

缓存服务是一般大型分布式系统中的重要部分，能够有效解决大数据、高并发情况下数据访问的性能问题，减少资源的消耗，提供高性能的数据访问。搜索引擎是一种非常典型的分布式应用，同样也利用缓存服务为用户提供快速优质的搜索体验。缓存服务在一般分布式应用中的功能如图 10-4 所示。

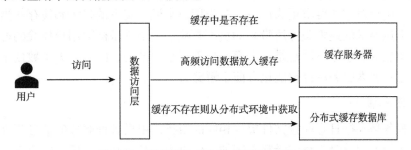

图 10-4　缓存服务在分布式应用中的功能

如图 10-4 所示，当用户通过数据访问层进行数据访问时，数据访问层通过缓存服务器检查用户所访问的数据是否已存在于缓存中，如果不存在则通过分布式缓存数据库进行获取；当一个数据被高频率访问时，数据访问层就把该数据存入缓存服务器中，方便用户下一次对该数据的访问。目前所有的搜索引擎都会采用缓存服务来为用户提供更为快速的访问体验。搜索引擎缓存具有两个价值：一是加快响应搜索用户查询的速度，提高搜索用户体验；二是减少搜索引擎后台的计算量，节省计算资源。搜索引擎把这些高频率关键词的搜索排序结果直接缓存在缓存服务器中，当用户搜索该关键词时，搜索引擎不需要重新进行关键词匹配、关键词排序、关键词相关性匹配等，直接从缓存数据库返回关键词搜索结果。搜索引擎的面向场景使缓存对分布式要求及实效性要求更高，体现在以下两个方面。

（1）分布式协同缓存。搜索引擎缓存的信息量十分大而且错综复杂，一般简单的缓存服务器难以满足其需求。所以搜索引擎需要采用分布式协同缓存的方式，并且对此分布式技术架构也提出了新的要求，需要保证稳定地提供缓存服务，否则不仅会导致用户搜索体验下降，更会导致流量下降。

（2）时效性要求更高。如果索引内容发生变化，而缓存内容没有随着索引变动，会导致缓存内容和索引内容的不一致，这种不一致会对用户的搜索体验造成不良影响。时效要求不仅是指缓存服务器能够快速反馈结果信息，还要保证返回缓存的结果具备时效性，将几个月前缓存的信息保存到今天是不允许的。

4. 搜索服务

搜索服务包括搜索服务接口及搜索服务后台两方面。搜索服务接口是用户和搜索引擎进行交互访问的接口，较常见的有网页站点、移动应用、桌面助手。其中网页站点是指用户通过访问网站进行搜索获得搜索结果，如百度的 http://www.baidu.com、Google 的 http://www.google.cn；在互联网蓬勃发展的今天，各大搜索引擎公司均提供了基于移动操作系统的搜索服务，如手机百度、搜狗移动客户端、QQ 浏览器移动客户端等；桌面助手是智能时代一种新的搜索方式，如微软公司的桌面应用 Cortana、百度公司的百度桌面应用等，都是基于桌面操作系统平台构建应用软件。

虽然搜索服务接口多种多样，但它们所对应的搜索服务后台都是一样的。搜索服务后台依据用户提交的关键词获取相应的信息，并对搜索结果进行排序等整理，缓存服务也是在这一过程中产生作用。不同于爬虫或者缓存服务，搜索服务作为搜索引擎中重要的一部分，用户对它的要求更为严格，对于用户来说，爬虫的强大和缓存的高效都不能抵消一个不达要求的搜索服务所带来的负面影响。一个具备极限用户体验的搜索服务接口和极致智能的搜索服务后台是一个商业搜索引擎的基础，因此，大多数搜索引擎公司在搜索交互及搜索服务后台智能化方面不懈努力。

5. 日志服务

日志服务是根据日志配置文件提供相应的服务，根据各种服务的信息等级的设定，将不同服务的不同等级信息记录在不同的文件里面。日志并不是搜索引擎内部主动产生的数据，而是搜索引擎的外部数据。用户每日在搜索引擎上产生的搜索记录包括搜索词与搜索词之间的关系、搜索词与用户之间的关系等，这些搜索记录就是搜索日志。

日志服务是指为达到更好的搜索体验，对用户产生的搜索日志进行进一步的分析。互联网数据日新月异，日志服务对于热点信息分析、了解用户偏好、完善搜索技术等方面非常有帮助。通过用户日志可以知道一定范围内，大家最关心的焦点事件、时下最热门的影视作品、目前最火的游戏，甚至是网络热词。用户长时间使用搜索引擎进行搜索，日志将他们的全部行为记录下来，通过分析，不断地增加对用户的了解，能够为用户推荐更好的搜索结果。排序是搜索引擎中的重要组成部分，但是搜索引擎在最开始的时候无法判断当前的排序是否能够满足用户的需求，因此通过用户的日志分析，计算用户在使用相关搜索词时对返回的排序结果是否达到了期望，并反复进行调试，使搜索技术不断完善。

6. 常用的搜索方式

常用的搜索方式包括垂直搜索、集合式搜索和门户搜索。

1）垂直搜索

垂直搜索引擎是在 2006 年后逐渐流行起来的，有异于我们常说的网页搜索，专注于特定的搜索领域与搜索需求，是应用于某一个行业、专业的搜索引擎，是搜索引擎的延伸和应用细化，类似于现在的独立 APP，针对性很强（例如，机票、旅游、小说、视频等），可在特定的领域给用户更好的体验。

市场需求的多元化决定了搜索引擎的模式会出现细分，为了弥补通用引擎不能满足特殊领域、特殊人群的精准化信息需求服务的缺点，垂直搜索引擎被提出，其定义为：针对性地为某一特定领域、某一特定人群或某一特定需求提供的有一定价值的信息和相关服务。许多网站仍然依赖于网页搜索提高自己的曝光率，但市场多元化要求互联网针对不同行业提供更加精确的服务模式，因此垂直搜索占据互联网中的市场趋势会逐渐扩大。

垂直搜索可以由多个渠道产生，垂直搜索只会抓取与行业相关的信息和数据，更加倾向于结构化数据和元数据，并通过得到的结构数据和元数据进行针对性的展示，其典型特点包括以下几点。

（1）快速：中文直达各大知名网站、论坛、联盟站点，数据更新及时；关键词直达各个网站，商家可提交相关关键词，让客户直达网站，提高商机；站内直达网站内各频道、栏目，满足用户的多方位服务。

（2）便捷：功能强大，多种引擎随时切换，搜索功能强大，用户操作方便快捷；用户进入搜索首页，若出现新的搜索引擎，浏览器会自动提示用户，并可以设置为默认；垂直搜索集合各大热门搜索引擎，内容全面，性能多样；界面契合设计标准，在不同内核的浏览器上均可使用，完美兼容；安全性强，收录了大量网上银行、证券、股票、咨询、新闻等网址，不用担心进入钓鱼网站，避免受假广告、假冒产品、不良信息的商家网站的骚扰。

（3）共享：网站将按照用户的需要生成不同样式、不同功能的搜索框代码，轻松将搜索服务与网站结合。

（4）精准：垂直搜索引擎一般都提供了针对性强或者细化的搜索服务，所以使用垂直搜索引擎有时候能取得更精准的搜索结果。

垂直搜索引擎和普通的网页搜索引擎的最大区别是对网页信息进行了结构化信息抽取。垂直搜索是在某个特定领域内搜索，如爱奇艺视频、去哪儿旅游。全网搜索一般指综合搜索，如百度网页、搜狗网页搜索等。全网搜索如果用在垂直搜索中，则说明搜索的来源是整个网络而不是某个特定的网站。

2）集合式搜索

集合式搜索是 howsou.com 在 2007 年底推出的搜索引擎，该搜索引擎类似元搜索引擎，区别在于它并非同时可以调用多个搜索引擎进行搜索，而是由用户从提供的若干搜索引擎中选择和挑选，搜索出用户所需要的内容，如我们常用的 QQ 上网导航和 hao123 导航网站，它们并没有自己的数据做基础，而是在各大搜索引擎开通一个端口，以获取更多的流量，用户可以在导航网站上选择自己喜欢的搜索引擎，寻找自己想要的资料。

集合式搜索引擎就是对网站的收集和整理，将各种资料整合到一起，方便用户的选择和使用。最大的特点就是：用户可以根据自己的爱好或者经验，快速寻找到自己想要的资料。

3）门户搜索

门户搜索其实是一个概念词，通常是指门户网站里面开发的搜索功能，我国有四大门户网站：新浪、搜狐、腾讯、网易。新浪有爱问，搜狐有搜狗，腾讯有搜搜，网易没有参与搜索引擎的市场争夺。可以看出，门户搜索多半是"半路出家"，自己的产业做得不错的情况下，再进入其他的新型行业进行市场争夺。门户搜索引擎依靠的是自己原有的门户网站的引导流量，并没有像 Google 那样专业主攻搜索引擎，与门户搜索恰恰相反的是搜索门户，搜索门户是指专业的主做搜索的网站，如百度、Google、雅虎等。

10.2.3 搜索引擎的常用命令

搜索引擎中常用的命令包括 site、info、domain、intitle、inurl、filetype，下面对这几个命令做简单介绍。

1）site 命令

site 命令是所有搜索引擎优化（search engine optimization，SEO）中最常使用的命令，它的主要作用是可以将任何一个被网站收录的页面一次性全部展示出来。这样可以让我们清晰地知道网站收录了多少个页面，例如，当我们在百度搜索框中输入 site:www.sina.com 时，查询结果如图 10-5 所示，从查询结果可以看到百度收录了新浪 36 个网页。

图 10-5 site 命令使用示例

site 命令有两种使用格式，一种是查询网址，另外一种是查询关键词。在使用该命令时，要把搜索范围限定在特定站点中，因为如果顶级域名下包含多个子域名，那么 site 网站的收录数是有区别的。例如，site:xxx.com，只会展现搜索界面该一级域名下的所有页面。"site:"后面跟的站点域名，不要带"http://"，"site:"后面带不带 www，结果可能是不一样的，因为有些域名还包括二级域名，如 site:www.xxx.com 和 site:xxx.com 搜索结果就不一样；另外，"site:" 和站点名之间，不要带空格。

综上，在使用 site 命令时需要注意 "site:" 后边跟的冒号必须是英文的 "："，用中文的全角冒号无效；网址前不能带 "http://"；网址后边不能带斜杠 "/"，事实上是哪里都不能带 "/"；网址中不要用 www，除非用户有特别目的，因为用 www 会导致错过网站内的内容，很多网站的频道是没有 www 的。

此外，关键词可以在 "site:" 的前或者后出现，搜索结果都是一样的，无论前后，关键词和 "site:" 之间必须空格；搜索时关键词可以是多个，但注意多个关键词需要用空格隔开；"site:" 搜索支持与其他复杂搜索语法混合使用，各语法和关键词之间必须空一格；我们还可以搜索网站频道，但是仅仅限于不用 "/"；网站有多种语言，使用选择"搜索所有网站" 和 "搜索中文简体网页" 是有区别的，当然指定网站只有一种语言，就这么选择都是一样的；该命令不仅仅是针对独立的域名，还能精确到域名下的子目录。

2）info 命令

我们已经知道 site 命令可以查询相关搜索引擎收录的页面，但是我们不能只知道收录页面，还要清晰地知道最近的缓存页面、相似网页、站点联结、网站的内部链接、包含域名等。这时候就需要使用 info 命令了，例如，输入 info:www.xxx.com 便可以查询到上述需要的信息，如图 10-6 所示。

图 10-6　info 命令使用示例

3）domain 命令

domain 命令是在 SEO 中第二常用的命令，主要针对外链和反链的查询，而 site 命令是查内链，例如，当 SEO 人员在某个第三方网站上发布了相关信息并留下主网站的域名时，通过 domain 命令就能很好地把这些信息展现出来。domain 常被称为网页相关域，也可以说是外部链接的展现。通过这个命令我们可以清楚准确地知道一个网站在另一个网站里有多少条外链，通过 domain 命令的网页没有广告和推广，如果用户想查询且不想看广告，可以使用 domain 命令。domain 命令主要适用于权重更高的网站，原因是我们所发布的外链更多的是文章，一般是处于第三方平台的三级甚至四、五级文章页。如果网站的权重不是足够高，搜索引擎是很难进行深度收录的，这样我们发布的外链也没有任何意义了。另外需要注意 domain 命令只能用于百度，Google 类似功能的命令是 link

命令。domain 命令的使用方法就是 "domain:网址"，使用示例如图 10-7 所示。

图 10-7   domain 命令使用示例

4）intitle 命令

顾名思义，intitle 命令就是展现带着标题的数据，是 SEO 中的高级搜索指令，也是常用指令，可以运用在百度和 Google 两大搜索引擎上，主要用于帮助 SEO 工作人员查询哪些网站的标题带有特定的关键词。对于搜索引擎而言，最先展现的一定是标题，只要标题中带有关键词，就表示该网站对该关键词进行了重点优化，若该标题中没有带关键词，说明该网站的重心可能不是这个关键词，或者说明优化做得不够好。该命令的用法为 "intitle:关键词"，使用示例如图 10-8 所示。

图 10-8   intitle 命令使用示例

我们可以延伸出 allintitle 命令，这个指令也十分好理解，拆开来就是 all 加上 intitle，也就是返回页面标题中包含多组关键词的页面。举个例子，命令 "allintitle:SEO 搜索引擎优化" 的意思是：返回标题中包含 SEO 和搜索引擎优化的页面。

5）inurl 命令

inurl 是 in 和 url 的合成词，inurl 称为统一资源定位器，inurl 的作用是限定在 URL 中搜索。使用格式是 "inurl:xxx" "inurl:xxx 关键词" "关键词 inurl:xxx"。例如，查询某一特定的网址为 inurl:www.xxx.gs，其中，inurl:xxx 是指查找 URL 中包含 xxx 的网页。例如，inurl:php，就是找出 URL 中包含 php 的网页。"inurl:xxx 关键词"和"关键词 inurl:xxx"的搜索结果是一样的，是指在包含 xxx 的 URL 中查找页面里包含关键词的页面。

6）filetype 命令

超文本预处理器（hypertext preprocessor，PHP）的 filetype（）函数返回指定文件或目录的类型。若成功，则返回 7 种可能值中的一种，返回的值都是指定文件类型的关键词文件。若失败，则返回 false。基本用法就是 "关键词 filetype:文件类型"。目前 Google 支持的文件类型有 ppt、xls、doc、rtf、swf、pdf、kmz、kml、ps、def。百度支持的文件类型有 ppt、xls、doc、rtf、pdf、txt。需要注意的是，我们在使用 filetype 命令的时候，后面的文件类型必须是以上的文件类型（注意百度和 Google 支持的文件类型是有区别的），除了要输入文件类型，还要输入关键词，否则搜索不到想要的内容。filetype 后的冒号必须为英文字符，中文的冒号不会起作用，图 10-9 为 filetype 命令的一个使用示例。

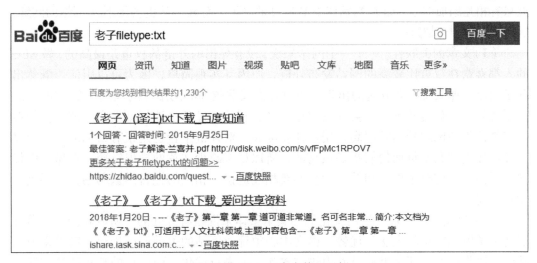

图 10-9　filetype 命令使用示例

10.3　搜索引擎的优化

SEO 汉译为搜索引擎优化，是伴随着互联网而产生的。最早提出 SEO 一词是在 1997 年，当时中国的互联网并不发达。在国外，SEO 开展较早，那些专门从事 SEO 的技术人员被称为 search engine optimizers。为了从搜索引擎中获得更多的免费流量，从网站结构、内容建设方案、用户互动传播、页面等角度进行合理规划，才会吸引来更多访客。SEO包含站外 SEO 和站内 SEO 两方面，站内 SEO 优化包括网站结构的设计、网站代码优化和内部链接优化、网站内容的优化、网站用户体验优化等这些内容。站外 SEO 优化包括网站外部链接优化、网站的链接建设、网站的外部数据分析等。

什么是站外 SEO？从字面理解，就是非网站内容的，而是网站外部的优化。在极端情况下，站内优化做得不好的情况下，如果站外 SEO 优化得当，也能产生很好的结果。实际来看，相对于站内，站外优化的过程不具备可控性，更加困难。站外 SEO 优化方法涵盖反向链接建设，也就是俗称的发外链以及品牌曝光、右侧排名等。站内优化，相对来说做的工作就比较多了，站内优化的过程中，经常会涉及如下技巧。

（1）减少相互链接。在我们访问某些大型网站的时候，会发现某个网站的文章页出现过多次，而且是循环性地出现，这种方法主要是用于提高某个页面的权重，这种方法称为轮链。轮链会大大提高某个页面的权重值，与此同时也会使权重值不均。所以，当我们在做 SEO 的时候就要清楚，是为了保证某个单独的页面提高权重值，还是为了使整个网站均衡提高。

（2）区别友情链接。友情链接是为了提高网站之间的流通性，主要用于同行业之间的互补行为。友情链接通常指在网站的某个版块（常见于网站底部）添加一个对方网站的商标（LOGO）或者需要优化的关键词，并设置相应的超链接网址，用户可以通过单击该图片或文字访问对方网站。通过友情链接，网站与网站之间也能达到合作推广。当然只有相互添加链接，如 A 网站留下 B 网站的网址，而 B 网站也会留下 A 网站的网址，这种方法才叫友情链接。

（3）文章的关联性。对于一个网站来说，没有导出的外链的权重是最高的，做 SEO 的人都喜欢在权重比较高的网站发布外链，原因其实很简单，因为可以引流。既然出现了引流，那么就会有分流的出现，也就是说权重越高的网站分流也就越多，SEO 的效果也越好。分流并不一定会导致权重下降，相反，经常去该网站发布外链，会使搜索引擎认为该网站的活跃度高，用户体验度高，对外链平台也是很有帮助的。一个没有外链导出的文章页面的权重是最高的，所以尽量减少文章的导出链接。在做站内优化的时候，一定要记住不相关的栏目不要相互链接。相关的栏目尽量利用长尾词进行相互匹配。

（4）锚文本单一性。站内优化的锚文本整体来说是有好处的，所以我们需要尽可能地去了解锚文本的做法和优势。锚文本必须针对网站的关键词而创建，简单来说网站的主题是什么，那么就通过站内锚文本深入地进行优化。而优化的技巧往往在于稳定性。

锚文本多出现于文章页的正文中，所以除了标题之外，我们将文章分为三个版块，分别是开头、正文和结尾。这三个版块中如果文章质量度足够高，那么锚文本可以分别出现在这三个位置，而数量尽量是三个。锚文本不仅仅出现在文章正文当中，也可以出现在多个地方。

站内优化、站外优化是依据某一标准得到的两种优化方法，还有一种常用的优化方法是关键词优化。关键词优化是指把网站里面的关键词进行选词和排版优化，最终达到优化网站排名的效果。常用的关键词包括核心关键词、精准词、高转化率词、拓展词、黑马词、竞品词、长尾关键词、提问词等。关键词优化是让网站目标关键词在某个搜索引擎上得到更好的排名。让更多的用户都能快速地查找到自己的网站关键词,图 10-10 列出了常用的关键词分类。SEO 关键词优化过程中必须注重用户的体验,无论是原创文章写作还是关键词的出现,无论是外链的发布情况还是网站代码的更新,目的只有一个,就是让用户用着放心。除此之外还需密切关注引擎市场优化的动向,与时俱进。

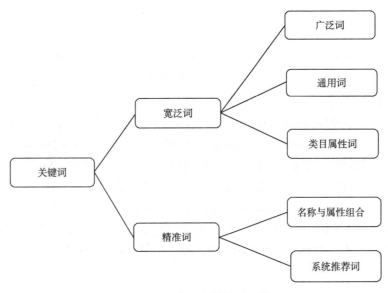

图 10-10 常用的关键词分类

10.4 国内外搜索引擎选介

典型搜索引擎指被大众所接受并高频率使用的搜索引擎。本节参考搜索引擎发展的历史,选取各个时期典型的搜索引擎进行介绍。

1)Ask Jeeves

Ask Jeeves 的网站地址为 http://www.askjeeves.net。Ask Jeeves 起始于 1998 年,它是基于自然语言的搜索引擎。它可以通过用户输入的关键词反馈一个可视的结果。实际上 Ask Jeeves 之所以发展迅速主要归功于幕后的人工查询机制。Ask Jeeves 公司让幕后编辑人员统计查询日志,然后对最常用搜索词的相关网页链接进行查找,以提高用户的搜索效率、缩短搜索时间。目前,Ask Jeeves 还保持着人工搜索的传统,但是现在的搜索人数已大量缩减。通过人工搜索仍然是一个可行的方法,对新接触搜索引擎的人,他们第一个会想到使用的是 Ask Jeeves。除了人工参与外,Ask Jeeves 还利用基于搜集器的技术等其他技术提供反馈结果给用户。Ask Jeeves 网站首页截图如图 10-11 所示。

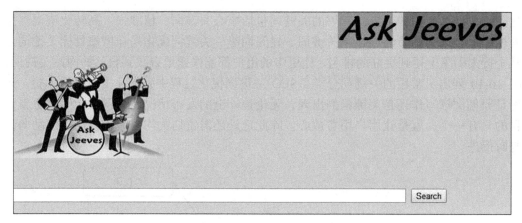

图 10-11　Ask Jeeves 网站首页截图

2）HotBot

HotBot 的网站地址为 http://www.hotbot.com。HotBot 比较特别，它可以提供访问三个搜索引擎（HotBot、Google、Ask Jeeves）的搜索服务，与元搜索引擎不一样的情况是，它存在把各个搜索引擎的返回值综合显示的窗口。HotBot 成型于 1996 年，因为其具有庞大的搜集器，可以检索大量网站页面，高质量的检索效果成为当时搜索者所推崇使用的引擎。1999 年，HotBot 使用 DirectHit 的 clickthrough 结果作为排序列表，DirectHit 当年也是一个很热的搜索引擎。可惜的是，DirectHit 与同期的 Google 搜索能力不能相比，因此 HotBot 的声望开始下降。图 10-12 为该搜索引擎网站首页截图。

图 10-12　HotBot 网站首页截图

3）Teoma

Teoma 网站的地址为 http://www.teoma.com。Teoma 是基于搜集器的搜索引擎，在 2001 年 9 月被 Ask Jeeves 收购。它能关联的网页比同期的竞争对手 Google 少得多。但是对于通常的查询检索并不会产生很大的分别，可以满足用户的日常需求。自从 2000 年 Teoma 出现，就因为其搜索服务特性赢得了好评，例如，Teoma 的"相关检索"特性，输入一个简单词语进行搜索，然后 Teoma 会提供相关搜索词为用户做参考。"专家推荐"部分也是 Teoma 的一大亮点，它可以指导用户去访问权威性高的网页。Teoma 网站首页截图如图 10-13 所示。

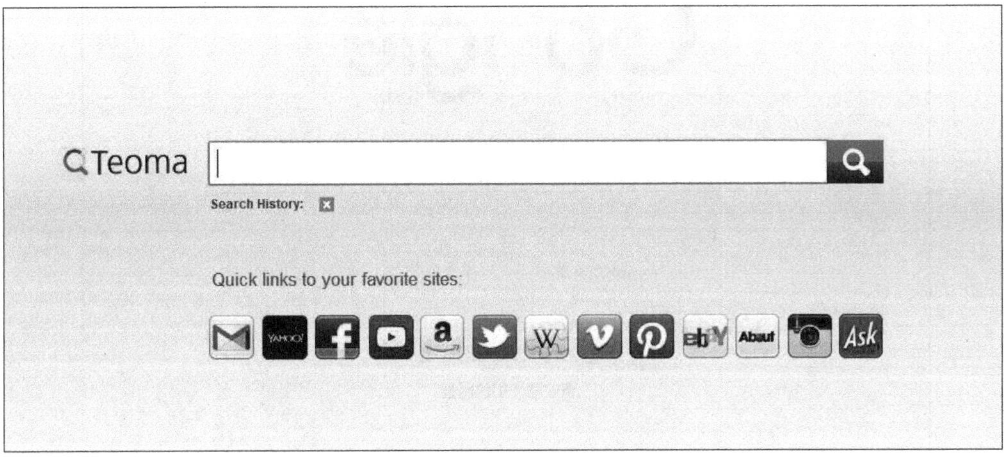

图 10-13　Teoma 网站首页截图

4）Lycos

Lycos 网站的地址为 http://www.lycos.com。Lycos 是一个最具有代表性的搜索引擎，于 1994 年提供搜索服务。在 1999 年 4 月 Lycos 开始使用 LookSmart 人工整理的常用查询分类结果和其他基于搜集器的搜索引擎，如雅虎等。那么 Lycos 用什么搜索服务吸引用户?在 Lycos 搜索框的下方，Lycos 会建议与用户检索主题相关的查询词。运行这样的关联词检索技术，就使 Lycos 可以提供与其他搜索引擎一样广泛的网页搜索结果，提高了用户的使用效率。Lycos 属于 TerraLycos 公司，它是在 2000 年 10 月由 Lycos 合并了Terra 后形成的网络公司。不得不提一下前面所介绍的 HotBot 搜索引擎就是 TerraLycos公司开发的。图 10-14 为该搜索引擎网站首页截图。

图 10-14　Lycos 网站首页截图

5）Google

国外的搜索引擎有着悠久的发展历史，前面介绍的集中搜索引擎相对而言比较旧，目前在世界上占有非常重要地位的搜索引擎是 Google。Google 搜索引擎的网站地址为 http://www.google.com。图 10-15 为该网站首页截图。

图 10-15 Google 网站首页截图

Google 是 1998 年 9 月在美国硅谷开发的，发明它的是两个斯坦福大学的博士生 Larry Page 与 Sergey Brin，Google 搜索引擎的设计理念是为全球提供最优秀的搜索引擎服务。用户可以通过其快捷的搜索算法，得到符合需求的准确信息。由于 Google 优胜的服务机制，从 2000 年以来已在全球积累了一个庞大的客户群体。Google 公司不但拥有自身的独立搜索引擎网站，而且现今的日访问量高达 9000 多万次，还为其他公司提供搜索技术支持，包括雅虎、中国的网易等知名网站在内的全球 150 多家公司。同时 Google 非常注重技术创新，至今累计获得三十多项网络创新大奖，如美国《时代》杂志评选的"1999 年度十大网络技术"等项目。

Google 也支持中文搜索，其中文搜索引擎是收集亚洲网站最多的搜索引擎之一，并成为它借此占领全球市场份额的依据。即使 Google 在非中国本土公司运作，但是在国内，使用它的独立搜索引擎的人数也在逐年增长。Google 主页非常简洁，Google 标识下面排列了四大功能模块：网站、图像、新闻群组和网页目录服务，主页默认是网站搜索。功能模块以下为检索输入框，可限定所搜索范围为：搜索所有网站、搜索所有中文网页或搜索中文（简体）网页，并提供高级搜索、使用偏好、语言工具三种设定功能。

Google 搜索引擎之所以受到用户的青睐，是因为其除了提供常规检索外，还提供如下的特殊检索。

（1）支持查找 PDF 文件。除一般网页外，Google 现在还可以查找 Adobe 的可移植文档格式（PDF）文件。虽然 PDF 文件不像 HTML 文件那样多，但这些文件通常会包含一些别处没有的重要资料。如果某个搜索结果是 PDF 文件而不是网页，只需在搜索关键词后加上 filetype:pdf 就可以，它的标题前面会出现以蓝色字体标明的[PDF]。这样用户就知道需要启动 AcrobatReader 程序才能浏览该文件。单击[PDF]右侧的标题链接就可以访问这个 PDF 文档（如果计算机上没有 AdobeAcrobat，Google 将带您进入一个可以免费下载该程序的网页）。对于 PDF 文件，常见的"网页快照"将被"文本文件"所替代。文本文件是 PDF 文档中的纯文本内容，不带任何格式。如果只想查找一般网页，而不要 PDF 文件，只需在搜索关键词后去掉 filetype:pdf 就可以了。

（2）及时的网页快照功能。Google 在访问网站时，会将看过的网页复制一份网页快照，以备在找不到原来的网页时使用。单击"网页快照"时，将看到 Google 将该网页编入索引时的页面。Google 依据这些快照来分析网页是否符合用户的需求。在显示网页快照时，其顶部有一个标题，用来提醒用户这不是实际的网页。符合搜索条件的词语在网页快照上突出显示，便于用户快速查找所需的相关资料。尚未编入索引的网站没有"网页快照"，另外如果网站的所有者要求 Google 删除其快照，这些网站也没有"网页快照"。

（3）搜寻类似网页的功能。单击"类似网页"时，Google 侦察兵便开始寻找与这一网页相关的网页。Google 侦察兵可以进行多方面的工作。如果用户对某一网站的内容很感兴趣，但又嫌资料不够，Google 侦察兵会帮用户找到其他有类似资料的网站；如果用户在寻找产品信息，Google 侦察兵会为用户提供相关信息，供用户比较；如果用户在某一领域做学问，Google 侦察兵会成为其助手，帮用户快速找到大量资料。Google 侦察兵已为成千上万的网页找到了类似网页，但网页越有个性，能找到的类似网页就越少。例如，用户独树一帜的个人主页就很难有类似网页。此外，如果公司有多个网址（如 google.com 和 www.google.com），Google 侦察兵为各个网址找到的类似网页可能会有所不同。

（4）按链接搜索的功能。有一些词后面加上冒号对 Google 具有特殊的含义。其中的一个词是"link:"。查询"link:"显示所有指向该网址的网页。例如，link:www.Google.com 将找出所有指向 Google 主页的网页。不能将"link:"搜索与普通关键词搜索结合使用。

（5）图像搜索。Google 有着很好的图像检索能力，收录了超过 3 亿幅图像。如果要进行图像搜索，就要先进入高级搜索页，在图像搜索框中输入要查找的资料，然后单击"搜索"按钮。在查询结果页上单击缩略图即可看到原始大小的图像，同时还可看到该图像所在的网页。这样的功能方便了用户对未知事物的查找，是搜索引擎上的一大突破。

前面介绍的为几款国外的搜索引擎，下面介绍两种国内的搜索引擎：天网和百度。

6）天网

天网开发于 1997 年 10 月，是中国最早的搜索引擎。由北京大学负责管理和日常维护运行工作，它包括了国内大量的网络信息资源，较全面地覆盖了中国教育科研等网站内容。天网收集了超过 3 亿的网页，以及 3000 多万非网页类型的文件。在系统功能上，天网除了提供通常的关键词和短语检索外，还有自动网页分类目录。图 10-16 为天网搜索引擎首页截图。

图 10-16   天网搜索引擎首页截图

7）百度

当前国内搜索引擎中，最被普遍接受的是百度搜索引擎，该搜索引擎网站地址为http://www.baidu.com。百度搜索引擎利用了高效的爬虫程序，自动在互联网上搜索信息，高效的算法使搜索器能在尽可能少的时间里得到更多的网络信息。百度搜索引擎拥有目前世界上最大的中文信息库，总量达到 6000 万页以上，并且还在以每天几十万页的速度快速增长。百度在中国和美国均有服务器，搜索覆盖面广大。由于采用高效的信息索引算法，显著减短了检索时间，提升了服务器响应速度和网站访问时的稳定性。百度同时也是全球最优秀的中文信息检索系统，在中国大部分提供搜索引擎的网站，90%以上都由百度提供搜索引擎技术支持，现有客户包括新浪、搜狐、Tom（163.net）、腾讯等。图 10-17 为该搜索引擎首页截图。

图 10-17 百度首页截图

百度搜索引擎的特点主要包括以下几点。

（1）基于字词结合的信息处理方式。支持主流的中文编码标准，并且能够在不同的编码之间转换。巧妙解决了中文信息的理解问题，极大地提高了搜索的准确性。

（2）智能相关度算法。采用了基于内容和基于超链分析相结合的方法进行相关度评价，能够客观分析网页所包含的信息，从而最大限度地保证了检索结果的相关性。检索结果能显示丰富的网页属性（如标题、网址、时间、大小、编码、摘要等），并突出用户的查询串，便于用户判断是否阅读原文。

（3）百度搜索支持二次检索（又称渐进检索或逼近检索）。可在上次检索结果中继续检索，逐步缩小查找范围，直至达到最准确的结果集。用户可以更加方便地在海量信息中找到自己真正感兴趣的内容。

（4）相关检索词智能推荐技术。在用户第一次检索后，会提示相关的检索词，帮助用户查找更相关的结果，统计表明可以促进检索量提升 30%~40%。运用多线程技术的搜索算法、稳定的 UNIX 平台和本地化的服务器，保证了最快的响应速度。百度搜索引擎在中国境内提供搜索服务，可大大缩短检索的响应时间。可以在 7 天之内完成网页的更新，是目前更新时间最快、数据量最大的中文搜索引擎。百度智能的、可扩展的搜索技术保证收集互联网信息的实效性，同时拥有目前世界上最大的中文信息库，为用户提供最准确、最广泛的信息奠定坚实基础。百度的分布式结构、优化算法、容错设计大幅度保证系统在大访问量下的高效性、高扩展性。百度还拥有先进的网页动态摘要显示技术，独有百度快照和多种高级检索语法，提高了用户的查询效率，使结果更准确。

为了实现高效搜索，百度搜索引擎常采用如下搜索方法。

（1）普遍搜索方式。百度搜索引擎简单方便，仅需输入查询内容，并按一下回车键，即可得到相关资料。或者输入查询内容后，单击"百度一下"按钮，也可得到相关资料。输入的查询内容可以是一个词语、多个词语、一句话。百度搜索引擎严谨认真，要求"一字不差"。例如，分别搜索"舒服"和"舒展"，会得到不同的结果。

（2）多个词语组合搜索。即输入多个词语搜索，可以获得更精确的搜索结果。例如，想了解中央司法警官学院的相关信息，在搜索框中输入"中央 司法警官学院"，获得的搜索效果会比输入"中央司法警官学院"得到的结果更好。在百度查询时不需要使用符号 AND 或"+"，百度会在多个以空格隔开的词语之间自动添加"+"。

（3）减少无关资料的叙述。排除含有某些词语的资料有利于缩小查询范围。百度支持"筛选"功能，用于有目的地删除某些无关网页，但减号之前必须留空格。例如，要搜寻关于"古典小说"，但不含"三国"的资料，可使用如下查询："古典小说 -三国"。

（4）并行搜索方式。使用"c|d"来搜索或者包含词语 c，或者包含词语 d 的网页。例如，要查询"图片"或"写真"相关资料，无须分两次查询，只要输入"图片|写真"搜索即可。百度会根据"|"前后任何字词相关的资料，把最相关的网页排在前列。

（5）相关检索方法。如果无法确定输入什么词语才能找到满意的资料，可以使用百度相关检索。用户可以先输入一个简单词语搜索，然后，百度搜索引擎会提供"其他用户搜索过的相关搜索词语"作为参考，单击其中一个相关搜索词，就能得到那个相关搜索词的搜索结果。

10.5　搜索引擎的未来发展趋势

未来搜索引擎将会向社会化、实时性、移动化、个性化的角度深入发展，以更好地满足检索用户的需求。随着互联网技术的不断深入发展，相信搜索引擎会越来越贴近生活、便利生活，让我们的生活更加智能。

1）社会化搜索

传统搜索技术强调结果和用户需求的相关性，社会化搜索除了相关性外，还额外增加了一个维度，即搜索结果的可信赖性。社会化搜索为用户提供更准确、更值得信任的搜索结果。

2）实时性搜索

随着个人媒体平台兴起，对搜索引擎的实时性要求日益增高，这也是搜索引擎未来的一个发展方向。实时搜索最突出的特点是时效性强，越来越多的突发事件首次发布在微博上，实时搜索核心强调的就是"快"，用户发布的信息第一时间能被搜索引擎搜索到。不过在国内，实时搜索由于各方面的原因无法普及使用，如 Google 的实时搜索是被重置的，百度也没有明显的实时搜索入口。

3）移动化搜索

随着智能手机的快速发展，基于手机的移动设备搜索日益流行，但移动设备有很大的局限性，如屏幕太小、可显示的区域不多、计算资源能力有限、打开网页速度很慢、手机输入烦琐等问题都需要解决。目前，随着智能手机的快速普及，移动搜索一定会更加快速地发展，所以移动搜索的市场占有率会逐步上升，而对于没有移动版的网站来说，百度也提供了"百度移动开放平台"来弥补这个缺失。

4）个性化搜索

个性化搜索的核心是根据用户的网络行为，建立一套准确的个人兴趣模型。而建立这样一套模型，就要全民收集与用户相关的信息，包括用户搜索历史、点击记录、浏览过的网页、用户 E-mail 信息、收藏夹信息、用户发布过的信息、博客、微博等内容。比较常见的是从这些信息中提取出关键词及其权重。

【本章小结】

本章知识难度较低，要求学生掌握搜索引擎的基本内涵及基本原理，在此基础上，了解国内外主流搜索引擎的优点、缺点。本章是信息检索知识的具体应用，学生在学完本书后续知识后，应能对搜索引擎的实现进行简单论述。

【课后思考题】

1. 什么是搜索引擎的优化？
2. 简述搜索引擎的基本原理。
3. 常用的搜索引擎的优化方法有几种？分别做简单介绍。
4. 简述搜索引擎的未来发展趋势。

第 11 章　信息检索存在的问题及展望

【本章导读】

本章属于本书的最后一章，属于总结性章节，包括两部分：第一部分是信息检索中存在的问题；第二部分是对信息检索的未来展望。信息检索的应用已经渗透到人们日常生活的方方面面，大家经常说的一句话就是"有问题，找百度"，可见其影响程度之大，本章围绕文献检索和网络检索两方面，分析信息检索中存在的问题。在此基础上，本章第二部分从信息检索智能化、可视化、多元化、商业化等方面的发展趋势进行简述。

11.1　存在的问题

前面章节已经介绍了信息检索的应用领域很多，已经渗透到人们生活的方方面面，但是信息检索的主流应用依然是文献检索和网络检索，下面从这两个方面简述当前信息检索存在的问题。

11.1.1　文献检索存在的问题

1）检索工具选择方面的问题

对于检索工具选择，本节从四个方面简述具体存在的问题。

（1）使用者过度依赖网络搜索引擎，对购买的数据库使用不够。网络搜索引擎凭借其强大的网页搜索功能和简单易用的优势，深受当代大学生的喜爱。一个简单的例子，我们在做学术研究时，对某一已知结论模棱两可的时候，第一反应是"百度一下"，而不会跑到图书馆去搜索答案。为了节约时间，大家自然会选择牺牲文献的精度。对于网络搜索的过度依赖，是导致这种现象发生的主要原因。所以，学校购买的数据库遭到大学生的普遍冷落，也不是没有原因的。事实上，网络资源虽然方便易得，但是却鱼龙混杂。当然也不乏优质的文献资源，但优质的文献资源却又往往伴随着收费，遇到这种情况，大多数人便会选择略过，继续在良莠不齐的网络文献资源中寻找。鉴于这一点，学校购买的数据库基本都是由正规的学术出版商提供的，文献内容与来源经过了严格的审核，质量颇高。为了弥补文献资源分散的缺陷，许多高校已经将购买的多个数据库整合在统一的平台上，实现了多个数据库的一站式检索。但是事与愿违，由于大学生习惯于网络文献搜索，图书馆文献搜索便迟迟不能普遍推广，而且这一问题还会存在相当长一段时间。

（2）普遍使用中文数据库，忽视英文数据库的重要性。很多理工类高校，对于外文文献相当重视，在选择数据库时，采购的英文数据库往往要比中文数据库多。尽管这样，90%的大学生在检索文献时，更喜欢使用中文数据库，如中国知网、万方和维普等平台上的数据库，而很少主动去使用英文数据库进行检索，认识不到英文文献的重要性。就目前而言，和中文文献相比，外文文献在数量上和质量上都占有压倒性的优势，外文文献也是大学生学习中不可忽视的宝贵资源，对于理工科专业的大学生来讲尤其如此。由于我国在一些科技领域仍然落后于世界发达国家，很多专业的学生要想获得本专业领域最新的研究成果，必须去检索外文数据库。

（3）习惯使用全文数据库，忽视文摘数据库的独特作用。在检索文献时，大众更偏向于使用全文数据库。原因很简单，作为不是学术性专家的他们，自然会认为只有阅读了全文，把全文嚼透了，才能理解其精髓，这也是一种心理暗示。其实往往不然，文摘数据库之所以存在，自然有它存在的道理。首先，文摘数据库收录文献的种类和数量都要比全文数据库多得多，通过分析文摘数据库的检索，可以获得更多相关并准确的检索结果，在这些结果上加以理性的分析，追踪重点机构及学者的研究行为、观察课题文献的出版物分布等，从而全面掌握某一专题或研究领域文献状况或最新研究成果，以此来进一步确定自己的研究方向和思路。不仅如此，我们还可以通过文摘数据库的检索结果，获得许多图书馆收藏的权威性文献信息，以此来帮助读者扩大阅读范围。最后，文摘数据库可以提供查找全文的线索。近年来，很多著名的文摘数据库都提供了多种形式的全文链接，可以通过全文链接阅读全文；就算没有全文链接也可以依据文献数据库提供的详细题录信息，通过借阅的方式获取需要的文献全文。

（4）偏重于期刊类数据库的利用，忽视其他文献类型数据库的利用。高校除了购置期刊类数据库，还购置了电子图书、电子报纸、会议论文、学位论文、科技报告、标准、专利等数据库，购置的数据库种类可以说相当丰富了。但在检索课题资料时，很多大学生仅仅选择期刊类的数据库作为主要检索对象，如重庆维普科技期刊数据库、中国期刊全文数据库等。目前，很多数据库平台上本身集成了很多文献类型的子库，如中国知网集成了期刊库、学位论文库、报纸库等，很多学生在默认的多个数据库内检索，即使检索到学位论文等非期刊类文献，也不会选择去下载和阅读，也鲜有大学生主动到专门的会议论文库、标准库和专利库中检索文献。不能很好地认识到文献的多样性，不以科学的态度进行文献检索。

2）检索技巧方面存在的问题

对于检索技巧的使用，需要具备一定的理论知识，从这方面存在的问题来看，未来加强对检索技巧的普及是很有必要的。对于检索技巧方面存在的问题，本书从三个方面展开简述。

（1）不能灵活地选择检索方式。多数情况下，我们检索电子文献时，往往会使用系统默认的检索方式，这些默认的检索方式，往往是为了普通大众而设计的。事实上，无论中文数据库还是外文数据库，一般都提供了多种检索方式，不同的检索方式各有特点，我们可以根据检索需求，有选择性地加以使用。比较经典的检索方式有初级检索、高级检索和专家检索，除此之外有些数据库还提供二次检索和分类检索等。一般来讲，初级检索提供的检索框较少，字段有限，不能选择布尔逻辑关系，这些特点决定了初级检索难以满足更全面、更精确的检索需求。高级检索通常提供更多的检索框，检索项可以自由选择，并能选择布尔逻辑关系，所以高级检索比初级检索的检索能力要强。专家检索可以通过各种算符构建专业检索表达式，其灵活性和检索能力又比高级检索更上了一个层次。分类检索是指通过限定检索的类目范围，以去除不相关文献的一种检索方式。当检索词有多重含义时，分类检索能达到有效分离干扰文献的目的。例如，将检索类目限定在医学类目里，输入检索词"病毒"，即可排除掉计算机类目里与病毒有关的文献，很多大学生在进行文献搜索时，由于不善于切分和选择检索学科限制，从而影响最终的检索效果。

（2）不能科学地运用布尔逻辑关系。文献数据库一般都提供三种布尔逻辑关系：逻辑与、逻辑或、逻辑非。这些逻辑关系可以通过下拉菜单选择，也可以用特定的符号来表示，大部分数据库都用 AND、OR、NOT 表示逻辑与、逻辑或、逻辑非。也有少部分中文数据库（如维普科技期刊全文数据库和 CNKI 平台上的系列数据库）分别用"*""+""-"来表示三种逻辑关系。在检索实践中，大学生习惯使用"逻辑与"，对其他两种逻辑关系则常常不加考虑地忽略不用。例如，检索课题"甲醛的危害和治理"时，很多学生采用的逻辑关系是"甲醛 AND 危害 AND 治理"，这种检索的缺陷是遗漏了大量仅仅阐述"甲醛的危害"或"甲醛的治理"的文献，所以，更为合理的逻辑关系应该是"甲醛 AND（危害 OR 治理）"。

（3）忽视多次检索的重要性和必要性。很多大学生在数据库中检索文献时，当检索一次得不到满意的结果时，就认为这个数据库里没有相关的文献，或者转到其他数据库里检索，或者干脆认为检索的课题有问题。这是初学者易走入的误区，同时也是文献检索的大忌。事实上，针对特定课题进行文献检索时，即使是熟练的专业检索人员，也很难做到一次检索即得到满意的结果。通过检索结果的反馈，回头仔细分析检索策略的缺陷，并对它进行适度的调整，多次反复进行检索，才能获得满意的结果，这才是文献检索的最佳状态。戒骄戒躁，多实践，多思考，文献检索能力才能日益提高。

3）科技查新中存在的问题

文献是查新的基础，查新必然涉及文献检索，检索结果的优劣直接影响查新结果的可信度，成功的文献检索可以获取到待查新文档的所有相关信息，进而确定文献的创新度。查新是一项非常严肃的工作，它对客观条件提出了严格的要求。查新的单位要求具备至少十年以上的完整的连续性的一次文献、二次文献以及国外主要检索刊物，要求具备完整的成果、专利产品的检索手段及文献对比的原始材料，现在大多数厅局、地市情报部门不具备上述条件，且差距很大。值得注意的是，有的部门不顾自身条件，盲目进行查新，有的部门领导从本部门的利益出发做出了本部门的成果都要由本部门进行查新的不成文的规定，这是非常有害的。把不合格的查新报告作为科技项目立项、鉴定、评奖的依据肯定是不合适的。另外，从事查新工作的人员素质、查新机构是否健全，也是影响查新质量的关键内容。科技查新中主要存在如下问题。

（1）关于数据资源共享的问题。前几年，我国的数据库建设得到了较快发展，各图书馆部门根据自身的特点和需要，建成了不少实用性数据库。但是，使用很不方便，在这种情况下，数据资源共享的问题就迫切地提了出来。要做到数据资源的共享，需要国家成立专门的机构，把全国各单位建立的数据库收集起来，通过处理加工，建立起包括国内的类数据库的联机检索系统，向国内外联机。这不仅仅是查新的需要，也是国民经济发展的需要。

（2）国际联机检索中的问题。当前大多数查新单位对国外文献的检索主要是依靠国际联机检索，国际联机检索费用高，对有的项目（如综合性研究课题）的检索效果往往不很理想，根据我们检索的经验，要想把查新课题完成好，就应把查到的有关文献分析透彻，这样写出的查新报告才能完整、准确。国际联机检索时，包括某项基本内容的文献有时会达几百篇，若全部打印，费用太高，用户无法承受，只能进一步限制，限制到用户对费用可以接受的程度，这样往往会把部分与该查新项目较密切的文献限制掉，查到的文献不能全面准确地反映国际的研究状况。因此，国际联机检索时，检索方式不能限制得太严，检索词超过三级，就有可能漏检一些较密切的文献。

（3）关于查新工作的标准化问题。对查新工作进行标准化管理是保证查新质量的重要内容，从开始查新到最后出具查新报告都应有一系列的规范化管理办法，现在不少查新单位，还未能按标准化进行管理，国家应制定一个规范化管理办法，内容应包括查新课题用户接待规则、查新必须使用的刊物及数据库、检索词及分类号的选择、检索策略的制定、查新报告应包括的内容及形式、查新结论的写法、查新报告的审核等，这样可规范查新人员的行为，确保查新质量的稳步提高。

11.1.2　网络检索存在的问题

由于网络信息资源与传统的文献信息资源在检索的方式上有很大的区别，一些已经习惯了利用传统方式进行检索的用户，对于网络信息资源的使用还需要一个认识以及熟练的过程；而一些用户的文化程度以及知识的结构不同，也在一定程度上限制了用户对网络信息资源的使用。本节通过对网络信息资源的分析论述了当前网络信息获取中存在的一些问题。

1）检索结果多变且查准率不高

丰富的网络信息资源有效地提高了文献的查全率，但在不同的学科当中存在一词多义的现象，使得进行查询时可用的结果不多，查准率不高。网络中的信息发布以及更新的速度很快，针对相同的检索在不同的时间段，可能会出现不同的检索结果，使检索的结果具有多变性。虽然在网络信息检索工具的索引数据库中包含了成千上万的网页，但由于网络蜘蛛跟不上网络发展的速度加之网络信息格式具有多样性等因素，没有一种网络信息检索工具能够为整个网络建立索引，从而使网络中大量质量好、可用性强的隐性信息难以查全。

现在的网络搜索引擎多基于关键词或简单信息主题分类，造成信息查全和查准都存在问题。在查全方面，相当于全文检索，表面上只要含有要查的关键词，就可以查出相应的文献，但由于用的是自然语言，使用的名称不一致或存在地方差异，例如，查有关"中国"的信息，将会缺失如只用"中华人民共和国"这样的文献信息；在查准方面，更是不尽如人意，无关信息太多，以至于淹没目标信息，尤其对于汉语，例如，查"中国"时，含有"发展中国家"的文献信息也查了出来，其实在实际网络检索中，遇到最明显的难题就是面对海量般的查询结果，觉得无能为力，无从下手。例如，本体论的对应英文 ontology 一词，在互联网上用著名搜索引擎 Google 查询，发现有 43.7 万处网站及其网页上有关键词 ontology，有些信息是关于哲学方面的讨论，另外一些是在信息管理方面的讨论，其他的是关于 ontology 的各种会议纪要、会议论文、固定语言或程序的网站，面对 40 多万条结果，每条结果都去阅读是不可能的。

2）待检索内容形式多样

从信息种类的角度来说，网络信息既有文本、数据信息，还有图形、图像、音频、视频等多媒体信息，如此不同的信息种类，仅用关键词是无法查询的。目前文本检索技术已经比较成熟，图片检索、多媒体检索还存在一定的局限性，如存储的问题、速度的问题。很多时候一张图片几百兆字节，如果要存放大量的图片首先应该解决的就是存储的问题。

3）待检索网络资源分类混乱

网上有很多动态信息，而进行网络信息相关工作的大部分都不是专业人员，由于工作量的制约以及专业知识的缺乏，工作人员往往不能对信息资源进行有效合理的组织，从而导致网上信息资源没有合理的设置分类，分类的标准混乱，信息资源没有进行有层次、规律以及逻辑性的组织，经常出现内容重复或者遗漏的情况。

4）信息污染严重

信息污染是指网络环境中存在大量的如虚假、污秽、重复和过时的无用信息，被称为垃圾信息。这些垃圾信息与有用信息混杂在一起，降低了网络资源的平均质量和有用信息的浓度，严重妨碍了用户对有用信息的吸收和利用。网络中的不良信息包括垃圾信息、属性不完整的信息、雷同网站泛滥等。

5）用户对网络资源的使用

上述几点是从网络信息的角度简述网络检索存在的问题，实际上，从用户的角度而言，网络检索也存在一定的问题。由于网络信息资源与传统的文献信息资源在检索的方式上有很大的区别，一些已经习惯了利用传统方式进行检索的用户，对于网络信息资源的使用还需要一个认识以及熟练的过程；而一些用户的文化程度以及知识结构的不同，也在一定程度上限制了用户对于网络信息资源的使用，常见的问题包括：用户对于计算机的操作能力以及所具备的网络知识直接影响到信息检索的效率；用户在运用网络检索的相关工具时的熟练程度也关系到检索的效果；用户的外语知识对信息检索的广度与深度也造成了一定的影响。

11.2　信息检索展望

随着整个世界进入信息时代，信息已成为当今社会人类生活中不可缺少的一部分，信息技术在整个社会领域得到了广泛的应用，我们现在已经抛弃了手工检索、机械检索等传统的信息检索手段，而选择更方便快捷的计算机检索，其中网络信息检索发展最为迅速。未来信息检索的发展方向将是进一步增强其智能化、可视化、多元化、商业化等的发展。

11.2.1 信息检索的智能化

随着网络的迅速发展，万维网成为大量信息的载体，如何有效地提取并利用这些信息便成为我们急需解决的问题。为了解决这一难题，出现了搜索引擎，例如，传统的通用搜索引擎，Google、雅虎和 AltaVista 等，国内的百度等。

随着人工智能技术的普及，定向抓取相关网页资源的聚焦爬虫应运而生。聚焦爬虫，也就是我们所说的网络蜘蛛，当然它与真正的蜘蛛有很大不同，它是一个自动下载网页的程序，它根据既定的抓取目标（人为给予的），有选择地访问万维网上的网页与相关的链接，获取所需要的信息。通俗地来讲，与通用爬虫不同，聚焦爬虫不对网络信息进行大规模的覆盖，而将目标定为抓取与某一特定主题内容相关的网页，对一些过时或用处不大的信息进行筛选，保证了信息来源的可靠性，进一步提高检索结果的质量，也就是我们常说的智能搜索引擎。智能搜索引擎的主要理论基础是自然语言处理。想让计算机完完全全与人类交流，目前还不能做到。但这也不是不能实现的，从 AlphaGo 以 4∶1 的成绩战胜围棋高手，到第一个获得国籍的"女性"机器人 Sophia。我们正在试图让计算机理解我们的语言，若将这项技术用于信息检索，我们将可以让搜索从关键词搜索层面提升到事物逻辑层面，这将是一个质的飞跃。不仅如此，利用计算机的理解和处理能力，可以让搜索引擎的服务更加智能化、人性化。能够实现以音频、视频数据为核心的信息搜索，为我们提供更方便、更确切的搜索服务。

智能搜索代理技术是智能搜索引擎的核心部件，它根据预定的策略和用户的查询需求主动地完成信息检索、筛选和管理，免去了用户被动搜索的困扰。一方面，智能搜索代理为搜集到的信息建立索引，通过检索器按照用户的查询要求输入检索索引库，并将查询结果反馈给用户；另一方面，智能搜索代理根据掌握到的用户信息对用户的查询计划、兴趣、意图等进行推理和预测，并根据搜索环境的变化及时调整工作计划，为用户提供快速有效的查询结果。

11.2.2 信息检索的可视化

信息可视化即将数据信息和知识转化为一种视觉形式，从某种层面上说，任何事物都可认为是一类信息：图形、表格、地图以及一些加了文本的流程图，都能为人们提供一种信息传递的方式或手段。将可视化技术用于信息检索，是为了使用户加深对数据含义的理解。在最终提取检索结果的过程中，可视化技术可以将各种复杂且不可见的信息转换成能在一个二维或三维的可视化空间中的图像或文本，从而使用户能够更加直观地理解各种数据信息。除此之外，形象直观的图像还能加快检索速度。信息检索的可视化以信息为绳索将用户和计算机连接起来，不仅能实现用户与计算机的信息交流，而且更好地使计算机理解人们的信息表达方式，从而有了更多丰富的反馈，以便帮助我们解决更多问题。可视化的信息检索将会随着海量数据的增加，发展为未来的主流信息检索方式。为实现信息检索的可视化，可将检索划分为检索过程的可视化和检索结果的可视化。

1）检索过程的可视化

检索过程的可视化可以通过各种模型的搭建，将不同类型的数据信息包括图像、音频、视频转换为计算机语言，之后再进一步进行信息检索。只有让计算机清楚地认出来我们输入的信息，才能从根源上提高检索的查全率和查准率，减少对搜索资源的浪费。当然，这个过程对用户是不可见的，作为普通用户，只需要将所要检索的数据输入就可以了。面向用户的输入信息可视化，主要指的是将用户将要检索的复杂且冗长的信息转化为形象而直观的图像或数据表。

2）检索结果的可视化

对于检索结果的可视化，最直观的体现是对抽象数据的处理，即数据本身的可视化。通过用预先做好的网页模块，以图示化的手段与技术，对抽象数据进行直观表达，侧重于对数据内容本身的解析、展示、交互、演绎等，如我们生活中常用的线形图、饼状图、树状图等工具实现可视化。这样做并没有将已经检索出来的原始信息删掉，只是为了方便用户理解已检索数据，计算机自动生成了一个关系图像或者文本大纲，附加在原始数据上。

目前用户对检索结果的查看仅仅局限于单个网页或单个数据类型的查看，这已远远不能满足我们对时间高效利用的初衷。因此检索结果的可视化更应致力于解决检索结果的单一性。普通的网页搜索，用户往往疲倦于成百上千的网页的相似描述，想要找到自己想要的信息，定会花费较多时间。为解决这一问题，采用"单网页嵌套多网页"的模式进行搜索，即在单个主网页里嵌套多个子网页，这些子网页所表达的信息重点完全不同，类似于前面提到的附加在原始数据上的数据关系图像和文本大纲，就是形成一个以树结构为基础的完整的数据关系网页链接图。它可以完全实现用户对数据完整度的最高要求，也能实现对网络信息资源的大规模调用，还有效地解决了数据覆盖和数据丢失等问题。

11.2.3　信息检索的多元化

随着移动电话的普及，许多用户也慢慢从个人计算机（personal computer，PC）端搜索向移动端转变，除了移动端搜索本身便捷的优点以外，移动手机开发的 APP 也能很好地满足用户的需要，移动端搜索逐渐成为当今主要的搜索方式。移动端的搜索用户主要是从不同类型的 APP 获取内容，而我们往往也不只是在手机上下载一个 APP，这就导致了一个问题，移动端用户的个人信息和浏览信息记录分别分布在不同的 APP 上，这就是信息检索的多元化。虽然移动端搜索已经能够基本满足我们的搜索需求，但是毕竟硬件要求还是比不上 PC 端，在某些情况下，移动端和 PC 端的搜索结果并不能实现完全同步。牺牲了硬件资源，就只能降低软件性能。

11.2.4　信息检索的商业化

在大数据时代，市场需求的多样性为各种存储方案提供了较大的市场空间。有数据存储的市场空间就有数据检索的市场空间,目前网络信息检索系统已成为新的投资热点,网络信息检索系统不再仅仅是一种检索工具,而且是一种商业产品。自从 2001 年 10 月,全球最大的中文搜索引擎提供商百度联合新浪等多家中文门户网站,共同推广"搜索引擎竞价排名"全新网络商业服务模式。网络信息检索的商业化还体现在联机和光盘检索逐渐进入网络环境。由于目前网络信息检索的检准率低,联网的收费联机和光盘检索依旧受到青睐,如世界著名的联机信息系统 Dialog、联机计算机图书馆中心(online computer library center, OCLC)、EBSCO(E.B.Stephens Company)、SilverPlatter,国内的万方数据资源系统、中国学术期刊光盘、重庆维普公司系列光盘等都纷纷在网上设立自己的网络检索入口。很多期刊都建设了自己的官网,它们大多数都是在提供印刷版的同时提供期刊的网上服务,包括收费检索,使信息检索商业化的趋势日益明显。

11.2.5 大数据环境下的信息检索

大数据并不仅仅是指数据量很大,还包括许多非结构化的数据。大数据与传统数据的差异体现在数据量大、数据类型多样化、数据价值度低方面。所以在信息检索时,数据的存储形式、数据提取时间、检索过程都会与传统数据有很大不同。首先是存储类型的变革,大数据中包含了许多半结构或非结构化的数据,再加上海量的数据大小,传统的存储形式早已不能满足其需求。云存储便应运而生,不仅完美地解决了数据的存储量问题,还解决了存储结构的问题。而对云存储的数据进行检索时,不再实行以前的串行式检索,而是当收到检索命令时,将命令传输到各个云服务器,对这些服务器同时进行分布式检索。使用这种检索方式,不仅扩大了检索的范围,还提高了检索的效率,不会因为某一个节点发生检索错误而影响整个检索过程。

【本章小结】

本章内容相对而言比较简单,属于了解性知识。要求学生在学习本书基本理论知识的基础上,深入了解信息检索国内外发展现状,能分析出当前信息检索存在的问题。通过阅读相关文献、政策文件等,了解信息检索的未来发展趋势。

【课后思考题】

1. 简述文献检索中现存的问题。
2. 简述网络检索中现存的问题。
3. 什么是可视化技术?信息检索可视化发展过程中需要解决的关键问题是什么?
4. 请举例说明人工智能在信息检索中的主要应用。

参 考 文 献

韩礼德. 2015. 作为社会符号的语言：语言与意义的社会诠释. 苗兴伟，译. 北京：北京大学出版社.

贺宏朝，何丕廉，高剑峰，等. 2002. 一种基于上下文的中文信息检索查询扩展. 中文信息学报，16（6）：
　　33-38.

久野暲. 1978. 談話の文法. 東京：大修館書店：129-159.

刘群，李素建. 2002. 基于《知网》的词汇语义相似度计算. 北京：中国科学院计算技术研究所.

乔姆斯基 N. 1986. 句法理论的若干问题. 黄长著，林书武，沈家煊，等译. 北京：中国社会科学出版社.

王斌. 1999. 汉英双语语料库自动对齐研究. 北京：中国科学院计算技术研究所.

Blei D M, Ng A Y, Jordan M I, et al. 2003. Latent Dirichlet allocation. Journal of Machine Learning
　　Research, (3): 993-1022.

Buckley C, Mitra M, Walz J A, et al. 2000. Using clustering and SuperConcepts within SMART: TREC 6.
　　Text Retrieval Conference, 36 (1): 109-131.

Cao J, Tang Y, Lou B, et al. 2010. Social search engine research. International Conference on Computer
　　Science and Information Technology, Chengdu: 308-309.

Chi E H. 2009. Information seeking can be social. IEEE Computer, 42 (3): 42-46.

Churchill A, Liodakis E. 2010. Twitter relevance filtering via joint Bayes classifiers from user clustering.
　　Stanford: University of Stanford.

Croft B W, Metzler D, Strohman T, et al. 2009. Search Engines: Information Retrieval in Practice. New York:
　　Pearson Education: 401-483.

de Campos L M, Fernández-Luna J M, Huete J F. 2004. Bayesian networks and information retrieval: An
　　introduction to the special issue. Information Processing and Management, 40 (5): 727-733.

Erdmann M, Maedche A, Schnurr H, et al. 2000. From manual to semi-automatic semantic annotation: About
　　ontology-based text annotation tools. International Conference on Computational Linguistics,
　　Saarbrücken: 79-85.

Evans B M, Chi E H. 2010. An elaborated model of social search. Information Processing and Management,
　　46 (6): 656-678.

Fillmore C J. 1968. The Case for Case. New York: Holt, Rinehart & Winston.

Gruninger M, Fox M S. 1995. The Logic of Enterprise Modelling. Boston: Springer-Verlag.

He X F, Yan S C, Hu Y X, et al. 2003. Learning a locality preserving subspace for visual recognition. IEEE
　　International Conference on Computer Vision, Nice: 385-392.

Heap J L. 1978. Warranting interpretations: A demonstration. Canadian Review of Sociology-revue Canadienne
　　De Sociologie, 15 (1): 41-49.

Holsapple C W, Joshi K D. 2002. A collaborative approach to ontology design. Communications of the ACM,

45（2）：42-47.

Horowitz D，Kamvar S D. 2010. The anatomy of a large-scale social search engine. Proceedings of the 19th International Conference on World Wide Web，Raleigh：431-440.

Hu X，Sun N，Zhang C，et al. 2009. Exploiting internal and external semantics for the clustering of short texts using world knowledge. Conference on Information and Knowledge Management，Hong Kong：919-928.

Inouye D. 2013. Multiple post microblog summarization. [2019-08-01]. http://www. cs. uccs. edu.

Johnson B D，Shneiderman B. 1991. Tree-maps：A space-filling approach to the visualization of hierarchical information structures. IEEE Visualization，San Diego：284-291.

Katz J J，Fodor J A. 1963. The structure of a semantic theory. Language，39（2）：170-210.

Kohonen T . 1988. An introduction to neural computing. Neural Networks，1（1）：3-16.

Krovetz R. 1993. Viewing morphology as an inference process. Artificial Intelligence，118（1/2）：277-294.

Lamping J O，Rao R B. 1996. The hyperbolic browser：A focus + context technique for visualizing large hierarchies. Journal of Visual Languages and Computing，7（1）：382-408.

Lancaster F W，Mills J. 1964. Testing indexes and index language devices：The ASLIB cranfield project. Journal of the Association for Information ence and Technology，15（1）：4-13.

Liu Z，Yu W，Chen W，et al. 2010. Short text feature selection for micro-blog mining. Computational Intelligence and Software Engineering（CISE），2010 International Conference on IEEE：1-4.

Long R，Wang H，Chen Y，et al. 2011. Towards effective event detection，tracking and summarization on microblog data. Web Age Information Management，Wuhan：652-663.

Longo G. 1975. Information Theory：New Trends and Open Problems. New York：Springer-Verlag.

Luhn H P. 1958. The automatic creation of literature abstracts. IBM Journal of Research and Development，2（2）：159-165.

Mackinlay J D，Robertson G G，Card S K，et al. 1991. The perspective wall：Detail and context smoothly integrated. Human Factors in Computing Systems，Los Angeles：173-176.

Phuvipadawat S，Murata T. 2010. Breaking news detection and tracking in Twitter. IEEE/WIC/ACM International Conference on Web Intelligence and Intelligent Agent Technology：120-123.

Salton G. 1973. Experiments in multi-lingual information retrieval. Information Processing Letters，2（1）：6-11.

Salton G，Fox E A，Wu H，et al. 1983. Extended Boolean information retrieval. Communications of The ACM，26（11）：1022-1036.

Salton G，Wong A，Yang C S，et al. 1975. A vector space model for automatic indexing. Communications of The ACM，18（11）：613-620.

Shannon C E. 1948. A mathematical theory of communication. Bell System Technical Journal，27（3）：379-423.

Sharifi B，Hutton M A，Kalita J K，et al. 2010. Experiments in microblog summarization. International Conference on Social Computing，Minneapolis：49-56.

Sriram B，Fuhry D，Demir E，et al. 2010. Short text classification in twitter to improve information filtering. International ACM Sigir Conference on Research and Development in Information Retrieval，Geneva：841-842.

Tang J，Wang X，Gao H，et al. 2012. Enriching short text representation in microblog for clustering. Frontiers of Computer Science in China，6（1）：88-101.

Teevan J，Ramage D，Morris M R. 2011. Twitter Search：A comparison of microblog search and web search.

Proceedings of the 4th ACM International Conference on Web Search and Data Mining，Hong Kong：
35-44.

Uschold M，Gruninger M. 1996. Ontologies：Principles，methods and applications. The Knowledge Engineering Review，11（2）：93.

Winograd T. 2001. Architectures for context. Human-Computer Interaction，16（2）：401-419.

Xu T，Oard D W. 2011. Wikipedia-based topic clustering for microblogs. Proceedings of the American Society for Information Science and Technology，48（1）：1-10.

Yu C T，Salton G. 1976. Precision weighting：An effective automatic indexing method. Journal of the ACM，23（1）：76-88.